ஆயிரத்தோர் அறிவியல் துணுக்குகள்

AARVAMULLA MANANGALUKKU VIYAKAVAIKKUM THAGAVALGAL

அஹமது அமீன்

சமர்ப்பணம்

அந்த ஒரிறையின் பேரருளால் , இந்த நூலை முடிந்த வரையில் நிறைவாக எழுத முடிந்தது .நான் , வாழ்க்கையில் பல்வேறு கட்டங்களில் கடந்து வந்த அனுபவங்கள், என்னை எளிதாக்கிய உற்சாகம்,சாவால்கள் மேலும் அவற்றை சமாளிக்க வழிகாட்டிய ஞானம் ..!

என் பெற்றோர்கள் மற்றும் ஆசிரியர்கள் என்னை சிறந்த கல்வியுடன் உருவாக்கியதை நினைத்து நன்றியுடன் பெருமைப்படுகிறேன் . அவர்களின் முயற்சியால், நான் இன்று இந்த நூலை எழுதி முடித்திருக்கிறேன். அவர்கள் எனக்கு கொடுத்த கல்வி, அறிவு, மற்றும் எண்ணவியலின் மீது வைத்த நம்பிக்கை, எனது வாழ்க்கையை வடிவமைத்த முக்கியத் தூண்களாகவும், ஒவ்வொரு தவணையிலும் என்னை முன்னேற்றம் செய்யும் சக்தியாகவும் திகழ்கின்றன.

இந்த நூலை உலகிற்காக அர்ப்பணிக்கின்றேன், நமது அறிவியலின் அற்புதங்களைக் காண, கற்றல் வழியே புதிய உலகங்களைக் கண்டடைய.

அன்புடன்,
அஹமது அமீன்

பொருளடக்கம்

முன்னுரை

அன்பான வாசகர்களே,

உலகின் அபாரமான விஞ்ஞானத் துறைகள் மீது கொண்டிருந்த என் ஆர்வம் என்னை இந்நூலை எழுதத் தூண்டியது. அறிவியல் என்பது எளியதாகவும், அனைவருக்கும் புரியக்கூடியதாகவும் இருக்க வேண்டும் என்ற எண்ணத்துடன், "ஆயிரத்தோர் அறிவியல் துணுக்-குகள்" என்ற இந்த நூலை உங்கள் முன்னே கொண்டு வருகிறேன்.

இந்த நூல், அறிவியல் பின்புலத்திலிருந்து எழுந்து வந்த சிறு புத்தகம் , சுவாரஸ்யமான விஷயங்களைத் தொகுத்து, ஆழமான அறிவியலை எளிதாகப் புரிந்துகொள்ளும் வகையில் வடிவமைக்கப்-பட்டுள்ளது. கணிதம் மற்றும் பொறியியல் ஆகிய இரு துறைகளும் எப்போதும் என்னை ஈர்த்தும், தூண்டியும் வந்தன. அவற்றின் கோட்-பாடுகள் மற்றும் அமைப்பு, இந்த நூலை உருவாக்க வித்தியாசமான முறையில் உதவியது.

நீங்கள், இந்நூலைப் படிக்கும்போது, அறிவியல் உலகில் உங்க-ளுக்குத் தேவையான பல நுணுக்கங்களை அறியலாம். இதனுடைய ஒவ்வொரு துணுக்கும், அறிவியலின் அற்புதங்களை உணரத் தூண்டி, உங்களை அறிவியல் துறையில் ஆர்வமுள்ளவர்களாக மாற்றும் என்பதில் எனக்கு உறுதி உள்ளது.

இந்த நூல் உங்கள் அறிவியலின் திறன்களை மேம்படுத்த உதவும் என்று நம்புகிறேன்.

அன்புடன்,

அஹமது அமீன்

1

1) ஒரு உயரமான கட்டிடத்திலிருந்து ஒரு கிலோ மற்றும் மூன்று கிலோ நிறை (Mass) கொண்ட இரண்டு கற்களை ஒரே நேரத்தில் ஒரே பொசிஷனிலிருந்து கீழே போட்டால் எந்த கல் முதலில் தரையில் விழும்? இரண்டு கற்களும் ஒரே நேரத்தில்தான் வந்து விழும். அது எப்படிங்க கனமான கல்தான் முதலில் வந்து விழுமென்று நீங்கள் நினைக்கலாம். அது தவறு. பூமியானது எல்லாப் பொருட்-களையும் தன்னை நோக்கி ஒரே வேகத்தில்தான் இழுக்கும். பூமியின் கிராவிட்டி கான்ஸ்டண்ட் ; g = 9.81 m / s2.

2) இப்போது இரண்டு கற்களும் தரையில் விழுந்ததும் அவைகள் ஏற்படுத்திய பாதிப்பு எதில் அதிகம் இருக்குமெனில் மூன்று கிலோ நிறையுள்ள கல் ஏற்படுத்-திய பாதிப்புதான் அதிகமாக இருக்கும். ஏனெனில் விசை (Force) = நிறை X கிராவிட்டி கான்ஸ்டண்ட். அதாவது $F_1 = m_1 \times g \quad F_2 = m_2 \times g$.

3) இப்போது இன்னொரு கேள்வி. ஒரு சிறிய பெட்டி மிக உயரத்திலிருந்து தங்கு தடையின்றி கீழே விழுந்து கொண்டிருக்கும்போது பயணத்தின் இடையில் பெட்டியிலிருந்து ஒரு பேனா நழுவி விழுகிறது. இப்போது சொல்லுங்கள் எது முதலில் தரையைத்தொடும்? பெட்டியா? பேனாவா?. இரண்டும் ஒரே நேரத்தில்-தான் தரையைத் தொடும். ஏனெனில் பெட்டியின் வேகம் அதிகரித்துக் கொண்டே இருக்கும் என்பது நமக்குத் தெரியும். பேனா நழுவும்போது பெட்டி எந்த வேகத்தில் இருக்கிறதோ அதே வேகத்தில்தான் அதுவும் விழ ஆரம்பிக்கும்.

4) உங்களின் எடை (Weight) எவ்வளவு என்று யாரும் கேட்டால் 60 கிலோ 70 கிலோ என்றால்லாம் சொல்லாதீர்கள். உங்களின் நிறைதான் (Mass) 60 கிலோ அல்லது 70 கிலோ உங்களின் எடை (Weight) 60 x 10 = 600 நியூட்டன் 70 X 10 நியூட்டன் என்றுதான் சொல்லணும். ஏனெனில் எடை = நிறை x கிராவிட்டி கான்ஸ்டண்ட் (g = 10 மீட்டர்/வினாடி2 Approximately). அதாவது $W = m \times g$.

5) உங்களின் நிறை = 60 கிலோ என்றால் பூமியில் உங்களின் எடை = 60 X 10 = 600 நியூட்டன் சந்திரனில் உங்கள் நிறை 60 கிலோ ஆனால்

உங்களின் எடை 60 X 10 / 6 = 100 நியூட்டன். ஏனெனில் ஒவ்வொரு கோள்-களிலும் கிராவிட்டி காண்ஸ்டண்டானது அந்த பொருள் இருக்கும் கோளின் நிறைக்கேற்ப மாறுபடும். (பூமியில் g =10 m/s2 சந்திரனில் g = 10/6 =1.66 m/s2) ஆனால் எங்கும் ஒரு பொருளின் நிறையானது மாறாது.

6) ஒரு கல்லை வெர்ட்டிகலாக மேல்நோக்கி எறிந்து விட்டு அதே இடத்தில் நிற்க வேண்டாம். எவ்வளவு வேகத்தில் மேல்நோக்கி எறிந்தீர்களோ அவ்வளவு வேகத்தில் உங்கள் கபாலத்தை பதம் பார்துவிடும். தரையிலிருந்து எவ்வளவு வேகத்தில் ஒரு பொருள் எறியப்படுகிறதோ அவ்வளவு வேகத்தில் தரையில் வந்து விழும் மேலும் அந்த பொருள். அதிகபட்ச உயரத்தை எட்ட எவ்வளவு நேரம் ஆகிறதோ அதே அளவு நேரம் மேலிருந்து தரையைத்தொட ஆகும் என்பது விதி. இங்கு காற்றினால் ஏற்படும் உராய்வு இல்லை என்பதாக கருதவும்.

7) ஈர்ப்பு விசை மிகவும் சொற்பமாக இருக்கும் நிலைக்கு 'ஜீரோ கிராவிட்டி (Zero gravity)' அல்லது 'மைக்ரோ கிராவிட்டி' என்று அழைக்கலாம். விண்-வெளியில் ஏகபோகமாக இந்த நிலையே உள்ளது. விண்வெளி வீரர்களுக்கு நாசா போன்ற விண்வெளி ஆராய்ச்சி நிலையங்களில் இந்த 'ஜீரோ கிராவிட்டி' பற்றி அனுபவ பாடம் எடுக்கப்படுகிறது.

8) ஒரு பொருள் மேலிருந்து கீழே விழும்போது அதற்கு பூமியின் ஈர்ப்பு விசையைத் தவிர காற்றின் உராய்வினால் ஏற்படும் தடுப்பு விசை போன்ற வேறு எந்த விசையும் செயல்படாமல் இருந்தால் அத்தகைய நிகழ்விற்கு 'தடையற்ற வீழ்ச்சி (Free falling)' என்று பெயர்.

9) 'அழுத்தம் (Pressure)' என்பது ஒரு பொருளின் மீது அதன் ஒரு குறிப்-பிட்ட அலகு பரப்பில் அதற்குச் செங்குத்தான திசையில் செலுத்தப்படும் விசை-யாகும். அதாவது ஒரு ஸ்கொயர் மீட்டர் பரப்பில் எவ்வளவு விசை (Force) செயல்படுகிறது என்பதைக் குறிப்பதாகும். இதன் யூனிட் நியூட்டன்/ஸ்கொயர் மீட்-டர்.

10) அதிகப் பரப்புள்ள தளம் அதிக விசையைத் தாங்கும். பாலைவனத்தின் மணற்பகுதியில் ஓட்டகம் நடக்கும்போது அதன் கால்கள் மணற்பரப்பில் புதையா-மல் இருப்பதற்காக அதன் கால் பாதங்கள் அகலமாய் இருக்கும். மணற்பரப்பில் நாம் வேகமாக ஓட முடியாததற்கு நாம் கொடுக்கும் அழுத்தத்தை மணலின் மேற்-பரப்பால் தாங்க முடியாததே காரணம். ஊசி போன்ற ஹை ஹீல்ஸ் போட்டுக் கொண்டெல்லாம் மணல் தரையில் நடக்க முடியாது.

11) ஆணி மற்றும் கத்தியின் முனை ஷார்ப்பாக இருப்பதற்குக் காரணம் ஆணியை சுலபாக அடிப்பதற்கும் கத்தியால் சுலமாக வெட்டுவெதற்கும்தான். ஆணி மற்றும் கத்தியின் முனை ஷார்ப்பாக இருப்பதால் அந்த பகுதி குறைந்த பரப்பைக் கொண்டிருக்கும். அதனால் வெட்டும் பகுதியில் சுலபமாக நுழைய முடி-

கிறது.

12) ஒரு பைக்கில் நீங்கள் வேகமாக ஒரு திசையில் சென்று கொண்டிருக்-கிறீர்கள். அப்போது எதிர்திசையில் காற்றானது ஒரு குறிப்பிட்ட வேகத்தில் உங்-களை நோக்கி வீசுகிறது. உங்கள் வேகம் அதிகரித்தால் காற்றின் வேகமும் எதிர்-திசையில் அதிகரிக்கும். காற்று உங்கள் மீது படும் பரப்பளவு அதிகரித்தால் அது உங்களை எதிர்க்கும் விசையும் (Force) அதிகரிக்கும்.

13) நீங்கள் பைக்கில் பின்னால் உட்கார்ந்து கொண்டு ஒரு பலகையை கையில் வைத்திருக்கும்போது அதை எதிர்காற்று அதிகம் தாக்காமல் இருக்க குறுக்காக பிடித்திருப்பீர்கள் ஏன்? அதிக பரப்பில் காற்று வீசும்போது அதிக விசையுடன் உங்களை எதிர்திசையில் தள்ளும். அதனால் வண்டியின் வேகம் மிக-வும் குறையும். எதிர்திசையில் வீசும் காற்றினால் ஏற்படும் விசையைக் குறைப்-பதற்குத்தான் வண்டிகளின் முகப்புப்பகுதியும் விண்ட்சீல் கிளாஸும் வெளிப்பக்கம் வளைந்ததாய் அமைக்கப்பட்டுள்ளது. இதற்குத்தான் 'ஏரோடைனமிக் டிசைன்' என்பார்கள். இதனால் எதிர்காற்று சுலபமாக வழுக்கிக் கொண்டு பக்கவாட்டிலும் மேற்புறமாகவும் சென்றுவிடும்.

14) பெரிய விளம்பர போர்டுகளில் அங்கங்கே வட்ட வடிவில் ஓட்டை போட்-டிருப்பார்கள் ஏன்? காற்று வேகமாய் வீசும்போது அதிக அளவிலான ஏரியாவில் படும்போது போர்டை அதிக விசையுடன் தாக்கி அதை கீழே சாய்த்துவிடும். அங்-கங்கே ஓட்டைகள் இருந்தால் அதன் வழியே காற்று வேகமாய் வெளியேறிவிடுவ-தால் போர்டைத் தாக்கும் விசை குறைந்து விடும். அதனால் போர்டுகள் செஃப்பாய் நிற்கும்.

15) மிக வேகமாக வீசும் காற்றினால் கட்டிடங்களுக்கும் மேற்கூரைகளுக்கும் பாதிப்பு ஏற்படும் வகையில் இருக்கும் காற்றின் விசையை 'விண்ட் லோட் (Wind load)' எனலாம். மேல் நோக்கித் தள்ளும் விசை (Uplift wind load) பக்க-வாட்டில் உராய்ந்து செல்லும் விசை (Shear wind load) கட்டிடங்களின் அஸ்-திவாரத்தையே தகர்க்கும் விசை (Lateral wind load) என விண்ட் லோட்கள் மூன்று வகைப்படும். ஒரு பில்டிங் ஸ்ட்ரக்சரை டிசைன் செய்வதற்கு இவ்வகை லோடுகளை கணக்கில் எடுத்துக்கொள்வது அவசியம்.

16) ஒரு பிளாஸ்டிக் ஹோஸ் மூலம் உங்கள் வீட்டு செடிகளுக்கு தண்ணீர் பாய்ச்சும்போது அதன் வாய்ப்பகுதியை கொஞ்சம் அழுத்தினால் தண்ணீர் நல்ல ப்ரஸ்ஸர்ல பாயுது என்பீர்கள். தண்ணீர் வேகமாகத்தான் பாயும். ஆனால் ப்ரஸ்ஸர் குறையும். ஒரு குழாயில் தண்ணீர் பாயும்போது போகும் பாதையின் குறுக்களவு குறைக்கப்பட்டால் பாயும் வேகம் அதிகரிக்கும். அதே சமயம் அழுத்தம் குறையும். ஏனெனில் இங்கு அழுத்தமும் வேகமும் எதிர்விகித தொடர்புடையவை. ஒன்று கூடினால் மற்றொன்று குறையும்.

17) ஒரு இன்ச் விட்டமுள்ள பைப் வழியாக நிமிடத்திற்கு 50 லிட்டர் தண்ணீர் பாய்ந்தால் இரண்டு இன்ச் விட்டமுள்ள பைப் வழியாக ஒரு நிமிடத்திற்கு அதே வேகத்தில் எத்தனை லிட்டர் தண்ணீர் பாயும்? உங்களில் பெரும்பாலோர் 100 லிட்டர் என்பீர்கள். 100 லிட்டர் அல்ல 200 லிட்டர் தண்ணீர் பாயும். அதாவது பைப்பின் விட்டம் இரட்டிப்பானால் தண்ணீர் பாயும் அளவு 2^2 = 4 மடங்காகும். அதேபோல் விட்டம் மூன்று மடங்கானால் தண்ணீர் பாயும் அளவு 3^2 = 9 மடங்-காகும்.

18) தண்ணீர் ஓடும் பைப் லைன்களில் L-Bow பெண்டுகள் இருந்தால் அதன் வழியாக தண்ணீர் பாயும் வேகம் குறையும். அதாவது நேர்கோட்டு வேகத்தில் இருக்கும் ஒரு பொருளின் டைரக்ஸனை மாற்றினால் அதன் வேகம் குறையும். ஆகவே முடிந்த வரையில் L-Bow பெண்டுகளைக் குறைப்பது நல்லது. அதனால் பம்பிங் மோட்டர்களுக்குத் தேவைப்படும் எனர்ஜி மற்றும் செலவைக் குறைக்க-லாம்.

19) பைப் லைன்களில் உள்ள திரவ மற்றும் வாயுக்களின் ப்ரெஸ்ஸரை அளக்க 'ப்ரஸ்ஸர் கேஜ் மற்றும் யூடியூப் மேனோமீட்டர்' என்ற சாதனங்களைக் கொண்டு அளக்கலாம். ப்ரெஸ்ஸரை அளப்பதற்கு N/mm2 N/m2 pascal Pound/ inch2- (Psi) Bar என்ற பல அளவீட்டு முறைகள் உள்ளன. (1 Psi = 0.00689 N/mm2 1 N/mm2 = 145 Psi 1 Bar = 14.5 Psi. 1 Bar = 100 Kilopascals.

20) 'அட்மாஸ்ஃபெரிக் ப்ரெஸ்ஸர் (Atmospheric pressure)' என்பது புவி-யின் மேற்பரப்பில் எப்புள்ளியிலும் காற்றின் எடையினால் அதற்கு மேல் ஏற்படும் அழுத்தமாகும். இதன் அளவானது சுமார் 76 cm Hg. அதாவது கடல் மட்-டத்தில் காற்றின் அழுத்தமானது 76 செண்டி மீட்டர் உயரம் அளவிற்கு பாதரச கம்பத்தைக் காற்று வெளியானது தாங்கும்.

21) ஒரு பொருளை நீங்கள் எவ்வளவு வேகத்தில் மேல்நோக்கி எறிந்தாலும் எறிந்த வேகத்தைப் பொருத்து அது மேல் நோக்கி சென்றுவிட்டு கீழே வந்து விழத்தான் செய்யும். மேல் நோக்கி எறிந்த பொருள் கீழே வரக்கூடாது என்றால் அதை எவ்வளவு வேகத்தில் எறிய வேண்டும் என்பதைத்தான் விடுபடு திசை வேகம் (Escape velocity) என்கிறோம்.

22) பூமியின் விடுபடு திசைவேகம் வினாடிக்கு 11.2 கிலோமீட்டர். அதாவது மணிக்கு 40320 கிலோமீட்டர் வேகத்தில் ஒரு பொருளை மேல் நோக்கி எறிந்தால் அந்தப் பொருள் கீழே திரும்பி வராது. ஒவ்வொரு கோள்களுக்கும் அதன் நிறைக் கேற்றவாறு அதன் விடுபடு திசைவேகம் மாறுபடும். சூரியனின் விடுபடு திசை-வேகம் மணிக்கு 22230000 கிலோமீட்டர்களாகும். ஒரு கோளின் விடுபடு திசை வேகம் அதன் நிறையைப் பொருத்து நேர் விகிதத்தில் மாறும்.

23) ராக்கெட்டுகள் விண்ணில் ஏவப்படும்போது ஆரம்பத்திலேயே பூமியின் விடுபடு திசை வேகத்திலேயே ஏவப்படுவதில்லை (அத்தனை வேகத்தில் ஏவவும் முடியாது). அத்தனை வேகத்தை உடனேயே எட்டுவதில்லை. படிப்படியாகவே அதன் வேகம் அதிகரிக்கப்பட்டு அதன் முழு வேகத்தை பெறுகிறது. பூமிக்கு மேலே செல்லச்செல்ல வளிமண்டல அடர்த்தி மிகமிகக் குறைவதால் காற்றின் எதிர்விசை அதிகம் தாக்குவதில்லை.

24) ராக்கெட்டுகள் அதன் முழு வேகத்தை அடைவதற்கு அதன் எடை படிப்படியாக குறைய வேண்டும். அதற்காக அதன் எரிபொருள் டேங்குகள் பல கட்டங்களாய் அமைக்கப்பட்டு எரிபொருள் முடிந்தவுடன் ஒவ்வொன்றாய் ராக்-கெட்டிலிருந்து நீக்கப்படும்போது அதன் எடை படிப்படியாய் குறைக்கப்படுகிறது. அதன்பின் தேவையான சுற்றுப்பாதையில் (Circular Orbit) சாட்டிலைட்டுகள் அதற்குரிய வேகத்தில் ஏவப்படுகிறது (Launching).

25) சாட்டிலைட்டுகள் (Satellite) அதன் சுற்றுப்பாதையில் முறையாக ஏவப்-பட்டு சரியான பொசிசனில் நிலை நிறுத்தப்பட்டபின் அதன் வேகத்திலேயே செயல்படுவதற்கு எரிபொருள் தேவையில்லை. ஏனெனில் எந்த வேகத்தில் ஏவப்-பட்டதோ அந்த வேகத்திலேயே அது சுற்றிக் கொண்டிருக்கும் எலெக்ட்ரானிக் சாதனங்கள் இயங்குவதற்கு தேவையான மின்சாரத்தை சூரிய ஒளியிலிருந்தே தயாரித்துக்கொள்ளும்.

26) சாட்டிலைட்டுகளில் செயற்கைக் கோள்களுக்கு எதிராக ஆயுதங்களைத் தாங்கி அழிக்கும் 'கில்லர் சாட்டிலைட்டுகள்', வானியல் ஆராய்ச்சிக்காகப் பயன்-படும் 'வானியல் செயற்கைக் கோள்கள்', உயிருள்ள ஜீவன்களை விண்வெளிக்கு அனுப்பி ஆராய உதவும் 'பயோ சாட்டிலைட்டுகள்', 'தகவல் தொடர்பு சாட்டி-லைட்டுகள்', மிகக் குறைந்த எடையில் விண்வெளியை வளம் வரும் 'மினியேச்-சர் சாட்டிலைட்டுகள்', நிலத்தில் இருக்கும் நகரும் கருவிகளுக்கு சிக்னல்களை அனுப்பும் 'நேவிகேஷனல் சாட்டிலைட்டுகள்', 'புவி கண்கனிப்பு சாட்டிலைட்டுகள்' என நிறைய வகைகள் உள்ளன.

27) நியூட்டனின் முதல் இயக்க விதி (Newton's first law of motion) இதைத்தான் சொல்கிறது; சமமாக்கப்பட்ட வெளிப்புற விசைகள் (Unbalanced external forces) எதுவும் செயல்படாத நிலையில் எப்பொருளும் அதன் நிலை-யிலேயே தொடரும். அதாவது ஒரு பொருள் அசையாமல் நிலையாக இருந்தால் சமமாக்கப்படாத வெளிப்புற விசைகள் செயல்படாத வரை அப்படியே அசையா-மல் இருக்கும். அதுபோல் சுற்றிக் கொண்டிருக்கும் பொருளும் அப்படியே ஓயா-மல் சுற்றிக்கொண்டே இருக்கும். ஓடிக்கொண்டிருக்கும் பொருளும் திசை மாறாமல் ஓடிக்கொண்டிருக்கும்.

28) நாம் எறிந்த கல் சுழற்றி விடப்பட்ட பம்பரம் ஏன் தொடர்ச்சியாக செயல்-படாமல் கொஞ்ச நேரத்தில் நின்று விடுகிறது. தொடர்ந்து இயங்கிக் கொண்டிருக்-கும் என்கிற நியூட்டனின் விதி பொய்யா?. பொய்யே அல்ல உண்மைதான். எறிந்த கல் மற்றும் சுழற்றிய பம்பரத்தின் வேகத்தை காற்றின் உராய்வு மற்றும் புவியின் ஈர்ப்பு போன்ற வெளிப்புற விசைகள் செயற்பட்டு அதன் வேகத்தை குறைத்து நிறுத்தியும் விடுகின்றது.

29) ராக்கெட்டுகள் பூமியின் விடுபடு திசை வேகமான மணிக்கு 40320 கிலோமீட்டர் வேகத்தில் விண்ணை நோக்கிச் சென்றால் வளிமண்டலத்துடன் ஏற்-படும் உராய்வின் காரணமாக அதிக வெப்பம் ஏற்பட்டு அது எரிந்து சாம்பலாகி விடும். அவ்வாறு ஏற்படாமல் தடுக்க அதன் முனையில் 'cryogenic' என்கிற குளிரூட்டும் சிஸ்டம் செயல் படுகிறது.

30) சக்தி வாய்ந்த ராக்கெட் மற்றும் ஏவுகணை தொழில்நுட்ப திட்டத்தை முதன்முதலில் உலகுக்கு அறிமுகப்படுத்தியவர் 'மைசூர்புலி' திப்பு சுல்தான் ஆவார். அவர் அறிமுகப்படுத்திய தொழில் நுட்பமானது இரண்டாம் உலகப் போரில் ஜெர்மனி பயன்படுத்திய வி-2 ராக்கெட்டுகளுக்கு முன்னோடியாக திகழ்ந்-தது. 'ஏவுகணைகளின் தந்தை' என்று இவர் அழைக்கப்படுகிறார்.

31) ஏவுகணைகள் (Missiles) என்பது தானாக உந்திச்சென்று வெடிக்கும் வெடிகுண்டு ஆகும். ஏவுகணைகளின் முனைகளில் வெடி பொருள்கள், வேதியி-யல் ஆயுதங்கள், அணு மற்றும் உயிரியல் ஆயுதங்களை சுமந்து சென்று இலக்-குகளை தாக்க வல்லது.

32) நகரும் மற்றும் நிலையான இலக்குகளை கண்டறிவதற்குத் தோதாக ஏவு-கணைகள் வடிவமைக்கப்படுகின்றன. டார்கெட் பாய்ண்ட்டிலிருந்து வரும் அகச்-சிவப்பு ரேடியோ மற்றும் வெப்ப கதிர்களை கொண்டு அவற்றின் இருப்பிடத்தை கண்டறிந்து. வழிகாட்டு அமைப்புகளைக் கொண்டு இலக்குகளைத் தாக்குகின்றன.

33) சுமார் 5000 கிலோமீட்டர் தூரம் வரை சென்று இலக்குகளைத் தாக்கும் திறன் கொண்ட ஏவுகணைகளை 'கண்டம் விட்டு கண்டம் பாயும் ஏவுகணைகள் (Intercontinental ballistic missiles ICBM) என்கிறார்கள். இக்காலத்தில் நவீன ஏவுகணைகள் சில மீட்டர்கள் சுற்றளவில் அதாவது ஒரு குறிப்பிட்ட கட்டி-டதைக் கூட துல்லியமாக தாக்கும் வல்லமை கொண்டது. இவ்வகை ஏவுகணைகள் பெரும்பாலும் அணு ஆயுதங்களையே சுமந்து செல்கின்றன.

34) சில ஏவுகணைகள் கடலுக்கு அடியில் ஒரு குறிப்பிட்ட ஆழத்தில் நீர்-மூழ்கி கப்பலிலிருந்து ஏவப்பட்டு நிலப்பரப்பிலுள்ள டார்கெட்டுகளைத் தாக்குகிறது. சில ஏவுகணைகள் நீரின் வழியாகவே சென்று பெரும் கப்பல்களை தாக்கி சேதப்-படுத்தும்.

35) துப்பாக்கியை கிடைமட்டமாக (Horizontal position) ஒரு குறிப்பிட்ட உயரத்தில் வைத்துக்கொண்டு குறிப்பிட்ட தூரத்திலுள்ள சுவற்றில் எவ்வளவு வேகத்தில் சுட்டாலும் புல்லட் சுவற்றில் அதே உயரத்தில் மோதாது. கொஞ்சம் உயரம் குறைந்த இடத்தில்தான் மோதும். ஏனெனில் பூமியின் ஈர்ப்பு விசையானது புல்லட்டை அது போகும் பாதையிலிருந்து கீழ்நோக்கி இழுக்கும்.

36) தரையின் அருகில் ஒரு குறிப்பிட்ட இடத்திலிருந்து வீசப்பட்ட ஒரு பொருளானது பூமியின் புவி ஈர்ப்பு விசையின் காரணமாக வளைந்த பாதையில் செல்லும். இவ்வகையான நகர்தலுக்கு 'ப்ரோஜக்டைல் மோஷன் (Projectile motion)' என்று பெயர். ஹோசிலிருந்து வெளியேறும் தண்ணீர் அழகாய் ஒரு வளைந்த பாதையில் பாய்வதைப் பார்த்திருப்பீர்கள்.

37) காந்தம் இரும்பை ஈர்ப்பதுபோல எல்லா பொருட்களும் ஒன்றையொன்றை ஒரு வகை விசையால் ஈர்த்துக்கொள்கின்றன. இந்த விசையானது பொருட்களின் திணிவுகளின் பெருக்கத்திற்கு நேர்விகிதத்திலும் அதன் மையப் புள்ளிகளுக்கிடையே உள்ள தூரத்தின் ஸ்கொயரின் எதிர் விகிதத்திலும் இருக்கும். அதாவது பொருட்களின் திணிவு அதிகமாகும்போது அவைகளுக்கிடையே ஈர்ப்பு அதிகமாகும். அவற்றுக்கிடையே உள்ள தூரம் அதிகமாகும்போது அதன் ஈர்ப்பு குறையும்.

38) பூமியின் மேற்பரப்பில் புவி ஈர்ப்பு மாறிலி (Gravity constant g) யின் மதிப்பு $g = 9.81$ மீட்டர்/வினாடி2. அதாவது காற்றின் தடையை புறக்கணித்துவிட்டால் பூமியின் மேற்பரப்பின் உயரத்திலிருந்து தரை நோக்கி விழும் எப்பொருளும் ஒவ்வொரு வினாடிக்கும் 9.81 மீட்டர் என்கிற விதத்தில் அதன் வேகம் அதிகரிக்கிறது.

39) உதாரணமாக இங்கு g யின் மதிப்பு 10 m/s2 என்றும் நியூட்டனின் இயக்க விதியிலிருந்து $h = u \cdot t + \frac{1}{2} \cdot g \cdot t2$ என்றும் வைத்துக்கொண்டால் சுமார் 125 மீட்டர் உயரத்திலிருந்து 0 வேகத்தில் விழும் ஒரு பொருளானது முதல் வினாடியின் முடிவில் சுமார் $0 + 1/2 \times 10 \times 12 = 5$ மீட்டர்களையும் இரண்டாவது வினாடியின் முடிவில் $0 + \frac{1}{2} \times 10 \times 22 = 20$ மீட்டர்களையும் மூன்றாவது வினாடியின் முடிவில் $0 + \frac{1}{2} \times 10 \times 32 = 45$ மீட்டர்களையும் நான்காவது வினாடியின் முடிவில் $0 + \frac{1}{2} \times 10 \times 42 = 80$ மீட்டர்களையும் ஐந்தாவது வினாடியின் முடிவில் தரையைத் தொடும்போது கல்லின் வேகம் $= u \cdot t + 1/2 \cdot g \cdot t2 = 0 \cdot t + \frac{1}{2} \cdot t2 = 1/2 \cdot 10 \cdot 52 = 125$ மீட்டர்களையும் கடந்து தரையைத் தொடும். அப்போது அதன் வேகம் $v = u + a \cdot t = 0 + 10 \times 5 = 50$ m/s (180 km/hr).

40) ஒரு பொருளின் வேகம் m/s ல் கொடுக்கப்பட்டிருந்தால் அதை km/hr மாற்ற அதை 18/5 ஆல் பெருக்க வேண்டும். அதைப்போல வேகம் km/hr ல் கொடுக்கப்பட்டிருந்தால் அதை m/s ல் மாற்ற 5/18 ஆல் பெருக்க வேண்டும்.

உதாரணத்திற்கு 10 m/s = 10 x 18/5 = 36 km/hr மேலும் 80 km/hr = 90 x 5/18 = 25 m/s.

41) பூமியின் மேற்பரப்பிலிருந்து விழும் பொருளின் தூரம் அதிகரித்தால் அது பூமியில் தரையின் மேல் விழும் வேகமும் அதிகரிக்கும். அதனால் அது ஏற்படுத்-தும் தாக்கமும் அதிகமாகும்.

42) பூமிக்கு புவி ஈர்ப்பு விசை இல்லையென்று கற்பனையாக நினைத்துக் கொண்டால் என்னவாகும்?. நாமெல்லாம் எப்போதோ எங்கோ தூக்கி எறியப்-பட்டிருப்போம். பூமியின் மேலுள்ள அனைத்துப் பொருட்களும் கடல் நீர் உட்பட அனைத்தும் வீசியெறியப்பட்டு பூமியானது வசீகரமில்லா மொட்டைத் தலையாய் காட்சியளிக்கும்.

43) பூமி சூரியன் மற்றும் இதர எல்லா பொருட்களும் அதன் வடிவத்திலேயே இருப்பதற்கும் அதன் பாதைகளில் சுற்றி வருவதற்கும் கடலில் அலைகள் ஏற்படு-வதற்கும் பொருட்களுக்கு எடை உண்டாவதற்கும் இந்த ஈர்ப்பு விசையே காரண-மாகும்.

44) ஒரு பொருளின் வெயிட்டானது ஒரு குறிப்பிட்ட புள்ளியிலிருந்து அதன் எல்லா பாகங்களிலும் சமமாக பரவி இருக்கிறது. அதாவது அந்த குறிப்பிட்ட புள்ளியிலிருந்து பேலன்ஸ் ஆக அந்த பொருளை தூக்கலாம். அந்த குறிப்பிட்ட புள்ளியே அப்பொருளின் 'ஈர்ப்பு மையம் (Centre of gravity — CG)' எனப்-படும். மனித உடலின் ஈர்ப்பு மையமானது தொப்புள் (Belly button) வழியாக செல்கிறது.

45) சர்வதேச விண்வெளி நிலையம் (International Space Station-ISS) என்பது எங்கோ ஒரு நாட்டில் இருக்கும் ஆராய்ச்சி மையமல்ல. பூமியிலி-ருந்து சுமார் 400 கிலோமீட்டர் உயரத்தில் ஒரு நாளைக்கு 16 முறை பூமியை சுற்றி வருகிறது. இதன் எடை சுமார் 400 டன்களாகும்.

46) சர்வதேச விண்வெளி நிலையத்தில் 6 விண்வெளி ஆராய்ச்சியாளர்கள் சுழற்சி முறையில் தங்கி ஆராய்ச்சி செய்து வருகின்றனர். ஷட்டில் சர்வீஸ் மூலம் பூமியிலிருந்து ஆராய்ச்சியாளர்கள் சென்று வருகின்றனர். விண்வெளி வீரர்களை கலத்தினுள் ஏற்றிவிடுவது தேவையான பொருட்களை அவ்வப்போது லோட் செய்-வது என எல்லாமே அந்தரத்தில் பறந்து கொண்டே நடைபெறுவது நமக்கு ஆச்-சரியத்தை அதிரிக்கும். அங்கு தங்கி வருவது மிகப்பெரும் ச்சேலஞ்சான ஒரு விஷயம்.

47) விண்வெளி ஆராய்ச்சிக் கூடத்தில் வீரர்கள் காற்றில் மிதந்து கொண்டே தங்கள் பணிகளை செய்வது, மிதக்கும் உணவு ஊற்றப்பட்ட நீர் எல்லாமே மிதந்து வந்து அதை கவ்விப்பிடித்து விழுங்கும் காட்சி ஒரு ஆச்சரியம்தான். அங்கே அவர்கள் தங்களின் எடையற்ற நிலையை உணர்கிறார்கள். இதுவெல்லாம் புவி-

யின் ஈர்ப்பு விசை குறைவதால் ஏற்படுகிறது.

48) ஒரு பொருளின் அடர்த்தி என்பது அந்தப்பொருளின் நிறைக்கும் (Mass) அதன் பருமனுக்கும் (Volume) இடையேயான விகிதமாகும். அடர்த்தி = நிறை/பருமன். உலகிலேயே அடர்த்தியான உலோகம் 'இரிடியம்'. இதன் அடர்த்தி 22650 கிலோ/மீட்டர்2. அதாவது ஒரு மீட்டர் நீள அகல உயரம் கொண்ட இருடியத்தின் நிறை 22650 கிலோ.

49) ஒரு பொருளின் அடர்த்தி எண் (Relative density) என்பது அந்த பொருளின் அடர்த்தியை நீரின் அடர்த்தியுடன் ஒப்பிட்டுச் சொல்வதாகும். நீரின் அடர்த்தி 1000 கிலோ/மீட்டர்3. பாதரசம் நீர்ம நிலையில் உள்ள உலோகமாகும். அதன் அடர்த்தி எண் 13.6 அதாவது நீரை விட 13.6 மடங்கு கனமானது. 10 லிட்டர் பிளாஸ்டிக் பக்கட்டில் இருக்கும் பாதரசத்தை (136 கிலோ) உங்களால் எளிதாகத் தூக்க முடியாது.

50) நீருக்கு அடியில் போகப்போக அது ஏற்படுத்தும் அழுத்தம் அதிகரித்துக்-கொண்டே போகும். அதாவது திரவ அழுத்தம் = திரவத்தின் அடர்த்தி X கிரா-விட்டி கான்ஸ்டண்ட் X ஆழம் (P = m.g.h). இப்போது 50 மீட்டர் தண்ணீரின் ஆழத்தில் மூழ்கி இருக்கும் ஒரு பொருளுக்கு ஏற்படும் அழுத்தத்தை காண்-போம். அழுத்தம் = 1000 X 9.8 X 50 = 490000 நியூட்டன்/சதுர மீட்டர். அழுத்தத்தை 'பாஸ்கல் (Pascal)' என்கிற அளவைக் கொண்டும் சொல்லலாம். 1 பாஸ்கல் = 1 நியூட்டன்/சதுர மீட்டர்.

51) நிலத்தில் நாம் இருக்கும்போது நம்மைச் சுற்றியுள்ள காற்றின் அழுத்-தத்தை 1 atm ப்ரெஸ்ஸர் என்கிறார்கள். 1 atm = 101325 பாஸ்கல்.

52) நாம் வளிமண்டலத்தில் உயரே செல்லச் செல்ல காற்றின் அழுத்தம் குறையும். ஏனெனில் உயரே போகப்போக காற்றின் அடர்த்தி குறைவதால் அங்கே அழுத்தமும் குறைகிறது. இந்த விதியைப் பயன்படுத்தித்தான் மலைகளின் உயரத்-தையும் ஃப்ளைட் பறக்கும் உயரத்தையும் (Altitude) அளக்கிறார்கள். சும்மா மெஷரிங் டேப் வைத்தெல்லாம் அளக்க முடியாது.

53) ரிஸ்ட் வாட்ச்சின் பின்புற கேஸிங்கில் 5 ATM 10 ATM என்றெல்லாம் போட்டிருப்பார்கள். அதாவது அத்தனை வெளிப்புற அழுத்தத்தை நீருக்கடியில் தாங்கும் என்பதாகும். எத்தனை மீட்டர் ஆழம் வரை தண்ணீர் வாட்ச்சுக்குள் லீக் ஆகாது என்பதாகும். அதாவது 1 ATM = 10 மீட்டர் ஆழத்தில் உள்ள அழுத்-தம். 5 ATM = 50 மீட்டர் ஆழம் வரை தண்ணீர் வாட்சுக்குள் லீக் ஆகாது.

54) பிட்டாட் ட்யூப் (Pitot tube) என்கிற சாதனத்தைக் கொண்டு ஃப்ளைட் பறக்கும்போது எதிர்த்திசையில் வீசும் காற்றின் வேகத்தைக் கணக்கிட்டு அதைக்-கொண்டு ஃப்ளைட் பறக்கும் ஸ்பீடையும் கணக்கிடலாம். அதுபோல் அது பறக்கும் உயரத்தை அல்டிமீட்டர் (Altimeter) என்ற சாதனத்தைக் கொண்டு அளவிடு-

கிறார்கள்.

55) பசும்பாலின் அடர்த்தி 1.026 முதல் 1.035 கிராம்/மில்லி லிட்டர். அதா-வது சராசரியாக ஒரு லிட்டர் பாலின் நிறை 1 கிலோ 26 கிராம் முதல் 1 கிலோ 35 கிராம் வரை இருக்கும். பாலின் அடர்த்தியை 'லாக்டோ மீட்டர் (Lactometer)' — பால்மானி எனும் கருவி மூலம் அளக்கலாம். இது பாலின் அடர்த்தியை அளந்து அதில் எவ்வளவு தண்ணீர் கலந்து ஏமாற்றுகிறார்கள் என்-பதை காட்டும். பசும்பாலை விட எருமைப்பால் அதிக அடர்த்தியானது.

56) ஒரு நாணயத்தை தண்ணீரில் போட்டால் அது உடனே மூழ்கி விடுகிறது. ஆனால் பிரமாண்ட எடையுடைய கப்பல் எப்படி மிதக்கிறது?. கப்பல் தண்ணீரில் இருக்கும்போது அதன் உடற்பகுதி ஒரளவு தண்ணீரில் மூழ்கி இருக்கும். கப்பலின் எடைக்குச் சமமான நீர் இடம்பெயர்ந்திருக்கும். தண்ணீரில் அமிழ்ந்துள்ள ஒவ்-வொரு பகுதியையும் அது மேல் நோக்கி கப்பலை அழுத்துகிறது. அதே சமயம் கப்பலின் எடையும் தண்ணீரை கீழ் நோக்கி அழுத்துகிறது. இந்த இரு எடைகளும் சமமாக இருக்கும் வகையில் கப்பல்கள் வடிவமைக்கப்படுகிறது. செங்குத்தான நிலையிலுள்ள அழுத்தங்களின் சக்தியே கப்பலின் எடையை சமநிலைக்குக் கொண்டு வருகிறது. அதனால் கப்பல் மிதக்க முடிகிறது.

57) கப்பலிலிருந்து சரக்குகள் மற்றும் பிரயாணிகள் இறக்கி விடப்பட்ட பிறகு அதன் எடை வெகுவாகக் குறைந்து விடும். அதனால் கப்பலின் நீரில் மூழ்கியுள்ள பகுதியானது மேல்நோக்கி வரும். இதனால் கப்பலின் ஸ்திரத்தன்மை (Stability) குறைந்து தள்ளாடும் இதனால் அதை இயக்குவது சிரமம். சரக்குகள் இறக்கப்பட்ட இடத்திலேயே அங்கிருந்து அனுப்பபடும் சரக்குகள் இருந்தால் ஏற்றிக் கொள்-வார்கள். இல்லையெனில் கப்பலில் அமைக்கப்பட்ட டேங்குகளில் தேவையான அளவுக்கு கடல்நீரை நிரப்பி பேலன்ஸ் செய்வார்கள்.

58) ஒரு நாள் ஆர்கிமிடீஸ் எனும் அறிவியல் மேதை குளியல் தொட்டியில் இறங்கி தன் உடலை அமிழ்த்தியபோது அவரின் உடல் பருமன் அளவு தண்ணீர் வெளியேறுவதைக் கண்டு உற்சாக மிகுதியால் அப்படியே தெருவில் ஓடிக்-கொண்டே 'யுரேகா யுரேக்கா' (கண்டுவிடித்துவிட்டேன் கண்டுபிடித்துவிட்டேன்) என உற்சாக மிகுதியில் தெருவில் ஓடினாராம். அப்போது அவர் உடம்பில் ஒட்-டுத்துணி கூட இல்லையென்பதாகக் கேள்வி. அவர் கண்டுபிடித்த இவ்விதியே ஆர்கிமிடீஸ் கோட்பாடு என்கிற பொருள்கள் மிதக்கும் விதியினை (Law of floatation) தந்தது.

59) ஒரு பொருளானது ஒரு திரவத்தில் முழுமையாக மூழ்கி இருக்கும்-போதோ, மூழ்கி மிதக்கும்போதோ அல்லது முழுவதுமாய் மிதக்கும்போதோ அது இழந்ததாகத் தோன்றும் எடையானது (Apparent weight loss) அதனால் வெளியேற்றப்பட்ட திரவத்தின் எடைக்குச் சமம். இதுவே 'ஆர்கிமிடீஸ் கோட்பாடு'

அல்லது 'பொருட்களின் மிதக்கும் விதி' எனப்படும்.

60) ஒரு சமயம் ஒரு மன்னருக்கு தன் தங்கக் கிரீடத்தில் கலப்படம் இருப்-பதாகவும் தன் பொற்கொல்லர் மீது சந்தேகம் இருப்பதாகவும் ஆர்கிமிடிஸ் எனும் அறிவியல் மேதையை அணுகி அதைக் கண்டுபிடித்துத் தருமாறு வேண்டினார். கிரீடத்தின் சரியான எடையளவுக்கு சுத்தத் தங்கத்தை எடுத்துக் கொண்டார். கிரீ-டத்தை தண்ணீரில் மூழ்கச் செய்து அது வெளியேற்றும் நீரின் அளவை சரியாக அளந்து கொண்டார். பின்னர் சுத்தத் தங்கத்தை நீரில் மூழ்கச்செய்து அது வெளி-யேற்றும் நீரின் அளவானது சுத்தத்தங்கம் வெளியேற்றிய நீரைவிட குறைவாக இருந்ததைக் கண்டார். இதன்மூலம் தங்கத்தில் கலப்பு இருப்பதாகக் கண்டறிந்து சொன்னார்.

61) பெரிய கப்பல் ஒன்றைக் கட்டுவதற்கு முன் அதன் வடிவமைப்பாளர்கள் (Naval architect) ஒரு சிறிய மாடல் கப்பலைச் செய்து தண்ணீர் தொட்டி அமைக்கப்பட்டு அதில் அந்த மாடல் கப்பலை மிதக்கவிட்டு அதில் எல்லாவகை-யான செயற்கை சூழல்களையும் அதாவது செயற்கையாக காற்றை வீசியடிக்கச் செய்து அலைகளை உண்டாக்கி மாடல் கப்பலில் லோடுகள் ஏற்றுதல் போன்றதை உருவாக்கி கப்பலின் ஸ்திரத்தன்மையை (Stability of ship) சோதனை செய்து பார்த்தபின் ஒரிஜினல் மாடலை செய்யத் துவங்குவார்கள். இதற்கு மாடல் அனா-லிசிஸ் (Model analysis) என்பார்கள்.

62) உடைந்த கப்பலின் உதிரி பாகங்கள் கடலில் அதிக ஆழங்களில் மூழ்கி தரையில் கிடக்குமா? தரையில் கிடக்காது. நீருக்கடியில் மிதந்து கொண்டுதான் இருக்கும். ஏனெனில் கடலின் ஆழங்களில் அழுத்தம் அதிகமாக இருக்கும்-போது அங்கு அதே ஆழத்தில் மிதக்கும் பொருட்களின் அழுத்தமும் அதிகரிக்-கும். அங்கே கடல் நீருக்கும் பொருளுக்கும் அழுத்த மாறுபாடு ஏற்படுவதில்லை என்பதால் கப்பலின் உடைந்த உதிரி பாகம் மூழ்கி மிதந்து கொண்டிருக்கும்.

63) உலகின் மிக நீளமான கப்பல் 'Seawise Giant' ஆகும். இதன் நீளம் 458 மீட்டர்களாகும். இதை செங்குத்தாக நிறுத்தினால் ஈஃபில் டவரை விட உயர-மாக இருக்கும். இது ஜப்பானில் வடிவமைக்கப்பட்டது. நீராவி எஞ்சின் மூலம் இயங்கும் இக்கப்பல் மணிக்கு 30 கிலோமீட்டர் வேகத்தில் செல்லும். சுமார் 42 இலட்சம் பேரல்கள் அளவுக்கு கச்சா எண்ணெயை சுமந்து செல்ல முடியும். இந்த கப்பலை முழுவதுமாக திருப்புவதற்கு மூன்று கிலோமீட்டராவது தேவைப்படுமாம்.

64) USS Enterprise என்ற அமெரிக்க கடற்படைக்கு சொந்தமான கப்பல் அணு சக்தியால் இயங்கும் முதல் விமானம் தாங்கி போர் கப்பலாகும். அதி நவீன ரேடார்கள் 5800 நபர்கள் மற்றும் 60 போர் விமானங்களை சுமந்து செல்லும் வல்லமை கொண்ட இக்கப்பல் 2012 ஆம் ஆண்டு அமெரிக்க இராணுவத்திலி-ருந்து விடை பெற்றது.

65) பெரிய சரக்கு கப்பல்களில் ராட்சச எஞ்சின்கள் பொருத்தப்பட்டிருக்கும். இது சுமார் 16950 ஹார்ஸ் பவர் அளவுக்கு சக்தி வாய்ந்தது. மணிக்கு சுமார் 27 கிலோமீட்டர் வேகத்தில் செல்லக்கூடியது. ஒருமுறை எரிபொருள் நிரப்பினால் சுமார் 46000 கிலோமீட்டர் தொலைவுக்கு பயணிக்க முடியும்.

66) ஒரு பொருள் நீரில் மிதப்பதற்கு தன் எடையைவிட அதிக எடையுடைய நீரை இடப்பெயற்சி செய்ய வேண்டும். இதன் அடிப்படையில்தான் கப்பல்கள் வடிவமைக்கப் படுகிறது. ஆனால் நீர்மூழ்கி கப்பலை(Submarine) வடிவமைக்க நேர்மாறான விதி பயன்படுகிறது. அதாவது அவை நீரில் மூழ்க தன் எடையை கூட்ட வேண்டும் அல்லது இடப்பெயற்சி செய்யும் நீரின் அளவை குறைத்தல் வேண்டும். அதனால் அவைகள் மிதக்கும்போது காற்றையும் மூழ்கும்போது தண்-ணீரையும் நிரப்பிக் கொள்கின்றன.

67) நீர்மூழ்கி கப்பல்களின் மூழ்கும் ஆழத்தை அதன் வெளிப்புறச் சுவர்களின் கடினத்தன்மையே நிர்ணயிக்கிறது. வெளிப்புறச் சுவர்கள் ஸ்டில் மற்றும் டைட்டா-னியம் போன்ற உலோகங்களால் ஆனது.

68) நவீன நீர்மூழ்கி கப்பல்கள் அணு சக்தியினால் இயக்கப்படுகின்றன. கடல் நீரிலிருந்து ஆக்ஸிஜன் மற்றும் குடிநீரை பிரித்தெடுக்கும் தொழில் நுட்பம் கொண்டு இயக்கப்படுவதால் பல மாதங்கள் நீரில் மூழ்கிய நிலையில் பயணிக்க முடிகிறது. பல நெடிய பயணங்களும் சாத்தியமாகிறது.

69) இராணுவ நீர்மூழ்கி கப்பல்கள் பல தகவல் தொடர்பு சாதனங்களை தன்னகத்தே கொண்டுள்ளன. நீரின் மேற்பரப்பில் மிதக்கும் நிலையிலும் மூழ்கும் நிலையிலும் VLF (Very Low Frequency- radio) என்ற சாதனம் தகவல் தொடர்பிற்கு பயன்படுகிறது. கப்பல்கள் மிக ஆழத்தில் இருந்தபடியே மிதக்கும் நீண்ட மிதவை கம்பிகளை நீரின் மேற்பரப்பை நோக்கி விடுவதன் மூலம் தகவல் தொடர்பு சாத்தியமாகிறது. ஒரு சில மணி நேரங்களே மூழ்கக்கூடிய மிகச்சிறிய கலங்களிலிருந்து 6 மாதங்கள் வரை தங்கி இருக்கக்கூடிய மிகப்பெரிய கப்பல்கள் (ரஷ்யாவின் டைப்பூன் வகை) வரை உருவாக்கப்படுகின்றன.

70) உடைந்த டைட்டானிக் கப்பலின் பாகங்களை சுமார் 3800 மீட்டர் ஆழத்தில் தேடும் முயற்சியில் நீர்மூழ்கிக் கப்பல்கள் பயன்படுகின்றன.

71) உடைந்த டைட்டானிக் கப்பலின் பாகங்கள் பல வருடங்கள் ஆகியும் ஆச்சரியப்படத்தக்க வகையில் நல்ல நிலையில் உள்ளதாம். மற்ற சிறப்பு பாகங்கள் கடலில் சிதைந்து போயுள்ளதாம்.

72) வலுவான கடல் நீரோட்டம் உப்பு அரிப்பு மற்றும் உலோகத்தை சாப்பிட்டு அழிக்கும் பாக்டிரியாக்கள் மற்றும் சில காரணங்களால் இந்த கப்பலின் பாகங்கள் சிதைந்து போயுள்ளன என்கிறார்கள் ஆழ்கடல் ஆராய்ச்சியாளர்கள்.

73) உதிரத்தை உறைய வைக்கும் சூழ்நிலை, கும்மிருட்டான நீர்நிலை மற்றும் மிக அதிக அழுத்தத்திலும் உயிரினங்கள் வாழ்வதாக ஆராய்ச்சியாளர்கள் கண்டுள்ளனர்.

74) வளிமண்டலத்தில் வளிமங்கள் (Gases) பெருமளவில் ஒரிடத்திலிருந்து இன்னோர் இடத்திற்கு குறிப்பிட்ட விசையுடன் நகரும் நிகழ்வை காற்று (Wind) என்கிறோம். விண்வெளியில் சூரியனிலிருந்து வளிமங்கள் அல்லது மின்னேற்றம் பெற்ற துகள்கள் (Charged particles) வெளியேறி வெளிக்குள் (Space) செல்வதை 'சூரியக்காற்று (Solar wind)' என்றும் அழைப்பர்.

75) நிலப்பகுதிகள் பல்வேறுபட்ட அளவுகளில் சூடாவதால் சிறிய நிலப்பகுதிகளில் அடர்த்தி குறைவான இடத்திலிருந்து அதிகமாக உள்ள இடத்தை நோக்கி காற்று வீசுகிறது. இந்நிலை கடல் மேற்பரப்புகளிலும் ஏற்படுகிறது.

76) காற்றுக்கு இத்தனை பெயர்களா? தெற்கிலிருந்து தென்றல் காற்று வடக்கிலிருந்து வாடைக்காற்று கிழக்கிலிருந்து கொண்டல் காற்று மேற்கிலிருந்து மேலைக்காற்று.

77) பூமியின் காற்று மண்டலம் அதை ஒரு மெல்லிய போர்வை போல் சூழ்ந்துள்ளது. பூமியை ஒரு ஆப்பில் பழத்தின் அளவுக்கு சிறிதாக்கினால் அதன் தோலின் தடிமன் அளவுக்கு காற்று மண்டலம் இருக்குமாம். பூமியில் காற்று இல்லையேல் அதன்மேல் எந்த உயிரினமும் வாழ முடியாத ஒரு உயிரற்ற உருண்டைதான்.

78) பூமியின் ஈர்ப்பு சக்தியினால் தன் மேற்பரப்பைச் சுற்றியுள்ள வாயுப் படலங்களைத் தன்னகத்தே எப்போதும் சூழ்ந்திருக்கும்படி வைத்துள்ளது. இதில் ஐந்தில் நான்கு பாகம் நைட்ரஜனும் ஐந்தில் ஒரு பாகம் ஆக்ஸிஜனும் மிகக் குறைந்த அளவில் கார்பன்டை ஆக்சைடு மற்றும் இதர வாயுக்களும் அடங்கியுள்ளன. வளிமண்டலத்தை சூழ்ந்துள்ள வாயுக்களின் 75% ஆனது பூமியின் மேற்பரப்பிலிருந்து 11 கிலோமீட்டர் தூரத்திற்குள் அடங்கியுள்ளது. அதன்பிறகு அடர்த்தியானது மேலே செல்லச் செல்ல குறைந்து கொண்டே போய் அவை இல்லாமலும் போகிறது. பூமிப்பரப்பிற்கு மேலே 80.5 கிலோமீட்டர் உயரத்திற்கு மேல் செல்பவர்களை 'விண்வெளி வீரர்கள்' என்று அழைக்கிறார்கள்.

79) புவி மண்டல வாயுக்கள் சூரியனிலிருந்து வரும் புற ஊதா கதிர்களை (Ultraviolet rays) உறிஞ்சிக் கொள்வதன் மூலமும் பகல் இரவு நேரங்களுக்கிடையேயான வெப்பநிலை வேறுபாடுகளைக் குறைப்பதன் மூலமும் வளி மண்டலமானது (Atmosphere) பூமியில் உயிர்களின் வாழ்வை பல்லாயிரம் வருடங்களாய்த் தொடரச் செய்கிறது.

80) ஊட்டி, கொடைக்கானல் போன்ற குளிர்ப் பிரதேசங்களில் கண்ணாடி குடிசைகளில் செடிகளை வளர்ப்பார்கள். ஏனெனில் பகலில் ஏற்படும் வெப்பம்

இரவில் இல்லாமல் போவதால் செடிகளின் வளர்ச்சி படிப்படியாய் குறைந்து பயனற்றுப்போய் விடலாம். இதைத் தடுக்கத்தான் கண்ணாடி குடிசைகளை பயன்-படுத்துகிறார்கள். இது மாதிரிதான் பூமியின் மேல் இயற்கையாகவே 'கிரீன் ஹவுஸ் விளைவு (Greenhouse effect)' என்கிற சமாச்சாரம் நடைபெறுகிறது.

81) பூமியில் பகலில் ஏற்படும் வெப்பம் இரவில் இல்லாமல் போவதைத் தடுக்க இந்த கண்ணாடி குடிசைகள் போன்று சில வாயுக்கள் அதன்மீது இயற்கையாகவே செயல்படுகின்றன. இதனால் அதிக வெப்பம் அல்லது அதிகக் குளிர் இரண்-டையும் இந்த வாயுக்கள் (நீராவி, கார்பண்டை ஆக்சைடு, மீத்தேன், நைட்ரஸ் ஆக்ஸைடு மற்றும் ஓசோன்) போர்வை போர்வை போல் தடுக்கின்றன. இவ்-வித விளைவிற்கு 'கிரீன் ஹவுஸ் விளைவு' என்றும், இந்த வாயுக்களுக்கு கிரீன் ஹவுஸ் வாயுக்கள் (Greenhouse gases) என்றும் பெயர்.

82) பூமி வெப்பமயமாதல் (Global warming) என்கிற கான்செப்ட் இப்போ-தெல்லாம் அதிகம் புழங்கும் சொல்லாக மாறி வருகிறது. பூமியின் வளிமண்டலத்-தில் உயிர்கள் வாழ்வதற்குத் தேவையான காற்று இருப்பதால் பூமியில் 3 கோடிக்-கும் மேற்பட்ட உயிரின வகைகள் தோன்றவும் வாழவும் ஏதுவாகின்றன. மேலும் தொழிற்சாலைகளின் புகை, போக்கிக் கழிவுகளே பூமி வெப்பமடைதலுக்கு மிக முக்கிய காரணமாகிறது.

83) புயல் எப்படி உருவாகிறது? காற்று மண்டலத்தில் ஏற்படும் அழுத்தத் தாழ்வு நிலையே புயல் ஏற்படக் காரணமாகிறது. காற்று சூடாகும்போது லேசாகி மேலே செல்வதால் அந்த இடம் குறைந்த அழுத்த இடமாகி அடர்த்தி மிகுந்த காற்று அந்த இடம் நோக்கி வேகமாக வீசுவதால் புயல் உண்டாகிறது.

84) இதுவரை கணக்கிடப்பட்ட காற்றின் அதிகபட்ச வேகம் மணிக்கு 408 கிலோமீட்டர். 1996 ஆம் ஆண்டு ஆஸ்திரேலியாவில் வீசியது. காற்றின் வேகத்தை அளக்க 'காற்று வேகமானிகள் (Vane anemometer)' பயன்படு-கின்றன.

85) கடலுக்கு அடியில் ஏற்படும் நிலநடுக்கம் போன்ற மிகப்பெரிய மாற்-றங்களால் திடீரென கடல்நீர் மிகப்பெரிய அலைகளாக உருவெடுத்து கரை நோக்கி பாய்ந்து அங்கே பேரழிவுகளை ஏற்படுத்தும் ஆழிப்பேரலைக்கு 'சுனாமி (Tsunami)' என்கிறார்கள். இது ஒரு ஜப்பானிய சொல்லாகும். இதற்கு 'துறை-முக அலை' என்று பெயர்.

86) உலகத்தில் பெருங்கடல்களில் உருவாகும் புயல்களுக்கு வெவ்வேறு பெயர்கள் உண்டு. இந்தியப் பெருங்கடலில் உருவானால் 'Cyclone' என்றும் அட்லாண்டிக் கடலில் உருவானால் 'Hurricane' என்றும் பசிஃபிக் கடலில் உரு-வானால் 'Typhoon' என்றும் அழைக்கிறார்கள்.

87) ஜெனீவா நகரில் அமைந்த சர்வதேச வானிலை ஆராய்ச்சி மையம் உலகம் முழுவதும் நிலவும் தட்ப வெப்ப நிலைகளை ஆராய்ந்து வருகிறது. பல நாடுகளை இணைத்து மண்டலங்களாகப் பிரித்து அங்கே உருவாகும் புயல்களுக்கு குறிப்பிட்ட பெயர்களை வைப்பதற்கு அதன் தன்மையை கருத்தில் கொண்டு அட்-டவணை தயாரித்து வைத்திருக்கிறார்கள். அதன்படி சமீபத்தில் ஏற்பட்ட 'கஜா' புயலுக்கு இலங்கைதான் பெயர் வைத்ததாம்.

88) காற்றின் எடையை விட நீரின் எடை சுமார் 816 மடங்கு அதிகம். காற்-றின் அடர்த்தி 1.225 $kg/m3$.

89) நீங்கள் இருக்கும் ரூமில் (உதாரணமாக 4 மீட்டர் நீளம் 3 மீட்டர் அகலம் 4 மீட்டர் உயரம்) எவ்வளவு நிறையுள்ள காற்று இருக்கும் என்று நினைக்கிறீர்கள்? சுமார் 59 கிலோகிராம். காற்றின் நிறை = காற்றின் அடர்த்தி X கொள்ளளவு. அதாவது 1.225 X 4 X 3 X 4 = 58.8 கிலோ கிராம்.

90) வறண்ட காற்று (Dry air) அல்லது ஈரப்பதமான காற்று (Humid air) இதில் எது அதிக எடை? வறண்ட காற்றுதான் அதிக எடையுடையதாக இருக்கும். ஏனெனில் வறண்ட காற்றில் நீர் மூலக்கூறுகளே இருக்காது. காற்றில் பெரும்பாலும் நைட்ரஜனும் ஆக்ஸிஜனும்தான் இருக்கும். நீர் மூலக்கூறில் உள்ள ஹைட்ரஜன் அணுக்கள் காற்றில் உள்ள நைட்ரஜனைவிட குறைந்த எடையுடை-யவை. ஆகவே வறண்ட காற்றே அதிக எடையுடையதாக இருக்கும்.

91) காற்று உயிரினங்களுக்கு எவ்வளவு முக்கியம் என்பதை நாம அறிவோம். காற்று என்பது பல வாயுக்கள் ஒரு குறிப்பிட்ட அளவில் கலந்துள்ள கலவை-யாகும். காற்று மனிதனுக்குப் பயனுள்ளதாக இருக்க அதில் ஆக்ஸிஜன் வாயு ஒரு குறிப்பிட்ட அளவில் இருப்பது ரொம்ப அவசியம். காற்றிலுள்ள ஆக்ஸி-ஜனைப் பிரித்து எடுத்துவிட்டால் அந்த காற்றை சுவாசித்து உயிர்வாழ முடியாது. இந்தக் காற்றுதான் 'மலட்டுக் காற்றாகும்'. சிலவகையான வெடி குண்டுகளை ஒரு பகுதியில் வீசும்போது அங்குள்ள கட்டிடங்களையெல்லாம் ஒன்றும் செய்யாதாம். ஆனால் காற்றிலுள்ள ஆக்ஸிஜனை மட்டும் இல்லாமல் ஆக்கிவிடும். அதனால் அப்பகுதியிலுள்ள உயிரிரினங்கள் மற்றும் மனிதர்கள் கொத்துக் கொத்தாய் செத்து மடிவார்கள்.

92) தங்கம் (Gold) மஞ்சள் நிறமான வார்ப்பதற்கு எளிதான ஓர் உலோகம். இதன் அணு எண் 79. அடர்த்தி எண் 19.3 ஆகும். அதாவது தண்ணீரை விட 19.3 பங்கு அதிக எடையுடையது. தங்கத்தை மெலிதான தகடாகவோ, கம்பியா-கவோ சுலபமாக அடிக்கலாம். அதனால்தான் ஆபரணங்கள் செய்வதற்கு அதி-கமாக இதை பயன படுத்துகிறார்கள். தங்கம் ஆக்ஸிஜனுடன் எளிதில் வினை புரியாது. அதனால் தங்கம் துருப்பிடிக்காது. தூய தங்கம் நச்சுத்தன்மை அற்றது. தங்க பஸ்பம் போன்ற காஸ்ட்லி உணவு வகைகளில் சுத்தமான தங்கம் சேர்க்கி-

றார்கள்.

93) ஒரு கிராம் சுத்தத் தங்கத்தை சுமார் 3 கிலோமீட்டர் நீளத்திற்கு மெல்லிய கம்பியாக செய்யலாம். அதனால்தான் மிக மெல்லிய கோல்ட் செயின்களெல்லாம் மார்க்கெட்டில் கிடைக்கிறது. அதேபோல் 1 கிராம் சுத்தத் தங்கத்தை சுமார் 33 சதுர அடிகள் கொண்ட மிக மெல்லிய தகடாக அடிக்கலாம். அப்படி அடிக்கும் தகட்டின் திக்னஸ் எவ்வளவு தெரியுமா? ஒரு இன்ச்சில் 7 மில்லியனில் ஒரு பகு-தியாகும்.

94) தங்கத்தை முழுவதுமாக அழிக்கக் கூடிய எந்த ஒரு இயற்கையான பொருளும் உலகத்தில் இல்லையாம். நிறைய வேதிப் பொருள்களுடன் கலந்தாலும் அது தங்கமாகவே இருக்கும். பவுனு பவுனுதான்!.

95) 24 கிராம் தங்கத்தில் எந்தவித மாசுப்பொருட்களின் கலப்படமும் இல்-லாமல் இருந்தால் அதை 24 கேரட் தங்கம் என்கிறார்கள். 22 கிராம் தங்கத்-தில் 2 கிராம் காப்பர் அல்லது வெள்ளி போன்ற உலோகங்கள் கலந்திருந்தால் அதற்கு 22 காரட் தங்கம் என்றும், 18 கிராம் தங்கத்தில் 6 கிராம் அளவுக்கு மற்ற பொருட்கள் கலந்திருந்தால் அதற்கு 18 காரட் தங்கம் என்கிறார்கள்.

96) சுத்தத் தங்கம் மென்மையானது. சுத்தத் தங்கத்தில் வலுவான ஆபரனங்-கள் செய்வது கடினம். சீக்கிரத்தில் அறுந்தும் உடைந்தும் விடும். அதனால் ஆபர-ணங்கள் செய்யும்போது தங்கத்துடன் சிறிது செம்பு, வெள்ளி போன்ற உலோகங்கள் சேர்க்கிறார்கள். இவ்வகை கலப்பானது தங்கத்திற்கு வலிமை சேர்க்கும்.

97) அக்மார்க் முத்திரை என்பது 22 காரட் தங்கத்தில் துளி அளவு கூட மாற்று குறையாதது என்று அர்த்தம். இது இந்திய அரசால் 2000 ஆண்டு முதல் வழங்கப்பட்டு வருகிறது.

98) ஒரு தோலா தங்கம் என்பது 11.6 கிராம். ஒரு அவுன்ஸ் தங்கம் என்பது 31.1 கிராம் என்றும் 28.35 கிராம் என்றும் இரு வகையில் சொல்கிறார்கள். ஒரு அவுன்ஸ் என்பது ஒரு பவுண்டு நிறையில் பதினாறில் ஒரு பங்காகும். அவுன்ஸ் வகையில் குழப்பம் இருக்கிறது. தங்கத்தை கிராம் கணக்கில் வாங்குவதில் குழப்பம் இருக்காது.

99) தங்கக்கட்டிகள் செவ்வக வடிவிலான துண்டுகளாக கிடைக்கிறது. அதை தங்க பிஸ்கட்டுகள் என்றும் சொல்வார்கள். ஒரு கிலோ தங்க கட்டியில் பெரும்-பாலும் 999.9 கிராம் என்றுதான் குறிப்பிட்டிருப்பார்கள். தங்கத்தை உருக்கி கட்-டிகளாக வார்க்கும்போது 100% சுத்தமாக செய்ய முடியாது. மிகச்சிறிய அளவி-லாவது அசுத்தங்கள் சேர்ந்து விடும்.

100) இராஜ திராவகம் (Royal water) என்பது தங்கத்தை கரைக்க உதவும் ஒரு திரவமாகும். ஒரு பங்கு நைட்ரிக் அமிலமும் மூன்று பங்கு ஹைட்ரோகுளோ-ரிக் அமிலமும் கலந்த கலவையாகும்.

101) சுமார் 70 கிலோகிராம் எடை கொண்ட ஒரு மனிதனின் உடலில் 43 கிலோகிராம் ஆக்ஸிஜனும், 16 கிலோகிராம் கார்பனும், 7 கிலோ கிராம் ஹைட்-ரஜனும் மற்றும் பிற உலோகங்களும் உள்ளன. மேலும் 0.2 மில்லி கிராம் தங்கம்-கூட இருக்கிறதாம்.

102) வெள்ளைத் தங்கம் என்றழைக்கப்படும் பிளாட்டினத்தின் (Plattinam) அணு எண் 78. இது தங்கத்துக்கு நிகரான மதிப்பு கொண்டது. பிளாட்டினத்திலும் அழகிய ஆபரணங்களை மக்கள் விரும்பி அணிய ஆரம்பித்திருக்கிறார்கள். ஆபரணங்கள் மட்டுமல்லாது, பிளாட்டினமானது மருத்துவத்துறையில் புற்றுநோய், கார்டியாக் நோய்களைக் குணப்படுத்தவும், செயற்கைப் பற்கள் தயாரிக்கவும் உதவு-கிறது. கம்ப்யூட்டர் ஹார்ட் டிஸ்க்குகள், சிராமிக் சிப்புகள், சின்தெட்டிக் ரப்பர், கார் இஞ்சின் கன்ட்ரோல் சிஸ்டம் போன்ற தயாரிப்புகளிலும் பிளாட்டினம் பயன்-படுகிறது.

103) அலுமினியம் இலேசான உலோகம். அதன் கடினத்தன்மை மிகவும் குறைவு. இதன் கடினத்தன்மையை அதிகரிப்பதற்கு, 95% அலுமினியத்துடன் காப்பர் (4%), மெக்னீசியம் (1%) போன்ற உலோகங்களைக் கலந்து 'டியூராலுமின் (Duralumin) எனும் உலோகக்கலவை தயாரிக்கின்றனர். இதன் நிறை இலே-சாகவும் அதே சமயம் நல்ல கடினத்தன்மை உடையதாகவும் இருப்பதால், இது விமான மற்றும் இரயியில் பெட்டி பாகங்கள் தயாரிக்கப் பயன்படுகிறது.

104) புவியில் ஏராளமாகக் கிடைக்கும் உலோகம் இரும்புதான். இதன் அணு எண் 26. இதன் அடர்த்தி 7860 Kg/m^3. எஃகு, தேனிரும்பு மற்றும் வார்ப்-பிரும்பு என இரும்பு மூன்று வகைப்படும். ஒரு சராசரி மனிதனின் உடலில் 4 கிராம் இரும்பு இருக்கிறது.

105) இரும்பின் பயன்பாடு வரலாற்றுக் காலத்திற்கு முற்பட்டது. இது அறி-முகமான காலம் 'இரும்பு காலம் (Iron age)' எனப்படும். எரிகற்கள் மூலம் கிடைத்த இரும்பைக்கூட நம் முன்னோர்கள் பயன்படுத்தினார்கள். 3,500 ஆண்-டுகளுக்கு முன் எகிப்திய அரசர், வானிலிருந்து விழுந்த விண்கல்லைக் கொண்டு செய்யப்பட்ட கத்தியை பயன்படுத்தியுள்ளார் என்பதை ஆய்வாளர்கள் தெரிவித்-துள்ளனர். சுமார் 7,000 ஆண்டுகளுக்கு முன்னுள்ள எகிப்திய மண்ணறைகளில் இரும்பாலான ஆபரணங்களை ஆராய்ச்சியாளர்கள் கண்டெடுத்துள்ளனர். இரும்-பானது வானிலிருந்துதான் பூமிக்கு இறக்கப்பட்டிருக்கிறது என்பதே உண்மை.

106) நீர் மற்றும் காற்று இவற்றின் முன்னிலையில் இரும்பு உடனடியாக வினை புரிந்து ஆக்ஸிஜனேற்றம் (Oxidation) அடைகிறது. இதுவே இரும்பு துருப்பிடித்தல் (Rusting) என்கிறோம்.

107) எஃகு அல்லது உருக்கு (Steel) என்பது, இரும்புடன் சிறிது கார்பன் (0.2% முதல் 2.1%) சேர்க்கப்பட்ட கலப்பு உலோகமாகும் (Alloy). சேர்க்கப்படும்

கார்பனின் அளவைப் பொருத்து ஸ்டீலின் தரம் மாறுபடும். கார்பனின் அளவு அதிகரிக்கும்போது அதன் வலு அதிகரிக்கும். அதே சமயம் நெகிழ்வுத்தன்மை குறையும். மாங்கனீசு, நிக்கல், வனேடியம் போன்ற உலோகங்களை ஸ்டீலுடன் தேவையான அளவு கலந்து, பல வகையான ஸ்டீல்கள் தயாரிக்கப்படுகின்றன. தொழில் முன்னேற்றத்தில் ஸ்டீலின் பங்கு ரொம்ப அதிகம்.

108) சாதாரண ஸ்டீலின் இழுவை சக்தியானது (Tensile strength) சுமார் 400 மெகா நியூட்டன் / மீட்டர்^{2} (400 நியூட்டன்/ மில்லி மீட்டர்^{2}). ஒரு ஸ்டீல் ஓயரின் நிறை தாங்கும் சக்தியை இப்படி கணக்கிடலாம். நிறை தாங்கும் சக்தி = இழுவை சக்தி X குறுக்குப்பரப்பு = 400 N/mm^2 X 3.14 X d^2 / 4 = 400 X 9.81 X 3.14 X 1^2 / 4 = 3080 கிலோ கிராம். அதாவது சுமார் 3080 கிலோ கிராம் நிறையுள்ள ஒரு பொருளை 1 மில்லிமீட்டர் குறுக்களவுள்ள ஸ்டீல் கம்பியில் தொங்கவிட்டால், அந்த நிறையைத் தாங்கும்.

109) சாதாரண ஸ்டீலைவிட கார்பன் ஸ்டீலின் இழுவை சக்தியானது (Tensile strength) ஏறக்குறைய இரண்டு மடங்கு அதிகம். கான்க்ரீட்டை விட ஸ்டீலின் அழுத்தம் தாங்கும் சக்தியானது (Compressive strength) சுமார் 6 மடங்கு அதிகம்.

110) முழுவதும் ஸ்டீல் ஸ்ட்ரக்சர்களால் உருவாக்கப்பட்ட 'ஹவ்ரா ப்ரிட்ஜ் (Howrah bridge)' கல்கத்தா நகரின் 'ஹூஃப்ளி' நதியின் மேல் அமைந்துள்ளது. 705 மீட்டர் நீளமும், 21.6 மீட்டர் அகலமும் கொண்ட இந்த பிரமாண்ட ப்ரிட்ஜா-னது, 1943 லிருந்து பயன்பாட்டில் உள்ளது. ஒரு நாளைக்கு சராசரியாக மூன்று லட்சம் வாகனங்களும், நாலரை லட்சம் பாதசாரிகளும் கடந்து செல்கிறார்கள். 75 வருடங்களைத் தாண்டியும் இதுவரை, துருப்பிடிக்காமல் அற்புதமாய் உழைத்துக் கொண்டிருக்கிறது.

111) இரண்டு பங்கு செம்பும் ஒரு பங்கு துத்தநாகமும் சேர்த்து பித்தளையும், செம்பும் (சுமார் 85%) வெள்ளீயமும் (சுமார் 12.5%) மற்றும் சில உலோகங்கள் சிறிதளவு கலந்து வெண்கலமும் செய்யப்படுகிறது. செம்பு மற்றும் வெண்கலங்க-ளைப் பயன்படுத்தி சமையல் பாத்திரங்கள் செய்யப்படுகின்றன. இவை அடுப்பில் நல்ல சூடு தாங்கும். குறைவான அளவே களிம்பு ஏறும். மேலும் களிம்பு ஏராமல் இருக்க அதில் சில உலோகப் பூச்சுக்கள் செய்யப்படுகிறது.

112) எலெக்ட்ரோலைசிஸ் (Electrolysis) எனும் மின்னார்பகுப்பு என்பது, ஒரு திரவத்தில் மின்சாரத்தை செலுத்தினால், தன்னிச்சையற்ற வேதிமாற்றத்தை ஏற்படுத்தி, அதிலுள்ள வேதிப்பொருட்களை பிரித்தெடுக்கும் முறையாகும். உதா-ரணமாக தண்ணீரில் மின்சாரத்தை உரிய முறையில் பாய்ச்சினால், அதிலிருந்து ஆக்ஸிஜனும் ஹைட்ரஜனும் இருவேறு முனைகளில் வெளியேறும். நடைமுறை-யில் தண்ணீரை ஆக்ஸிஜன் மற்றும் ஹைட்ரஜனாக மாற்றும் வேதிவிளையானது

மிகவும் சிக்கலானது.

113) தண்ணீரிலிருந்து ஆக்ஸிஜன் மற்றும் ஹைட்ரஜனைப் பிரித்தெடுக்க குறிப்பிட்ட வினையூக்கிகள் (Catalyst) வேண்டும். அவை எளிதில் கிடைப்-பதில்லை. ஃபெர்ரஸ் மெட்டா பாஸ்பேட் எனும் வஸ்துவிலிருந்து செய்யப்படும் வினையூக்கியைப் பயன்படுத்தி, நீரிலிருந்து ஆக்ஸிஜனையும் ஹைட்ரஜனையும் பிரிக்கலாம். ஹைட்ரஜன் மட்டும் மலிவாகக் கிடைத்துவிட்டால் அது ஒரு அற்-புதமான வலிமைமிக்க, மலிவான எரிபொருளாக பயன்படுத்தலாம். ஒரு லிட்டர் தண்ணீரைக் கொண்டு சுமார் 200 கிலோமீட்டர் தூரம் அசால்ட்டாக பைக் ரைடு செய்யலாம்.

114) ஹைட்ரஜனை ஒரு மிகச் சிறந்த ஆற்றல் தேக்கியாக (Power storage) பயன்படுத்தலாம். இதனை ஒரு எரிபொருள் கலத்தில் செலுத்தி மின்-சாரம் மற்றும் வெப்ப சக்திகளை உருவாக்கலாம். அல்லது அதை எரித்து ஐ.சி. எஞ்சின்களை இயக்கலாம். ஹைட்ரஜனானது ஆக்ஸிஜனுடன் சேர்ந்து நீர் மூலக்-கூறுகளை உருவாக்கி அது நீராவியாக வெளியேறுகிறது. இதனால் சுற்றுப்புற சூழலுக்கு எந்தவித பாதிப்பும் ஏற்படுவதில்லை.

115) மின்னாற்பகுப்பு அடிப்படையில், ஓர் உலோகத்தின் மேல் மற்றொரு உலோகத்துகள்களை பூசலாம். இதன்படி, செப்பு வளையல்களுக்கு தங்க முலாம் பூசலாம். 'ஈயம் பூசுதல்' என்பது ஒரு குலம் சார்ந்த தொழில் முறையாகும். நாம் அன்றாடம் பயன்படுத்தும் செம்பு, வெண்கலம் மற்றும் பித்தளைப் பாத்திரங்களில் புளி போன்ற வஸ்துக்கள் சேரும்போது நாளடைவில் பச்சை நிறக் களிம்பு படிந்து உணவைக்கூட நஞ்சாக்கிவிடும் அபாயம் ஏற்படலாம். இதனைத் தடுக்க பாத்தி-ரங்களில் ஈயம் பூசலாம். தகரம் என்ற உலோகத்தை உருக்கி பாத்திரத்தில் பூசு-வதைத்தான் ஈயம் பூசுதல் என்கிறோம். உண்மையில் ஈயம் என்ற உலோகத்தைப் பூசுவதில்லை. ஈயமானது கொடிய விஷமாகும்.

116) தகரம் என்ற உலோகம் உணவுப்பொருட்களைப் பாதுகாக்க வல்லது. ஆகவே, தகரத்தால் செய்யப்பட்ட டப்பாக்களில் பால் பவுடர், சாக்லேட், பிஸ்கட் மற்றும் பழரசம் போன்ற உணவுப் பொருட்கள் அடைக்கப்பட்டு விற்பனைக்கு வரு-கிறது.

117) காந்தம் (Magnet) என்பது காந்தப்புலத்தை உருவாக்கும் இரும்பு சார்ந்த பொருளாகும். காந்தப்புலத்தை பார்க்க முடியாவிட்டாலும் அதை உணர முடியும். 'காந்தம்' என்றால் தமிழில் 'இழுத்தல்' என்று பொருள். இயற்கையில் கிடைக்-கும் காந்தக் கற்களானது இரும்பை ஈர்ப்பதை பண்டைய காலத்திலிருந்தே மக்கல் அறிந்திருந்தனர். கி.மு 2000 வாக்கில் காந்தக்கல் பற்றி அறிந்திருந்த சீனர்கள், அதை திசை அறியும் கருவியாக பயன்படுத்தினார்களாம்.

118) காந்தமானது, நிலை காந்தம் (Permanent magnet) மற்றும் மின்காந்-தம் அதாவது எலெக்ட்ரோமேக்னட் (Electromagnet) என இரு வகைப்படும். நிலை காந்தமானது இயற்கையாக கிடைக்கும் பொருட்களிலிருந்து செய்யப்படுகி-றது. இரும்பில் சுற்றப்பட்ட காயில் கம்பியில் மின்சாரத்தை பாய்ச்சி எலெக்ட்ரோ-மேக்னெட்டை உருவாக்கலாம்.

119) அலுமினியம் (12%), நிக்கல் (15 - 26%), கோபால்ட் (6%) போன்ற உலோககங்களைக் கொண்டு தயாரிக்கப்படும் நிலை காந்தத்திற்கு, 'அல்னிகோ காந்தம் (Alnico magnet)' எனப்படும். மேலும் இதில் காப்பர் (6%), இரும்பு (1%) மற்றும் டைட்டானியம் போன்ற உலோகங்களும் சேர்க்கலாம். அல்னிகோ காந்தமானது, சக்தி வாய்ந்த நிலைகாந்தங்கள் தயாரிக்க உதவுகிறது.

120) மணிக்கு 600 கிலோமீட்டர் வேகத்தில் செல்லக்கூடிய பறக்கும் ரயிலை ஜப்பான் தயாரித்துள்ளது. மேக்னட்டிக் லெவிட்டேஷன் (Magnetic levitation) என்கிற டெக்னாலஜியைப் பயன்படுத்தி செய்திருக்கிறார்கள். இதை ஈஸியா புரிந்-துகொள்ள, ஒரு எலெக்ட்ரிக் மோட்டாரின் ஸ்டேட்டாரை குறுக்காக வெட்டி அதை தரையில் பாய்போல் விரித்தால் அதுதான் தண்டவாளம். அதில் சுற்றும் ரோட்டார்தான் சக்கரங்கள். இப்போது காயிலில் மின்சாரம் பாய்ந்தால் மோட்டா-ரின் ரோட்டார், சுற்றுவதற்கு பதிலாக தண்டவாளத்தில் மிதந்துகொண்டு ஓடும்.

121) இரு காந்தத்தின் வேறுபட்ட துருவங்கள் ஒன்றையொன்று ஈர்த்துக்கொள்-ளும். அதேபோல் ஒன்றுபட்ட துருவங்கள் எதிர்த்துக்கொள்ளும். காந்தத்தின் இந்த இயற்கை பண்புதான் பறக்கும் ரயிலின் அடிப்படை. தண்டவாளம் ஒரு காந்த-மென்று வைத்துக்கொண்டால், அதில் வட மற்றும் தென் துருவங்கள் என மாறி மாறி இருக்கும். தண்டவாளத்தின் மேல் ரயிலை வைத்து, ரயில் சக்கரங்களுக்கு பதிலாக காந்தங்களை வைத்தால் என்ன நடக்கும்? காந்தங்கள் ஈர்த்தும் எதிர்த்தும் என மாறி மாறி நிகழ்ந்து, ரயில் அந்தரத்தில் மிதந்து ஓட ஆரம்பிக்கும். மிக நீளமான தண்டவாளங்களை இயற்கை காந்தம் கொண்டு எப்படி செய்வது? டோண்ட் ஒர்ரி, அதற்குத்தான் செயற்கையாக உருவாக்கப்படும் எலெக்ட்ரோமேக்னட்டுகள் இங்கே பயன்படுகின்றன. இதில் பாயும் மின்சாரத்தின் அளவைக் கட்டுப்படுத்தி-னால், அதற்கேற்ற மாதிரி தண்டவாளத்தின் காந்தத்தன்மை மாறும்.

122) தற்போது மெட்ரோ ரயில்கள், ஒரு நகரத்தின் போக்குவரத்து முறையில் முக்கிய முதுகெலும்பாக மாறி வருகிறது. ஓட்டுநர் இல்லா மெட்ரோ ரயில்கள் (Driverless metro train) துபாய் போன்ற முக்கியமான நகரங்களில் இயங்-குகிறது. இவ்வகையில் நிறைய அட்வாண்டேஜ்கள் இருப்பதாக சொல்கிறார்கள். மத்திய கட்டுப்பாடு மற்றும் மாறுதல் (Operation Control Centre and Adjustment) முறையில் கம்ப்யூட்டர் துணைகொண்டு இயக்கப்படுகிறது. தேவைகளுக்கேற்ப பீக் நேரங்களில் அதிக ரயில்களை இயக்குவது, கரெக்ட்டான

நேரங்களில் ஸ்டேஷனில், கரெக்ட் பொஷிசனில் வந்து நிற்பது போன்ற சிஸ்டம்-களை கனகச்சிதமாக செய்து நம்மை ஆச்சரியப்பட வைக்கிறார்கள்.

123) MRI -ஸ்கேன் (Magnetic Resonance Imaging) என்பது, உடலில் ஒரு காந்தப்புலத்தை உருவாக்கி, ரேடியோ அதிர்வலைகளைப் பயன்படுத்தி, ஒரு கம்ப்யூட்டரின் உதவியுடன் உடல் உறுப்புக்களைப் படம் பிடித்து காண்பிக்கும் ஒரு கருவியாகும். நம் உடல் செல்கள் ஆக்ஸிஜன் மற்றும் ஹைட்ரஜன் அணுக்க-ளால் ஆனவை. ஹைட்ரஜன் அணுக்களின் உட்கருவில் இருக்கும் புரோட்டான் அணுக்களுக்கருகே ஒரு காந்தப்பொருளைக் கொண்டு வந்தால், இவையும் காந்-தத் தன்மையைப் பெற்று, காந்தத்தை நோக்கி நகரும். காந்தத்தை அகற்றினால் மீண்டும் பழைய நிலைக்குத் திரும்புகின்றன. இந்த கான்செப்டில்தான் இது இயங்-குகிறது.

124) ஸ்கேன் செய்யப்படும் உறுப்பிலுள்ள மில்லியன் கணக்கான புரோட்-டான்கள் காந்தத் தன்மையை பெற்று, மிஷினில் பொருத்தப்பட்டுள்ள குழாயில் காந்தப் புலத்துக்கு இணைகோட்டில் வரிசையாக அரேன்ஞ்சாகி நிற்கும். இந்த நேரத்தில் ஸ்கேனரிலிருந்து ரேடியோ அதிர்வலைகளை அனுப்புவார்கள். இதனால் அங்கு நிற்கும் புரோட்டான்கள் தகர்க்கப்பட்டு, தங்களின் வரிசையிலிருந்து சித-றிவிடும். இப்போது காந்த மற்றும் ரேடியோ கதிர்களை நிறுத்தி விடுவதால், புரோட்டான்கள் காந்தத் தன்மையை இழந்து உறுப்பில் அவை இருந்த பழைய நிலைக்குத் திரும்பிவிடும். திரும்பிச் செல்லும்போது, புரோட்டான்கள் தங்களைத் தகர்த்த ரேடியோ அலைகளை வெளியில் அனுப்பும். இவற்றை ஸ்கேனரில், காந்-தக் குழாய்க்கு எதிர்புறத்தில் பொருத்தப்பட்டிருக்கும் சென்ஸார்கள் சேகரித்து கம்ப்-யூட்டருக்கு அனுப்பும். அவற்றை முப்பரிமாண படங்களாகத் திரையில் காட்டும். இதன் மூலம் குறிப்பிட்ட உடல் உறுப்புகளில் ஏற்பட்டிருக்கும் பாதிப்புகளை மருத்-துவர்கள் நுணுக்கமாக தெரிந்து கொள்கிறார்கள்.

125) CT-ஸ்கேன் (Computed Tomography) என்பது அடுத்தடுத்த எக்ஸ்ரே படங்களின் தொடர்ச்சியாகும். உடலின் எந்த பாகத்தை ஸ்கேன் செய்ய வேண்டுமோ, அந்த பாகத்தை மெஷினுடன் பொசிஷன் செய்வர். ஸ்கேன் ஆரம்-பித்தவுடன், எதிரெதிரே இருக்கும் எக்ஸ்ரே ட்யூப்கள், எக்ஸ் கதிர்களை உமிழ, அவை நோயாளியின் உடலில் ஊடுருவி, டிடெக்டர் என்கிற சாதனத்தைப் போய்ச்சேரும். அதை பின்னர் கம்ப்யூட்டருக்கு அனுப்பி ஒரு தெளிவான இமே-ஜக் கொடுக்கும். இந்த இமேஜ்களை வைத்து, மருத்துவர்கள் நோயின் தன்-மையை கண்டறிவார்கள்.

126) விமானம் அல்லது வானூர்தி (Aeroplane) என்பது பூமியின் காற்று மண்டலத்தின் உதவியுடன் பறக்கக்கூடிய வாகனமாகும்.

127) விமானம் பறப்பதற்கு ஏற்றம் (Lift), எடை (Weight), உந்து விசை (Thrust) மற்றும் எதிர்விசை (Drag) என நான்கு விசைகள் தேவைப்படு-கின்றன.

128) ஜெட் எஞ்சின் என்பது, ஒருவகை எதிர்வினை இயந்திரமாகும் (Reaction engines). இது வேகமாக நகரும் வாயுக்கள் அடங்கிய ஜெட் ஒன்றை வெளியேற்றி அதனால் ஏற்படும் உந்துவிசை (Thrust) மூலம் விமா-னத்திற்கு உந்துதலை உருவாக்குகிறது. இவ்வகை மிஷின்கள் ஏர் பிரீத்திங் ஜெட் எஞ்சின்கள் எனப்படும். நவீன சப்சானிக் ஜெட் விமானங்கள், சிக்கலான உயர்-பைபாஸ் டர்போபைன் இயந்திரங்களைப் பயன்படுத்துகின்றன. இவை நீண்ட தூரங்களுக்கு அதிவேகத்தில் பயணிக்க வல்லது.

129) விமானம் எப்படி மேல் எழும்புகிறது? விமானத்தின் முன்னோக்கிய உந்து விசையால் அதன் இறக்கைகள் காற்றை வேகமாக கிழிக்கின்றன. இறக்கைகளின் மேல்பக்க முனை சற்று வளைந்தும் கீழ்பக்கம் நேராகவும் இருப்பதால், காற்றை கிழித்து நகரும்போது, இறக்கையின் மேல்புறத்தில் குறைந்த காற்றழுத்தமும் அடி-பாகத்தில் மேல் நோக்கி உயர் காற்றழுத்தமும் உருவாகிறது. இந்த காற்றழுத்த வேறுபாடானது விமானத்தை மேல் நோக்கி எழுப்புகிறது.

130) விமானத்தின் மொத்த எடையும், பூமி விமானத்தை தன்னை நோக்கி இழுக்கும் விசையும் சமமாக்கப்படும்போது விமானம் சம நிலையில் (equilibrium) ஆகாயத்தில் இருக்கிறது. இப்போது உந்து விசை விமானத்தை முன்னோக்கி தள்ளுகிறது. எதிர்விசை, விமானத்தின் வேகத்தை கட்டுப்படுத்துகி-றது. இந்த நான்கு விசைகளும் ஒன்றிணைந்து செயல்பட்டு விமானம் சீராக பறக்-கிறது.

131) பைலட்டுகளுக்கு விமானங்களை மேல் எழுப்புவதைவிட, அதை தரை இறக்குவதுதான் மிக சவாலான பணியாகும். விமானத்தை தரை இறக்கும்போது, வால் பகுதியை விட அதன் முன் பகுதி சற்று மேலே இருக்குமாறு தரை இறக்கப்-படுகிறது. பின் சக்கரங்கள் சரியாக தரையில் தடம் பதித்து சீரான நிலைக்கு வந்-தவுடன் முன் சக்கரங்கள் தரை இறக்கப்படுகிறது. மாற்றமாக இறக்கினால் விமா-னம் விபத்துக்குள்ளாக நேரிடும்.

132) பைலட்டுகள் விமானத்தை தரை இறக்கும்போது, தரையில் பறப்பது போல் உணர்வை அடிக்கடி பெறுகிறார்கள். எஞ்சினின் உந்து சக்தி அதிக விசை-யுடன் தரையில் மோதுவதால் இது போன்ற உணர்வை பெறுகிறார்கள். இதை கிரவுண்ட் எஃபெக்ட் (Ground effect) என்கிறார்கள்.

133) விமானம் மிக துல்லியமான மின்னணு கட்டுப்பாட்டு சாதனங்களைக் கொண்டு கச்சிதமாக தரை இறக்கப்படுகிறது. ரன்வேயில் பலவிதமான கலர்களில் கோடுகளும், கலர் கலராய் லைட்டுகளும் போடப்பட்டிருக்கும். அதன் அர்த்தத்தை

விமானி சரியாக புரிந்து கொண்டு தரை இறக்குவார். பனிமூட்டம், சூராவளி மற்-றும் மழை போன்ற அசாதரண சூழ்நிலை நிலவினால், கடைசி வினாடிகளில் கூட விமானத்தை தரை இறக்காமல் அப்படியே மேலே தூக்கிச் செல்வதற்கு விமானி-கள் உடனே முடிவு எடுக்கின்றனர்.

134) விமான தொழில்நுட்பம் எவ்வளவுதான் முன்னேறி வந்தாலும், அதன் பறக்கும் வேகத்தை பல காரணங்களினால் அதிகரிக்க முடியவில்லை. பயணிகள் விமானங்களின் அதிகபட்ச வேகம், மேக் (Mach) 0.85 (மேக் 1 என்பது காற்றில் ஒலியின் வேகமாகும். அதாவது மணிக்கு சுமார் 1224 கிலோமீட்டர்கள்) என்ற வேகத்தில்தான் பறக்கிறது. அதாவது மணிக்கு அதிகபட்சமாக சுமார் 1040 கிலோமீட்டர்.

135) பயணிகள் விமானம் சுமார் 40,000 அடி உயரத்தில் பறக்கிறது. இந்த உயரத்தில் காற்றின் அழுத்தம் குறைவதால் அதிலுள்ள ஆக்ஸிஜனின் அழுத்-தமும் மிகவும் குறைவாக இருக்கும். அதனால் செயற்கையாக கேபின் உள்ளே, வெளிக்காற்றை ஸ்பெஷல் வால்வுகளை இணைத்து ஆக்ஸிஜன் சப்ளை செய்யப்-படுகிறது. ஆக்ஸிஜன் குறிப்பிட்ட அளவை விட குறைந்தால், மூச்சு விட சிரமம் மற்றும் தன்னிலை இழத்தல் போன்ற சிரமங்கள் ஏற்படலாம். இவை தொடர்ந்து ஏற்பட்டால் உடனடியாக விமானத்தை 8,000 அடி உயரத்திற்கு கீழிறக்கியாக வேண்டும்.

136) குறிப்பிட்ட சில விமானங்களில், ஆக்ஸிஜன் டேங்குகள் பொருத்தப்-பட்டிருக்கும். அதன் மூலம் காக்பிட் (Cockpit) மற்றும் கேபினில் ஆக்ஸிஜன் சப்ளை செய்யப்படுகிறது.

137) கான்கார்ட் விமானத்தால் ஒலியைவிட அதிக வேகத்தில் பறக்க முடியும். இதன் அதிகபட்ச வேகம் மணிக்கு 2,170 கிலோமீட்டர்கள். இது சாதாரண பயணிகள் விமானத்தின் வேகத்தை விட மூன்று மடங்கு அதிகம். இதன் எரிபொ-ருள் செலவு மிக அதிகம் என்பதாலும், குறைந்த அளவே சீட்கள் இருப்பதாலும், பயணக்கட்டணம் சாதாரண விமானத்தைவிட ஏறக்குறைய ஐந்து மடங்கு அதி-கம். இப்போது இந்த சேவை புழக்கத்தில் இல்லை. பணக்காரர்களில் பலர் இதில் பயணிக்க ஆசைப்பட்டார்களாம்.

138) விமான கருப்புப் பெட்டி (Black box/flight recorder) கருப்பாக இல்லாமல் ஆரஞ்சு நிறத்தில் இருக்கும். இது தீ மற்றும் உயர் வெப்பநிலை சேதமடையாத, உப்பு நீரில் ஊறினாலும் மூன்று மாதங்களுக்கு மேல் பழுதடை-யாத, ஆகாயத்திலிருந்து விழுந்தாலும் உடையாத, எங்கு வீழ்ந்தாலும் அங்கிருந்து தகவல் அனுப்பும் சக்தி வாய்ந்த, சுமார் ஐந்து கிலோ எடை கொண்ட, டைட்டா-னியம் போன்ற உலோகச் சுவர்களைக் கொண்ட அதிசய பெட்டியாகும்.

139) விமானத்தின் கருப்புப் பெட்டியானது, விமானியறை குரல் பதிவி (Cockpit Voice Recorder) மற்றும் விமான தரவு பதிவி (Flight Data Recorder) என இரு முக்கிய பாகங்களை கொண்டது. இது கடைசி 2 மணி நேரத்திற்கு விமானிகளுக்கும் தரை கட்டுப்பாட்டு மையத்துக்கும் இடையே நடக்கும் உரையாடல்கள் மற்றும் விமானத்தின் வேகம், பறந்த உயரம், திசை, காலநிலை போன்ற தகவல்களை பதிவு செய்து வைத்திருக்கும்.

140) விபத்துக்குள்ளான விமானத்தின் கருப்புப் பெட்டி கண்டுபிடிக்கப்பட்டால், அதில் பதிவான விமானியின் உரையாடலைக் கொண்டு விபத்துக்கான காரணங்களை கண்டுபிடிக்கிறார்கள்.

141) போயிங்-777 என்ற விமானத்தில் பயன்படுத்தப்படும் GE90-115B என்ற ஃப்ளைட் இஞ்சின்தான் தற்போதைய உலகின் மிகப்பெரிய மற்றும் நம்பகமான விமான எஞ்சினாக கருதப்படுகிறது. அதன் விட்டம் 3.25 மீட்டர்.

142) ஒருமுறை விமானம் டேக் ஆஃப் செய்து, பயணித்து தரை இறங்கும் வரையிலான கால அளவு ஒரு 'ஃப்ளைட் சைக்கிள்' எனப்படும். இவ்வித ஃப்ளைட் சைக்கிள் அளவை வைத்தே எஞ்சினை சர்வீஸ் செய்யும் கால அளவு நிர்ணயிக்கப்படுகிறது.

143) ஒரு ஃப்ளைட் எஞ்சினின் விலை ரூ 80 கோடி முதல் ரூ 225 கோடி வரை இருக்குமாம். ஒரு விமானத்தின் விலையில் கணிசமான பங்கு அதன் எஞ்சினுடையதுதான்.

144) விமானத்தின் இதயமான இஞ்சின் பொதுவாக செயலிழப்பதற்கான வாய்ப்புகள் மிகக்குறைவுதான். எனினும் தொழில்நுட்பக்கோளாறு, எரிபொருள் பற்றாக்குறை மற்றும் சில காரணங்களால் எஞ்சின்கள் செயலிழந்து போவதற்கான வாய்ப்புகள் ஏற்படுகின்றன. ஒரு எஞ்சின் பழுதானால்கூட மற்ற எஞ்சின்களை வைத்து சாமர்த்தியமாக விமானத்தை பாதுகாப்பாக தரை இறக்கிவிட வாய்ப்புள்ளது.

145) விமானத்தில் எல்லா எஞ்சின்களும் சொல்லி வைத்தது போல் ஒரே நேரத்தில் செயலிழந்து போனால் விமானம் படிரென தரையில் விழுந்துடுமா? டோண்ட் ஒர்ரி, அப்படியெல்லாம் விழுந்து விடாது. எஞ்சின்கள் கொடுக்கும் த்ரஸ்ட் விசையின் காரணமாகத்தான் விமானம் முன்னோக்கி பறக்கிறது. இப்போது அது கிடைக்காததால் முன்னோக்கி செல்லும் திறனை இழந்து விடும். ஆனால் பறக்கும் திறனை முழுவதுமாக இழக்காது. விமானம் படிப்படியாக கீழே இறங்க துவங்கும். 'மே டே அலர்ட்' எனப்படும் அவசரமாகத் தரை இறங்கும் அறிவிப்பை அருகிலுள்ள விமான நிலையத்திற்கு அறிவிப்பு செய்யப்படும். விமான கட்டுப்பாட்டு அறையின் ஒத்துழைப்புடன் விமானம் தரை இறங்கத் தொடங்கும். உதாரணத்திற்கு ஒரு மீட்டர் உயரம் குறையும்போது சில மீட்டர் தூரம் முன்னே சென்-

றிருக்கும். இது போன்ற சமாச்சாரங்களை கணக்கிட்டு சேஃபாக தரை இறக்கி விடுவார். ராயல் சல்யூட் ஃபார் அவர் பைலட்.

146) ஃப்ளைட்டின் எல்லா எஞ்சின்களும் செயல் இழக்கும்போது ஆட்டோ-பைலட் சாதனங்களும் செயலிழக்கும். எரிபொருள் சப்ளையும் தானாக நிறுத்தப்-பட்டுவிடும். சென்ஸார்கள் மூலம் ஏர் டர்பைன் என்ற விசிரி காற்றின் துணை கொண்டு இயங்க ஆரம்பித்து மின்சாரம் உற்பத்தி செய்யும். இதைக்கொண்டு மற்ற கட்டுப்பாட்டு சாதனங்கள் இயங்க ஆரம்பிக்கும். விமானத்தின் பின்புறம் இருக்கும் துணை பேட்டரி யூனிட்டுகள் இயங்க ஆரம்பித்து, ஹைட்ராலிக், பிரேக் மற்றும் லேண்டிங் கியர்கள் இயங்க ஆரம்பித்து சேஃப் லேண்டிங் செய்வதற்கு உதவும்.

147) ரைட் சகோதரர்கள் கண்டுபிடித்த முதல் விமானமானது 120 அடி தூரம் பயணித்தது. இது நிகழ்ந்த ஆண்டு 1903.

148) போயிங் — 777 விமானம் முழுமையாக எரிபொருள் நிரப்பினால் 15,844 கிலோமீட்டர் தூரம் வரை பயணிக்க முடியும்.

149) உலகின் மிகப்பெரிய பயணிகள் விமானம் ஏர்பஸ் A380 ஆகும். இது ஃபிரான்ஸ் நாட்டு ஏர் பஸ் நிறுவன தயாரிப்பாகும். நான்கு எஞ்சின்களைக் கொண்ட இவ்விமானம் தரை இறங்கும்போது இரண்டு இன்ஜின்கள் மட்டுமே வேலை செய்யும். இதில் 600 பயணிகள் பயணிக்கலாம். விமானம் மட்டும் சுமார் 580 டன்கள் எடை கொண்டது. சுமார் 40,000 அடி உயரத்தில் பறக்கும். 3.20 லட்சம் லிட்டர் கொள்ளளவு கொண்ட 10 எரிபொருள் டேங்குகள் உள்ளன. சுமார் 40 நிமிடங்களில் எரிபொருள் முழுவதையும் நிரப்பிவிட முடியுமாம்.

150) இந்த ஏர்பஸ் A380, இரண்டுக்கு கொண்ட சொகுசு விமானமாகும். இதில் பறப்பதை பலர் கனவாகவே கொண்டுள்ளனர். இது ஒரு பறக்கும் கல்யாண மண்டபம் போல் பிரமாண்ட உடல் அமைப்பைக் கொண்டது. மேல் அடுக்கில் பிசினஸ் கிளாஸ் மற்றும் முதல் வகுப்பு அறைகளும், கீழ் அடுக்கில் சாதாரண எக்கனாமி கிளாஸ் இருக்கைகளும் உள்ளன. நீண்ட தூர பயணங்களை டல்லாக்-காமல், சொகுசாய் அமைய, பல பொழுதுபோக்கு வசதிகள் உள்ளன. இந்த விமா-னத்தில் 5 உணவகங்கள் உள்ளன. பார் வசதிகூட இருக்கிறதாம். இந்த விமா-னத்தின் விலை சுமார் ரூ 2,800 கோடி.

151) உலகின் மிகப்பெரிய சரக்கு விமானம் அண்டனோவ் AN 225 மிரியா. இது ஒரு சோவியத் யூனியன் தயாரிப்பாகும். சரக்குகள் இல்லாமல் இதன் மொத்த எடை 285 டன்.

152) சூரிய மற்றும் விளக்கு வெளிச்சத்தினால் வரும் பிரதிபலிப்புகளை குறைப்பதற்காக, விமான கட்டுப்பாட்டு கோபுரத்தின் கண்ணாடி ஜன்னல்கள் மேலிருந்து கீழாக 15 டிகிரி சாய்மானத்தில் பொருத்தப்பட்டிருக்கும்.

153) பெரும்பாலான விமான விபத்துக்களில் 80 சதவிகித விபத்துக்கள், டேக்-காஃப் செய்த 3 நிமிடங்களிலும், தரை இறங்குவதற்கு 8 நிமிடங்கள் முன்பாகவும் நடந்ததாக புள்ளி விபரங்கள் சொல்கின்றன.

154) விமானத்தில் பயணிக்கும் 5 பேரில் ஒருவருக்கு 'ஏவியோஃபோபியா' என்கிற பய நோய் இருக்கிறதாம். உங்களுக்கு இருக்கா?

155) நீண்ட நேரம் பயணிக்கும் விமானத்தின் விமானிகள் மற்றும் சக விமானிகள் அடிக்கடி காக்பிட்டிலேயே கொஞ்சமாய் தூங்கி விடுகிறார்களாம் என்று புள்ளி விபரங்கள் சொல்கின்றன.

156) நீண்ட தூரம் விமானத்தில் பயணிக்கும்போது, பயணிகளுக்கு பல அசவு-கரியங்கள் ஏற்படுகின்றன. விமானத்தில் கொடுக்கப்படும் உணவுகளை தவிர்க்க முடியாது. அதன் சுவை வேறு மாதிரியாகவும், உப்புச் சப்பில்லாமலும் இருப்பதாகத் தோன்றும். விமானம் அதிக உயரத்தில் நீண்ட நேரம் பறக்கும்போது, நமது நுகர்வு திறனும், சுவை உணரும் திறனும் குறைகின்றதாம்.

157) விமானத்தில் பாதரசம் என்ற உலோகம் கொண்டு செல்வதற்கு அனுமதி இல்லை. ஏனெனில், விமானத்தின் பல பாகங்கள் அலுமினியத்தால் தயாரிக்கப்-பட்டுள்ளதால் அவை எளிதில் பாதரசத்துடன் வினை புரிந்து விபத்து ஏற்பட அதிக வாய்ப்புகள் உள்ளது.

158) விமானிகளின் ஒர்க் எக்ஸ்பீரியன்ஸும், சம்பளமும், அவர்கள் விமா-னத்தை ஓட்டிய மொத்த மணி நேரங்கள் எவ்வளவு என்பதைக் கொண்டு கணக்-கிடப்படும். விமானம் தாமதமாக வரும்போது காத்திருப்பது, தாமதமாக புறப்படுவது போன்ற நேரங்களை கணக்கில் எடுப்பதில்லை.

159) விமானம் தரை இறங்கி நின்ற 90 வினாடிக்குள் அத்தனை பயணி-களையும் வெளியேற்றும் வசதியுடன் அதன் கதவுகள் அமைந்திருக்க வேண்டு-மென்பது, சர்வதேச விமான போக்குவரத்து ஆணையத்தின் விதியாகும்.

160) உலகில் ஆண்டுதோறும் சுமார் 10,000 பேர், விமானங்கள் வெளியிடும் நச்சுப் புகையால் இறக்கிறார்கள் என்று புள்ளி விபரம் சொல்கிறது.

161) சிங்கப்பூர் மற்றும் மலேசிய தலைநகரான கோலாலம்பூர் இடையிலான விமான பாதையே உலகின் மிக சுறுசுறுப்பான பாதையாக இருக்கிறது. இதில் ஒரு நாளைக்கு சராசரியாக 84 விமானங்கள் பறப்பதாகவும், ஒரு வருடத்தில் சுமார் 4 மில்லியன் மக்கள் பயணிப்பதாகவும் கணக்கிடப்பட்டுள்ளது.

162) ஒரு விமானத்திற்கும் 'ஹெலிகாப்டருக்கும்' உள்ள வித்தியாசம் அது, எவ்வாறு மேலெழும்புகிறது என்பதைப் பொருத்துத்தான் உள்ளது. ஹெலிகாப்டரின் மேற்பகுதியில் சுழலும் பெரிய ஃபேன்கள் கொடுக்கும் உந்து விசையால் மேலெ-ழும்பி பறக்கிறது. ஒரு விமானத்தை வானில் குறிப்பிட்ட இடத்தில் நிலையாக நின்று மிதக்கச் செய்ய முடியாது. ஆனால் ஒரு ஹெலிகாப்டரை ஒரு குறிப்பிட்ட

உயரத்தில் நிறுத்தி மிதக்கச் செய்ய முடியும்.

163) ஹெலிகாப்டர்கள், வெள்ளம் மற்றும் இயற்கைப் பேரழிவு நேரங்களில் மிகவும் பயன்படுகின்றன. சாலைகள் மூலம் அடைய முடியாத பல பாகங்களுக்கு இதன் மூலம் விரைந்து சென்று அடைந்து விடலாம். குறைந்த உயரத்தில் பறப்-பதால் வெள்ளச் சேதங்களைப் பார்வையிட்டு நிவாரணங்கள் வழங்க ரொம்பவும் உதவுகிறது. இராணுவத்திலும் முக்கிய பங்காற்றுகின்றன.

164) விமானம், பேருந்து மற்றும் கப்பல் என மூன்று வகையான அமைப்பு-களும் ஒன்றாய் அமைந்த சாதனமே 'ஹோவர்கிராஃப்ட் (Hovercraft or Air-cushion vehicle ACV)'. இது வானத்தில் பறந்து, நீரில் நீந்தி பனி மற்றும் சகதியில் சறுக்கி, சாலையில் ஓடும் அற்புத வாகனம். இவ்வகை வாகனமானது இராணுவத்திற்குக் கிடைத்த ஒரு வரப்பிரசாதம் எனலாம்.

165) ஒவ்வொரு வினைக்கும் எதிர்வினை உண்டு என்கிற நியூட்டனின் மூன்-றாம் விதியின்படி ராக்கெட்டுகள் இயங்குகின்றன. ராக்கெட்டுகள் கீழ்நோக்கிய வெப்பக்காற்றை வெளியேற்றும்போது, அதே அளவு சக்தியுடன் மேல்நோக்கி உந்-தப்படுகிறது.

166) விமானத்தைப்போல் ராக்கெட்டுகளையும் ஏவமுடியும். ஆனால் இதில் அதிக எரிபொருள் செலவும், நேரமும் ஆகிறது. ஆகையால் ராக்கெட்டுகள் செங்-குத்தாக விண்ணில் ஏவப்படுகின்றன. குறிப்பிட்ட அளவு செங்குத்தாக சென்றவு-டன் அது நிலைநிறுத்தப்பட்ட பின்னர்தான் தன் பாதையில் சரியாக செல்கிறது என்பதாகச் சொல்லலாம்.

167) எதிரி நாட்டு இராணுவ தளம், ஆயுத கிடங்கு போன்ற முக்கிய இலக்-குகளை பொதுமக்களுக்கு அதிகம் இடையூறு இல்லாமல், குறிவைத்து தாக்கும் சவாலான காரியங்களை செய்வதற்கு பயன்படுத்தவே போர் விமானங்கள் உரு-வாக்கப்பட்டது. அதிவேகத்தில் பறக்கும் திறனுடன், எளிதாக வளைந்து நெளிந்து லாவகமாய் தப்பிக்கும் திறன் கொண்டது. இவ்வகை விமானங்களின் அதிகபட்ச வேகம், மேக் 6.72 ஆகும் (ஒரு மேக் என்பது மணிக்கு 1,194 கிலோமீட்டர்). அதாவது மணிக்கு சுமார் 8,000 கிலோமீட்டர்கள்.

168) மிக்-35 (Mig-35) போர் விமானத்தில் அதிநவீன ரேடார்கள் பொருத்-தப்பட்டிருப்பதால், வானில் அவைகள், 130 கி.மீ முதல் 160 கி.மீ வரையும், தண்ணீரில் 300 கி.மீ வரையிலும் எந்தப் பொருள் தென்பட்டாலும் கண்டுபிடித்து-விடும். எந்த பருவநிலைச் சூழலிலும் தாக்குதல் மேற்கொள்ளும் திறன் படைத்தது. 30 இலக்குகளைக் கண்டுபிடித்தால் அதில் 6 இலக்குகளை ஒரே சமயத்தில் தாக்-கும் திறன் கொண்டது. சுமார் 7,000 கிலோ வரை வெடி மருந்துகளை சுமக்கும் திறன் கொண்டது. எதிரிகளை துவம்சம் செய்யும் இந்த விமானத்தை 'ஆகாய அசுரன்' என்கிறார்கள். (சரியாகத்தான் பெயர் வச்சிருக்காங்க) இதுவொரு ரஷ்ய

தயாரிப்பாகும்.

169) 'பாராசூட் (Parachute)' இதை வான்குடை என்றும் அழைக்கலாம். வானில் விழுந்து கொண்டிருக்கும் ஒரு பொருளின் இறுதி செங்குத்து வேகத்தை (Terminal Vertical Velocity) குறைந்தபட்சம் 75% குறைக்கப் பயன்படும் ஒரு குடை போன்ற அமைப்புதான் பாராசூட்.

170) ஒருவர் பாராசூட்டுடன் இறங்கும்போது ஆரம்பத்தில் குறைந்த வேகத்தில் தரை நோக்கி இறங்குவார். அப்போது பாராசூட் குடை விரிந்திருக்காது. பூமியின் புவிஈர்ப்பு விசையினால் அவரின் கீழ்நோக்கிய வேகம் படிப்படியாக அதிகரிக்கிறது. ஒரு கட்டத்தில் அதன் குடை விரியும். கீழ்நோக்கிய வேகம் அதிகரிக்க அதிக-ரிக்க, மேல் நோக்கிய காற்றின் விசையும் அதிகரிக்கும். கீழ் நோக்கிய விசையும் மேல்நோக்கிய விசையும் சமமாகும்போது, பாராசூட்டின் அதிகரிக்கும் வேகம் கட்-டுப்படுத்தப்பட்டு சீரான வேகமாகிறது (Terminal velocity). அதனால் பாரா-சூட்டில் இருப்பவர் சேஃப்டியாக அவரின் சொந்த கண்ட்ரோலில் நினைத்த இடத்-தில் தரை இறங்கலாம். பாராசூட் இல்லாமல் அத்தனை தூரத்திலிருந்து தரை இறங்கினால், பாவம் சுக்குநூராய் சிதறிப்போவார்.

171) விண்வெளியில் காற்றும், ஈர்ப்பு விசையும் தேவையான அளவு இல்லா-ததால் அங்கே பாராசூட்டைப் பயன் படுத்த முடியாது.

172) விமான ஓடுபாதைகளின் நீளம் குறைவாக இருக்கும் பட்சத்தில், அவை தரை இறங்கும்போது, சக்கரங்களில் பிரேக் மற்றும் பிரேக்கிங் பாராசூட்டுகள், ஆப்போசைட் புல்லிங் போன்ற சமாச்சாரங்கள் விமானங்களில் பயன்படுகின்றன.

173) எரிபொருள்கள் சரியான விகிதத்தில் கலக்காமல் அதிக வேகத்துடன் வெளியேறும் காற்றானது தீப்பிடித்து விடுவதால் ராக்கெட்டுகள் வெடித்து விடு-கின்றன.

174) ராக்கெட்டுகள் விண்ணை நோக்கி சீறிப்பாயும்போது, அதிவேகத்தில் காற்றானது நெறுப்பாய் அதன் நாசில்களின் வழியாக வெளியேறுகிறது. அதனால் அங்கு சுமார் 3500 டிகிரி செல்சியஸ் வரை வெப்பம் உண்டாகிறது. இவ்வித அதிக வெப்பம் காரணமாக நாசில்கள் உருகிப்போகாமல் தடுக்க, அதனைச் சுற்றி அதிகக் குளிர் நிலையில் உள்ள திரவ எரிபொருட்கள் குழாய்களில் சுற்றி வருவ-தால் அது குளிர்ந்து, அதிக வெப்ப நிலையினால் உருகிப்போவதை தடுக்கிறது.

175) ராக்கெட்டுகள் நான்கு பாகங்களாக தனித்தனியே அமைக்கப்பட்டு ஒன்-றாக இணைக்கப்படுகிறது. ராக்கெட்டுகள் ஏவப்பட்டு ஒவ்வொரு ஸ்டேஜையும் அடையும்போது அந்த பாகம் ராக்கெட்டிலிருந்து விடுபட்டு வளிமண்டலத்தில் எரிந்து போகின்றன. அல்லது கழட்டி விடப்படுகின்றன. இவ்வாறு தொடர்ச்சியாய் நிகழ்வதால் ராக்கெட்டின் எடை படிப்படியாய் குறைவதால் அதன் வேகம் மிகவும் அதிகரித்து அதன் முனையில் பொருத்தப்பட்டுள்ள செயற்கைகோள் அதன்

பாதையில் கச்சிதமாய் ஏவப்படுகிறது.

176) கடும் குளிர் நிலை மற்றும் வாயு நிலையில் உள்ள எரிபொருட்களை திரவங்களாக மாற்றிப் பயன்படுத்தும் முறைக்கு கிரயஜோனிக் டெக்னாலஜி (Cryogenic Technology) என்று பெயர். ராக்கெட்டுகளில் அதிக குளிர் நிலையில் ஹைட்ரஜன் வாயு (மைனஸ் 253 டிகிரி செல்சியஸ்), ஆக்ஸிஜன் (மைனஸ் 184 டிகிரி செல்சியஸ்) ஆகியவை கிரையோஜெனிக் ஃபியூஎள்களாக பயன்படுத்துகிறார்கள்.

177) 1%க்கும் குறைவான சூரிய ஒளி ஊடுருவும் பகுதிக்கு கீழேயுள்ள கடல் பகுதிக்கு ஆழ்கடல் என்று பெயர். அப்பகுதியில் வாழும் உயிர்களுக்கு ஏற்கனவே இறந்து போன உயிர்களின் உடலே உணவாகிறது. 200 மீட்டர் முதல் 1000 மீட்-டர் வரையுள்ள பகுதிகள் ஆழ்கடலின் இருட்பகுதி என்றழைக்கப்படுகிறது.

178) ஆழ்கடலின் இருட்பகுதியில் 'அக்டினோடெரிகீயெ' வகை மீன்கள், ராட்சத கனவாய் உயிரினங்கள், 'எலும்பு மீன்கள்' மற்றும் 'தலைக்காலி' போன்ற தனித்துவமிக்க ஆழ்கடல் உயிரினங்கள் வாழ்கின்றன. ஆழ்கடலில் ஏற்படும் மிக அழுத்தத்தைத் தாங்கும் வல்லமை கொண்டது இவ்வகை உயிர்கள்.

179) ஆழ்கடல் ஆராய்ச்சியாளர்கள் இதுவரை ஆழ்கடலில் வாழும் உயி-ரனங்களில் 2% க்கும் குறைவான அளவில்தான் ஆராய்ச்சி செய்திருக்கிறார்க-ளாம். தீவிர அழுத்தம் காரணமாக அங்கு வாழும் உயினங்களை மேலே கொண்டு வந்தால் அவைகள் உயிர் வாழ்வதற்கு ஏற்ற சூழ்நிலை இல்லாமல் இறந்து விடு-கின்றனவாம். எனவே ஆழ்கடலில் சென்றுதான் ஆராய்ச்சி செய்ய முடியும். தற்-போதைய நவீன கண்டுபிடிப்புகள் மூலம் அவ்வுயிர்கள் வாழும் இடங்களுக்கு அருகில் சென்று அவைகளை பற்றி ஆராய முடிகிறது.

180) ஆழ்கடல், ஓர் இருண்ட குளிர்ந்த தனித்துவமான உலகம். சூரியனிலி-ருந்து வெளிச்சமோ வெப்பமோ அங்கு வராது. ஆனால் சில இடங்களில் பூமிக்கு அடியில் இருந்து வெப்பமானது மேல் நோக்கி வருகிறது. இவைகளை 'ஆழ்க-டல் எரிமலைகள்' என்றும் 'ஆழ்கடல் வெந்நீர் ஊற்று (Hydrothermal vent)' என்றும் அழைக்கிறார்கள். முதன் முதலில் 1977இல் கிழக்கு பசிபிக் எழுச்சி-யில் ஆழ்கடல் வெந்நீர் ஊற்று கண்டுபிடிக்கப்பட்டது. இதிலிருந்து வரும் ரசாயன கலவைகள் பூமியில் வாழும் விலங்குகளுக்கு விஷமாகவும் அதே சமயம் அங்கு வாழும் உயிர்களுக்கு உணவாகவும் உள்ளது என்பது ஆச்சரியமான சமாச்சாரம்.

181) கடல் அலை என்பது, கடல் மீது காற்றின் கீழ்நோக்கிய விசை மற்றும் இழுவிசை ஆகியவை கூட்டாக செயல்படுவதால் உண்டாகும் கடல் நீரின் அசை-வுகளாகும். அலைகள் மேலும் கீழுமாக அசைகின்றதே தவிர அது முன்னோக்கி நகர்வதில்லை. கடல் அலைகள் உருவாக காற்று காரணமாக அமைகிறது. பூமி, நிலவு மற்றும் சூரியனுக்கு இடையிலான ஈர்ப்பு சக்தியினாலேயே அலைகள்

தோன்றுகிறது.

182) உலகின் மிகப்பெரிய அலைகள், கனடா நாட்டின் 'ஃப்பன்டி' என்ற விரிகு-டாவில் உண்டாகின்றன. இது 15 மீட்டர்கள் வரை இருக்குமாம். அதாவது சுமார் நான்கு மாடி கட்டிடத்தின் உயரம் வரை எகிரும். இங்கு உருவாகும் ஒவ்வொரு அலையும் சுமார் 110 பில்லியன் டன் நீரை தள்ளுமாம்.

183) காற்றானது தொடர்ந்து வீசிக்கொண்டிருக்கும்போதும், அலைகள் செங்-குத்தாக மேலெழும்பும்போது, அவைகளைத் தாங்கிப் பிடிக்கும்போது அந்த அலைகளின் முகப்புப்பகுதி உடைந்து சிதறும்போது உண்டாகும் அலையின் பகு-தியை, 'வெள்ளைத் தொப்பிகள் (White caps)' என அழைக்கப்படுகிறது. இதனால் அங்கு 'சர்ஃப் (Surf)' எனும் நுரைதிறள் உண்டாகிறது.

184) பல லட்சம் வருடங்களாக நிலத்தில் விழும் மழை நீருடன் வளி மண்-டலத்திலுள்ள கார்பன்டை ஆக்ஸைடு சிறிதளவு அதில் கலக்கிறது. இதனால் மழைநீர் கார்பானிக் அமிலத் தன்மையை பெறுகிறது. இவ்வகை நீர் பாறைகளின் மீது கடந்து வரும்போது, பாறைகளின் அரிப்பால் ஏற்படும் வேதிமாற்றத்தால், மிண்ணூட்டம் (Charge) பெற்ற அயனிகளாக உருவாகின்றன. இந்த அயனிகள் கடலில் கலந்து விடுகின்றன. இந்த அயனிகளில் 90% சோடியம் மற்றும் குளோ-ரைடு ஆகியவற்றை உள்ளடக்கியுள்ளது. சோடியம் குளோரைடு உப்புத் தன்மை-யுள்ளதால் கடல் உப்புக்கரிக்கிறது.

185) பூமியில் சுமார் 1386 மில்லியன் கன கிலோமீட்டர் தண்ணீர் உள்ளதாம் (சுமார் 1115 கிலோமீட்டர் நீளம் X அகலம் X உயரம் கொண்ட மிகப் பிரமாண்ட வாட்டர் டேங்க் கொள்ளளவு கொண்டது). இதன் மொத்த நிறை சுமார் 1.4 X 10^{18} டன்கள். இது பூமியின் மொத்த நிறையில் 0.023% ஆகும். பூமியில் இருக்கும் மொத்த நீரில் நன்னீரின் அளவு 3% மட்டுமே. இவை ஏரிகள், குளங்-கள், ஆறுகள், கிரவுண்ட் வாட்டர், உறைந்த நிலையில் இருக்கும் ஐஸ் பாலங்கள் மற்றும் நீர்த்தேக்கங்களில் உள்ளது.

186) எதிர்சவ்வூடு பரவல் எனும் 'ரிவர்ஸ் ஆஸ்மாசிஸ் (Reverse Osmosis-RO)' என்ற செயல்முறையைப் பயன்படுத்தி கடல் நீரைக் குடிநீராக்கலாம். கடலி-லிருந்து பைப் லைன்கள் மூலம் சுத்திகரிப்பு நிலையத்திற்கு எடுத்துச் செல்லப்பட்டு, அதில் உயிரினங்கள் இருந்தால் முதலில் வடிகட்டப்பட்டு, நீரிலிருக்கும் உப்பை பிரிப்பதற்கு கொண்டு செல்லப்படுகிறது. அங்கு அதிக அழுத்தத்தில், மெல்லிய தோல் போன்ற ஸ்பெஷலான சவ்வு வழியாக செலுத்தப்பட்டு பல கட்டங்களில் வடிகட்டப்படுகிறது.

187) இதுபோன்ற செயல்முறை மூலம் நீரின் பாக்டீரியாக்கள் உறிஞ்சப்பட்டு, உப்பின் அளவும் வெகுவாகக் குறைக்கப்படுகிறது. இப்போது நீரின் pH அளவு சரியாக்கப்படுகிறது. உப்பை பிரிக்கும்போது பல தேவையான மினரல்களும் வடி-

கட்டப்படுவதால், நீரில் சத்துக்கள் இல்லாமல் போய்விடுகிறது. அதனால் தேவை-
யான மினரல்கள் அதில் சேர்க்கப்பட்டு குடி நீராகப் பயன்படுத்தப்படுகிறது.

188) இப்படியாக குடிநீர் தயாரிக்கப்பட்டும், குவியலாய் மிஞ்சும் உப்புக்களை
மீண்டும் கடலில் கொட்டுவதால் அங்கு வாழும் கடல் வாழ் உயிரினங்களுக்கு
வாழ்வாதார ஆபத்தை விளைவிக்கும் என்கிறார்கள் வல்லுனர்கள். குடிநீர் தேவை
நாளுக்கு நாள் அதிகரிப்பதால் இவ்வகை செயற்கை முறைகளை சில கட்டுப்-
பாடுகளுடன் பின்பற்றித்தான் ஆக வேண்டும். இயற்கையாக நீர் நிலைகளைப்
பாதுகாத்து பராமரித்து வந்தால், அதுவே நமக்கு அற்புதமாய் அதன் வளங்களை
அள்ளித் தர தயாராய் இருக்கிறது. மனித வக்கிரச் சுரண்டலுக்கு எதிராக எழுந்து
கூட நிற்க முடியாத இயற்கையின் ஓலங்கள் ஒவ்வோர் மூலையிலும் ஒலித்துக்
கொண்டேதான் இருக்கின்றன.

189) மூன்றாம் உலகப் போர் என ஒன்று நடந்தால், அது மனிதர்களுக்கும்
மனிதர்களுக்குமிடையே நடக்காதாம். அது மனிதர்களுக்கும் இயற்கைக்கும்
இடையேதான் நடக்குமாம். அதாவது தண்ணீர் பஞ்சமே முக்கிய காரணமாய்
அமையும் என கணிக்கப்படுகிறது. இப்போதே குழாயடிச் சண்டையிலிருந்து,
ஆற்று நீர் பங்கீடு என அத்தனையிலும் சண்டை. முன்னேற்றம் என்கிற பெயரில்
சுற்றுப்புறச் சூழலை கெடுக்கும் பேராசைத் திட்டங்கள், அற்புதமாகக் கிடைக்கும்
மழை நீரை முறையாக சேமிக்கும் நல்ல திட்டங்களை செயல்படுத்தாத வக்கற்ற
அரசுகள் என அத்தனையும் தண்ணீர் பஞ்சத்திற்கு முக்கிய காரணங்களாகின்றன.

190) கடல் நீரைக் குடிநீராக்கும் மற்றொரு முறையானது, நீரை ஆவியாக்கி
வடிதல் எனும் 'டிசலைனிஷேசன் (Desalination)' முறையாகும். இதன்படி கடல்
நீரை பாய்லர்களில் சூடாக்கி, அதை கண்டன்சர்களுக்குள் ஃப்ளாஷ் எனும்
முறையில் பல ஸ்டேஜ்களில் தெளித்து குளிர்விக்கப்படும்போது அதன் உப்பு நீக்-
கப்பட்டு, பின்னர் தேவையான அளவு மினரல்கள் சேர்க்கப்பட்டு குடிநீர் தயா-
ரிக்கப்படுகிறது. இந்த சிஸ்டத்தில் நிறைய செலவு ஆனாலும், 'மிடில் ஈஸ்ட்
(Middle East)' நாடுகளில் இந்த முறையில்தான் குடிநீர் தயாரிக்கப்படுகிறது.
குடிநீர் பஞ்சம் என்றால் என்ன என்று கேட்கும் அளவுக்கு அற்புதமாக செய்கி-
றார்கள். பாலைவனத்தை சோலைவனமாக ஆக்கியிருக்கிறார்கள்.

191) சூரிய ஒளியைப் பயன்படுத்தியும் கடல் நீரைக் குடிநீராக்கலாம். 1)
சோலார் எனர்ஜி மூலம் மின்சாரம் தயாரிக்கப்பட்டு, அதை 'டிசலைனிசேஷன்'
செய்வதற்கு பயன்படுத்தலாம். 2) சூரிய வெப்பத்தைப் பயன்படுத்தி கடல்நீரைச்
சூடாக்கி ஆவியாக்கி, அதை கண்டன்சர்களில் செலுத்தப்பட்டு குளிர்வித்து குடிநீர்
தயாரிக்கப்படுகிறது.

192) ஒரு பொருளுக்குள் மறைந்திருக்கும் நம் கண்ணுக்குத் தெரியாத நீரே,
'மறை நீராகும் (Virtual water)'. உதாரணமாக ஒரு கியூபிக் மீட்டர் கோதுமை

விளைவிக்க சுமார் 1,600 கியூபிக் மீட்டர் நீர் தேவைப்படுகிறது. அதாவது 1 கிலோ கோதுமை விளைவிக்க 1,600 லிட்டர் நீர் தேவைப்படுகிறது. இந்த நீரை நாம் கோதுமைக்குள் பார்க்க முடியாது. எனவே அதன் உற்பத்தியில் மறைந்தி-ருக்கும் நீரே, 'மறை நீராகும்'. மேலும் எவ்வளவு கோதுமையை ஏற்றுமதி செய்-கிறோமோ அவ்வளவு நீரை செலவழிக்கிறோம். எவ்வளவு இறக்குமதி செய்கி-றோமோ அவ்வளவு நீரை சேமிக்கிறோம்.

193) ஒரு கிலோ அரிசி உற்பத்தி செய்ய சுமார் 3000 லிட்டர் தண்ணீரும், ஒரு ஜீன்ஸ் பேண்ட் தயாரிக்க 10,000 லிட்டர் தண்ணீரும், சுமார் 1,100 கிலோ எடை கொண்ட மினி லாரியை உண்டாக்க 4 லட்சம் லிட்டர் தண்ணீரும் தேவைப்படுகிறதாம். ஆதலால் சாதுரியமாக சில நாடுகள் தங்களால் சில பொருட்-களை தயாரிக்க முடியும் என்றிருந்தாலும், மறை நீரை மிச்சப்படுத்த சுலபமாக பிற நாடுகளிலிருந்து அந்த பொருட்களை இறக்குமதி செய்து கொள்கிறது. புத்திசாலி-யான நாடுகள்.

194) ஆறுகள் என்பது நன்னீரைக் கொண்ட இயற்கையாக ஓடும் ஒரு பெரிய நீரோட்டமாகும். இவை பெரும்பாலும் மலைப் பகுதிகளில் தொடங்கி இறுதியில் கடலில் கலக்கின்றன. ஆறுகளின் நீரோட்டமானது புவி ஈர்ப்பு விசையினால் பள்-ளத்தை நோக்கிப் பாய்கிறது. ஆறுகளின் கரைகளில்தான் பழங்கால மனித நாக-ரீகங்கள் உருவானது.

195) குறைவான சரிவுகளையும், சில துணை ஆறுகளையும் கொண்டு வேக-மாக ஓடும் ஆறுகளை 'இளமை ஆறுகள்' என்றும், அதிகமான துணை ஆறுக-ளைக் கொண்டிருந்தால், அதை 'முதிர்ந்த ஆறுகள்' என்றும், குறைவான அரிப்பு ஆற்றலைக் கொண்டு, வெள்ளச் சமவெளிகளைக் கொண்டிருந்தால் அவைகளை 'பழைய ஆறுகள்' என்றும் அழைக்கலாம்.

196) உலகில் புகழ்பெற்ற ஆறுகளில் நைல் நதியும், அமேசான் ஆறும் முக்-கியமானவை. நைல் நதியானது சுமார் 6650 கிலோமீட்டர் நீளம் கொண்டது. இது எகிப்து, சூடான் போன்ற பதினோறு நாடுகளின் வழியாகப் பாய்ந்து அவற்றை வளமாக்குகிறது. வெ197) ள்ளை நைல் மற்றும் நீல நைல் போன்ற துணை ஆறு-கள் இதற்கு உண்டு.

197) உலகில் பரப்பளவில் பெரிய ஆற்றுப் படுகையைக் கொண்டதும், சுமார் 6400 கிலோமீட்டர் நீளமும் கொண்டது அமேசான் ஆறு. முதலில் இந்த ஆறு மேற்கு நோக்கிப் பாய்ந்ததாம். பின்னர் 'அண்டல் மலையின்' வளர்ச்சியால் கிழக்கு நோக்கிப் பாய்கிறது. அமேசான் ஆற்றுக்கு 6000க்கும் மேற்பட்ட துணை ஆறு-கள் உள்ளனவாம்.

198) அமேசான் ஆற்றின் குறுக்கே எந்த இடத்திலும் பாலங்களே கட்டப்-படவில்லை. வெப்ப மண்டல மழைக்காடுகள் வழியே பாய்வதாலும், அங்கே மிகச்-

சில நகரங்களே உள்ளதாலும், குறுக்குப் பாலங்கள் தேவைப்படவில்லையாம். இந்த ஆற்றிலிருந்து வெளியேற்றப்படும் நீரின் அளவு வினாடிக்கு 20,90,00,000 லிட்டர் (சுமார் 21 கோடி லிட்டர்கள்).

199) பூமியில் வசிக்கும் உயிரினங்களில் 30 சதவிகிதமானது அமேசான் காடு-களிலேயே வாழ்கிறது. இங்கு 40 ஆயிரம் தாவர இனங்கள், 430 வகை பாலூட்-டிகள், இரண்டரை மில்லியனுக்கும் அதிகமான பூச்சியினங்கள் வாழும் மிகப்பெரிய மழைக் காடுகளாகும். உலகின் ஆக்ஸிஜனில் 20 சதவிகிதம் அளவிற்கு உற்-பத்தியாகி சுத்தம் செய்து தருவதால், அமேசான் காடுகளை 'உலகின் நுரையீரல்' என்று அழைக்கிறார்கள்.

200) ஒரு சராசரி மனித மூளையின் எடை சுமார் 1.5 கிலோ கிராம் மற்றும் அதன் பருமன் 1.25 லிட்டர். மூளை நமது எடையில் 2% ஆகும். ஆனால் நமது சக்தியில் 25% சதவிகிதத்தை எடுத்துக்கொள்ளும் சொகுசுப் பேர்வழி. நமது மூளையில் சுமார் 5,000 கோடி முதல் 10,000 கோடி நியூரான்கள் இருக்குமாம்!.

201) நமது உடல் உறுப்புகள் பல மர்மங்களும் ஆச்சரியங்களும் நிறைந்தது. இதயத்திற்கு அடுத்தபடியாக முக்கியத்துவம் வாய்ந்தது நமது மூளை. அது தனது செயல்பாடுகளுக்காக ஒரு வினாடிக்கு சுமார் ஒரு லட்சம் ரசாயன விளைவு-களை சந்திக்கிறதாம். மூளை எப்போதும் வேலை செய்வதை நிறுத்துவதேயில்லை, எல்லா நாளும் 24 ஹவர்ஸ் டியூட்டிதான்.

202) நமது எந்த உடல் உறுப்புக்கும் இல்லாத அளவில் நமது மூளை 60% கொழுப்பால் ஆனது. ரொம்ப கொழுப்புதான்.

203) 25 வாட்ஸ் அளவு மின்சாரத்தை நமது மூளை உற்பத்தி செய்கிறதாம். 80 டிகிரி செல்சியஸ் வெப்ப நிலையில் கூட நமது மூளை கரைந்து விடுமாம். அவ்வளவு சாஃப்ட்.

204) வலி உணரும் வலி வாங்கிகள் நமது மூளையில் இல்லாததால் அது வலியை உணர்வதில்லை. நாம் வேகமாக ஓடினாலும், சுழன்றாலும் மண்டை-யோட்டிற்குள் சொகுசாய் அமர்ந்திருக்கும் மூளைக்கு வலிப்பதில்லை. மண்டை-யோட்டை கழட்டிவிட்டு மூளை ஆபரேஷனை நமது விழிப்பு நிலையில்தான் செய்கிறார்களாம். அப்போது அதன் அறிவாற்றல் செயல்பாடுகளை மருத்துவர்கள் நன்றாக அறிந்துகொள்ள முடிகிறதாம்.

205) நம் உடலில் எந்தப் பகுதியிலும் ஏற்படும் காயம், தசை மற்றும் எலும்பில் உண்டாகும் விரும்பத்தகாத பிரச்சினை, இனிமையற்ற உணர்வு போன்றவை வலி-யாக (Pain) உணரப்படுகிறது. வலியின் நோக்கமே, நம் உடம்பின் திசுக்களின் டேமேஜ்களை மேலும் வளர விடாமல் தடுப்பதற்கு நம் உடம்பையே தயார் படுத்-துவதற்குரிய ஏற்பாடாகும். இனிமே உடம்பு வலித்தால், கத்தி களேபரம் பண்ணக் கூடாது.

206) நெற்றியில் அல்லது மண்டைக்குள் ஏற்படும் வலியை உணரும் ஒரு வகைக்கு, 'தலைவலி (Headache)' என்று பெயர். சாதாரண தலைவலி ஒரு நோயல்ல, ஆனால் அது வரப்போகும் சில நோய்களுக்கு அறிகுறியாகும். தலைவலி வர பல காரணங்கள் சொல்லப்படுகின்றன.

207) தலைவலியானது, மண்டை ஓட்டச் சுற்றியிருக்கும் தமனி, சிரை மற்றும் தோல் வழியாக முதலில் உணரப்பட்டு, பின் அது ரத்தக் குழாய்களின் மூலம் பரவி, தலையின் இரு புறங்கள் மற்றும் கழுத்துக்கும் பரவுகிறது. தலை வலியை கண்கள் மற்றும் மூக்குத் துவாரங்கள் வழியாகவும் உணரலாம். பெரும்பாலான தலைவலிகளை ஆரம்பத்திலேயே குணப்படுத்தி விடலாம்.

208) மன உளைச்சல், சைனஸ் மற்றும் சளி, விபத்துக்குப் பின்னால் ஏற்படும் பாதிப்புகள், நோய்த் தொற்று, கண்களில் ஏற்படும் பிரச்சினைகள், தூக்கமின்மை மற்றும் இன்னும் பல காரணங்களால் தலைவலி ஏற்படுகிறது.

209) உலக மக்கள் தொகையில் பாதிப்போராவது ஆண்டில் ஒரு முறையேனும் தலைவலிக்கு உட்படுகிறார்களாம். மேலும் உலக மக்கள் தொகையில் சுமார் 20% பேருக்கு மன அழுத்தங்களால் தலைவலியும், சுமார் 10% பேருக்கு 'ஒற்றைத் தலைவலியும் (Migraine)' இருப்பதாக உலக சுகாதார அமைப்பு கணக்கு சொல்கிறது.

210) நம் உடலில் எங்கு வலி ஏற்பட்டாலும் அது உடனே வலி உணர்வு நரம்புகள் மூலம் நம் மூளைக்கு எடுத்துச் செல்லப்பட்டு அதற்குத் தோதுவாக நம் உடல் செயல்பட ஆரம்பிக்கும். நமக்கு வலி எனும் உணர்வு ஏற்படும்போதுதான், நம் உடல் உறுப்புகளின் இருப்பையே உணர்கிறோம். கை வலிக்கும் போதுதான், நமக்கு கை இருப்பதையே உணர்கிறோம். வலி எனும் உணர்விற்குப் பிறகுதான் நாம் மருத்துவரை பார்க்க வேண்டும் என நினைக்கிறோம். வலி என்பது, நமக்குத் தேவையான முன்னெச்சரிக்கை மணி.

211) மார்பில் வலி ஏற்பட்டால் அதை உடனே 'மாரடைப்புதான்' என்று முடிவு செய்யக்கூடாது. ஏனெனில் மார்பில் ஏற்படும் வலிக்கு நிறைய காரணங்கள் இருக்கின்றன. நம் மார்புக்கூட்டுக்குள் இதயம், இதய உறை, நுரையீரல், உணவுக்குழாய், இரத்தக்குழாய், இரப்பை, கல்லீரல், பித்தப்பை, உதரவிதானம் போன்ற ஏகப்பட்ட உடல் உள்ளுறுப்புக்கள் இருக்கின்றன. அவைகளில் ஏற்படும் சில மாற்றங்களினாலும் வலி ஏற்படலாம்.

212) புத்தி கூர்மைக்கும் மூளையின் சைஸுக்கும் சம்பந்தம் இருப்பதாக இதுவரை நிரூபிக்கப்படவில்லை. ஒருவருடைய வாழ்நாளில் அவருடைய மூளை ஆயிரம் லட்சம் கோடி (ஆயிரம் டிரில்லியன்) தகவல்களை சேமித்து வைக்கிறதாம்.

213) நமது மூளையின் மெல்லிய நரம்பு இழைகளை ஒன்றன் பின் ஒன்றாய் இணைத்தால் 1 லட்சத்து 60 ஆயிரம் கிலோமீட்டர் வரை நீண்டு இருக்குமாம். பிண்ணிப் பிணைந்த இத்தனை நரம்புகள்தான் உடலின் பல பாகங்களுக்கு தகவல்களை அனுப்புகின்றன. நமது மூளையால், மணிக்கு 418 கிலோமீட்டர் வேகத்தில் தகவல்கள் பரிமாறப்படுகின்றன.

214) இருபது வயதுகளில் நமது உடலின் பெரும்பாலான பாகங்கள் தனது வளர்ச்சியை நிறுத்தி விடுகின்றன. ஆனால் 40 வயதை தாண்டும் வரை மூளை பலவகைகளில் தன்னை மேம்படுத்திக்கொண்டே இருக்கிறது. பொதுவாக 45 வயது முதல், மூளையின் திறன்கள் குறைய ஆரம்பிக்கிறது. மூளையின் உதவியால் ஒரு நாளைக்கு சுமார் 70 ஆயிரம் விஷயங்களை சிந்திக்க முடியும். நாம் அப்படி சிந்திக்கிறோமா?.

215) நாம் கொண்டுள்ள நினைவுகள் அனைத்தையும் நமது மூளை ஒரே நேரத்தில் இருமுறை பதிவு செய்து கொள்கிறதாம். அதில் ஒன்றை அவ்வப்போது பயன்படுத்திக் கொள்வதற்கும், இன்னொன்றை நீண்ட காலம் பயன்படுத்திக் கொள்வதற்காக நினைவில் வைக்கப்படுவதாக விஞ்ஞானிகள் கூறுகிறார்கள்.

216) பகல் நேரங்களைவிட இரவு நேரங்களில் நமது மூளை அதிகம் வேலை செய்யுமாம். நம்மைச் சுற்றியுள்ளவற்றை நம் மூளை படம் பிடித்துக் கொண்டே இருக்கும். ஒவ்வொரு சப்தத்தையும் கூட சேகரித்துக் கொண்டே இருக்குமாம். பொதுவாக இரவு நேரங்களில் அன்றைய பகல் பொழுதில் நடந்த நிகழ்வுகளை ஒருமுறைக்கு இருமுறை நினைவு படுத்திக்கொண்டே இருக்குமாம். மகிழ்ச்சியான நிகழ்வுகளைவிட சோக நிகழ்வுகளையே நமக்கு அதிகம் நினைவு படுத்துமாம். மகிழ்ச்சியான நிகழ்வுகள் முடிந்த ஒன்றாகி, சோக நிகழ்வுகளையே அதிகமாய் அசைபோடுவதே இதற்கு காரணம் என்கிறார்கள்.

217) கனவு (Dream) பற்றி ஒரு முழுமையான அறிவியல் புரிதல் இதுவரை இல்லை என்றே சொல்லலாம். கனவு என்பது ஒருவர் தூங்கும் பொழுது அவரின் மனதில் எழும் மனப் படிமங்கள், ஓசைகள், உணர்வுகள் மற்றும் நிகழ்வுகளை குறிக்கிறது. ஒருவர் கனவு காணும்போது கண்களில் அசைவுகள் காணப்படுகி- றதாம். நமது மூளையிலுள்ள நினைவு குறிப்புகளை ஒன்றோடொன்று தொடர்பு படுத்தும் செயற்பாட்டின் விளைவாக இருக்கலாம் என்று கருதப்படுகிறது.

218) நம் கனவுகளில் 95% அளவுக்கு கண் விழிக்கும்போது மறந்து விடு- கின்றனவாம். எழுந்தாலும் கனவுகள் மறக்காமல் இருக்க அவைகளை ரெக்கார்ட் செய்வதற்காக விஞ்ஞானிகள் முயற்சிகளை மேற்கொண்டு வருகிறார்கள். கனவு காணும்போது நமது மனதுக்குள் ஒரு விஷுவல் (Visual) உருவாகும். அப்போது மூளை உருவாக்கும் பேட்டர்னை (Pattern), டேட்டாவாகப் படம் பிடித்து விட்- டால் மேட்டர் ஓவர். நாம் கனவை படம் பிடித்து விடலாம் என்கிறார்கள். நீங்கள்

காணும் கனவுகளை உங்கள் மொபைல் போனில் ரிக்கார்ட் செய்து பார்க்க முடி-யும் என்கிற அளவுக்கு வந்துவிடுமோ?. காணும் கனவில் ரிஸ்க் ஓவர் என்று நினைத்தால், ரிக்கர்ட் செய்யப்பட்டதைத் தனியாக பார்த்துக் கொள்ளவும்.

219) தூக்கத்தில் 'உளறல், பேசுதல், முணுமுணுத்தலை (Sleep talking or pillow talking)' என செல்லமாகச் சொல்வார்கள். இது எதனால் ஏற்படு-கிறது? பழங்காலத்திலிருந்தே இதைப்பற்றி ஆராய்ந்திருக்கிறார்கள். மன அழுத்-தம், சோர்வு, மதுப்பழக்கம், மரபணு மற்றும் பல காரணங்களால் ஏற்படுகிறதாம். ஆனால் மருத்துவ ரீதியாக எந்தவித பாதிப்பும் இல்லை என்கிறார்கள்.

220) நாம் நன்றாகத் தூங்கும்போது, நமது உடலானது, அசைவற்ற நிலை என்கிற 'முடங்கிப் போகும் நிலைக்கு' சென்று விடுகிறது. இதற்கு 'Paralyzing' நிலை என்பார்கள். நமது மூளையானது ஏதாவது கம்மாண்ட் செய்தாலும், நமது உடம்பு கேட்காத நிலையாகும். 'Glyzine' போன்ற 'பேரலைசிங் கெமிக்கல்' சுரப்-பதால் நம் உடம்பு முடங்கிப்போகும் நிலைக்குத் தள்ளப்படுகிறது. இவ்வகைக் கெமிக்கல், நமது தொண்டைப் பகுதியில் சரிவர வேலை செய்ய முடியாமல் போவதாலும், மூளையானது தொண்டைப் பகுதியைக் கன்ட்ரோல் செய்ய முடியா-மல் போவதாலும், நம்மால் தூக்கத்தில் பேச முடிகிறது என்கிறார்கள் ஆராய்ச்சி-யாளர்கள்.

221) எந்தப் பொருளையும் நம் கண்கள் தலைகீழாகத்தான் பார்க்கிறது. மூளைதான் அதை நேர் செய்கிறது.

222) 'சைக்காலஜி (Psychology)' எனும் 'உளவியல்' என்பதானது, நம் மனதில் ஏற்படும் எண்ணங்கள், நம் அன்றாட வாழ்வினில் எந்தவித மாற்றங்களை ஏற்படுத்துகின்றன என்பதை அறிவியல் முறையில் ஆய்வு செய்யும் ஒர் ஆய்வுக்-களமாகும். மன எண்ணங்களின் செயல்பாடுகளை ஆராய்ந்து அதற்கான தீர்வைக் காண்பவர்களை 'மனோதத்துவ நிபுணர்கள் (Psychiatrists)' என்பார்கள்.

223) 'டிமென்ஷியா (Dementia)' எனும் மறதி நோயானது பரவலாக அனைவருக்கும் வரும் ஒரு வகை நோயாகும். இது வயதானவர்களுக்கு அதிகம் இருக்கலாம். மூளையில் இருக்கும் செல்கள் சிறிது சிறிதாகக் குறையும்போது அதில் பாதிப்பு ஏற்பட்டு இந்நோய் வருகிறது. இதனால் கவனமின்மை, முடிவெ-டுத்தலில் பிரச்சினை, அதிக யோசனை, குழப்பமான எண்ணங்கள், பேசுவதில் பிரச்சினை மற்றும் தூக்கமின்மை போன்ற நரம்பியல் பிரச்சினைகள் இதனால் வரலாம்.

224) பெரும்பாலான வியாதிகளைப் பற்றி நோயாளிகளே விவரித்து விடுவார்-கள். ஆனால், மன நோயால் பாதிக்கப்பட்ட ஒருவரால், தனக்கு என்ன என்ன பிரச்சினைகள் என்பதை அவரால் விவரிக்க முடியாத பரிதாப நிலை. அவரின் செய்கைகளைக் கொண்டு அவரின் உறவினர்களும், நண்பர்களும் தெரிவிக்கும்

செய்தியை வைத்துதான் முடிவெடுக்க வேண்டும்.

225) சிதைந்து போன மன உறவுகள், இயந்திர மயமாக்கப்பட்ட நகரத்து வாழ்க்கை, கூட்டுக் குடும்பத்தால் ஏற்பட்ட மகிழ்ச்சியை தனிக் குடித்தனம் போய் இழத்தல், தொடர் மதுப் பழக்கம், தனக்கு உதவ யாருமே இல்லையா என ஏக்கம், பொருளாதார பின்னடைவு மற்றும் நம்மைப் படைத்த அந்த ஓர் இறைவன் விதித்த விதியை நம்பாதிருத்தல் போன்ற பல காரணங்களால் 'மன அழுத்த நோய் (Depression)' ஏற்படுகிறது.

226) குழந்தை பிறந்த முதலாவது மாதத்தில் அதன் கண் பார்வைக்கு எதுவுமே தெளிவாகப் புலப்படாதாம். அப்போதுதான் அதன் கண்கள் வளர்ச்சி அடைகின்றன. அதுதான் சரியாத் தெரியல்லையே என்பதால், "என் செல்லம், அம்மாவ பாரு, அப்பாவ பாரு" என கொஞ்சாமல் இருந்துவிட வேண்டாம். இரண்டாம் மாதத்தில் தாயின் முகம் மெல்ல புலப்பட்டு மங்கலாகத் தெரியும். தாயின் முக அமைப்பு, பாவனைகள் என எல்லாவற்றையும் கூர்மையாகக் கவனிக்க ஆரம்பிக்கும். பிறகு கண் பார்வை தெளிவடைய ஆரம்பிக்கும். முதலில் தாய் மாமனின் முகம்தான் தெரியும் என்றுகூட சொல்வார்கள்.

227) ஐந்தாம் மாதத்தில்தான் குழந்தைக்குத் தந்தையின் முகம் தெரிய ஆரம்பிக்கும். அதுவரை பொருத்திருக்கத்தான் வேண்டும். முதலில் தாய் மாமனின் முகம்தான் தெரியும் என்றுகூட சொல்வார்கள். அதில் எவ்வளவு தூரம் உண்மை இருக்கிறது என்று தெரியவில்லை. குழந்தையின் கண் பார்வை தொடர்ந்து வளர்ச்சி அடைகிறதா என்பதில் சந்தேகம் வரும்போது கண் டாக்டரை கன்சல்ட் செய்து அவசியம் தெரிந்து கொள்ள வேண்டும்.

228) கண்களின் நிறம் அதிலுள்ள கருவிழியின் நிறப்பொருள்களின் (Pigments) அளவை வைத்து நிர்ணயம் செய்யப்படுகிறது. குழந்தை பிறந்து ஆறு மாதத்திற்குள் கண்களின் நிறம் நிலையாக நிர்ணயிக்கப்படுகிறது.

229) மனிதர்களின் கண்களைவிட, சில விலங்குகளின் கண்கள் அதிக சக்தி வாய்ந்தவை. அதனால் இரவிலும் அவை தெளிவான காட்சிகளை காண முடிகிறது. கழுகின் கண்கள் மனிதனின் கண்களை விட நான்கு முதல் எட்டு மடங்கு பார்வைத்திறன் கொண்டது. கழுகின் கண்கள் அதன் மூளையை விட பெரிய சைஸ்.

230) கண்களின் பார்வைக் கூர்மை, அதன் செல்களின் திறமையைக் கொண்டு நிர்ணயிக்கப்படுகிறது. கழுகு மற்றும் குதிரைகளுக்கு பார்வை திறன் அதிகமாம்.

231) நமது கண்கள் ஒரு காட்சியைத் தொடர்ச்சியாக பார்ப்பதில்லை. அதை விட்டு விட்டுத்தான் பார்க்கிறதாம். ஒவ்வொரு 13 மில்லி செகண்டுகளிலும் நாம் பார்க்கும் பார்வையின் இமேஜ் மூளையில் ப்ராசஸ் செய்யப்பட்டு உணர்கிறது.

232) உலக அழகியின் புகைப்படத்தை கையில் வைத்துக் கொண்டு ஜொல்லு விட்டாலும், அதைக் கண்களுக்கு அருகில் கொண்டு சென்று பார்த்தால் அணைத்தும் புள்ளிகளாகவே தெரியும். இந்நேரம் வெறும் புள்ளிகளைப் பார்த்துத்-தான் 'ஜொல்லினோமா' எனத்தோன்றும். இதைத்தான் பிக்சல் (Pixel) (புள்ளிக-ளின் அடர்த்தி) என்கிறார்கள். அதாவது ஒரு கேமராவின் சென்சரில் குறிப்பிட்ட பரப்பில் எத்தனை பிக்சல்களை சேமிக்க முடியும் என்பதே அதன் பிக்சல் பவரா-கும். உதாரணமாக 8 MP (8 Megapixel) என்பது 80 லட்சம் பிக்சல்களாகும். சராசரி மனிதக் கண்களின் 'ரிசோலுயூசன் (Resolution)' 576 மெகா பிக்சல்க-ளாகும்.

233) ஒளியின் உதவியுடன் இயங்கும் ஒரு கேமராவைப்போல் நமது கண்-களும் ஒளியின் உதவியுடன் பொருட்களின் உருவத்தை கணப்பொழுதில் படம் பிடித்து, மனதில் பதிவு செய்து பின்பு அதை மூளையில் டெவலப் செய்கிறது. கண்ணின் அனைத்து பாகங்களும் ஒருங்கிணைந்து ஒரு குழுவாக செயல்பட்டு நமக்கு பார்வையை அளிக்கிறது.

234) நமது கண்கள் பக்கவாட்டில் தனித்தனியாக இருப்பதால், ஒவ்வொரு கண்ணும் சற்று மாறுபட்ட காட்சியை கண்ணில் படம் பிடிக்கும். இந்த இரண்டு கண்களின் காட்சிகளும் மூளைக்குச் சென்று ஒரே காட்சியாக மாறி அதை 3D வடிவத்தில் நமக்குக் கொடுக்கிறது. இதைத்தான் 'துணை விழிப்பர்வை (Binocular vision) என்கிறார்கள். நம்மைப்போல் கழுகு, சிங்கம் போன்ற சில மிருகங்களுக்கும் இத்தகைய துணை விழிப்பர்வை இருக்கிறதாம்.

235) கருமையான 'கண்மணி (Pupa)'க்குள் நுழையும் ஒளிக்கதிர்களை, கார்-னியா என்கிற விழிப்படலம் திசை திருப்பி, கண்மணிக்குப் பின்னால் உள்ள குவி ஆடிக்கு செலுத்துகிறது. பார்க்கும் பொருட்களின் தூரத்திற்கேற்ப தனது திக்னை மாற்றிக்கொண்டு செயல்படுகிறது. இச்செயலுக்கு 'அக்காமடேஷன் (Accommodation)' என்று பெயர்.

236) நமது கண்களில் உள்ள கூம்பு செல்கள், நாம் பார்க்கும் பொருட்களின் நிறங்களை உணர்கின்றன.

237) விழித்திரையின் செயல்பாட்டில் 'ஒளி வேதிவிணை' (Electro chemical reaction) மூலமாக ஒளிச் சக்தியானது, நரம்புத் தூண்டலாக கடத்தப்படுகின்றன. இதனால் கூம்பு செல்களில் உருவாகும் மின்னழுத்தத்தைப் பொருத்து மூளையினால் சரியான நிறங்களாகப் பகுக்கப்படுகிறது.

238) ஒளி, மிகவும் குறைவாக இருக்கும்போது கண்மணியின் துவாரம் பெரி-தாகி அதிக அளவு ஒளி கண்ணுக்குள் புகுந்து குறைந்த வெளிச்சத்திலும் நம்மால் பார்க்க முடிகிறது. அதிக வெளிச்சமாக இருக்கும்போது, துவாரம் சுருங்கி தேவை-யான வெளிச்சத்தை உள்வாங்கி சரியாக பார்ப்பதற்கு உதவுகிறது.

239) கரண்ட் இல்லாமல் இருந்து, திடீரென கரண்ட் வந்து அதிக வெளிச்-சத்தை காணும்போது நம் கண்கள் கூசுகின்றன. அதிக வெளிச்சத்திலிருந்து திடீ-ரென குறைந்த வெளிச்சமுள்ள அறைக்குள் செல்லும்போது, கொஞ்ச நேரத்திற்கு நம்மால் சரியாக எதையும் பார்க்க முடிவதில்லை. இதற்கெல்லாம் காரணம், நம் கண்மணியின் துவாரத்தின் அளவில் ஏற்படும் மாற்றமே. இவ்விளைவை சற்று நேரத்திற்குள் தானாகவே சரி செய்து கொள்கிறது.

240) நமது கண்கள் பார்க்கவில்லையாம். உண்மையில் மூளைதான் பார்க்கி-றதாம். உருவம் மூளைக்கு வந்ததும், அது கண்களில் உள்ள அறைகளில், உரு-வத்திற்கு விளக்கத்தை கொடுக்கிறது. இவ்வாறு பல்வேறு தொடர் மாற்றங்களுக்கு பிறகு கண்களின் மூலமாக நாம் உருவங்களைக் காண்கிறோம்.

241) கண் உராய்வுகள் (Abrasions) என்பது, கார்னியாவில் கீறல்கள் விழு-வதாகும். இவை தூசி மற்றும் காண்டாக்ட் லென்சுகள் மூலம் ஏற்படலாம். இவை தொடர்ந்தால் கண்களில் புண்கள் ஏற்படலாம். கண்களில் தூசு மற்றும் இதர பொருட்கள் விழுந்து விட்டால் உடனே கசக்கக்கூடாது. இது உராய்வை அதிகப்-படுத்தி விடும்.

242) கண் உராய்வின் போதும், போதுமான அளவு கண்ணீர் அல்லது கண் பராமரிப்பு இல்லாதபோதும், நமது கண்கள் 'உலர் கண்கள்' (Dry Eyes) ஆகின்றன. இதனால் கண்ணெரிச்சல் ஏற்படுகின்றது. நீண்ட நேரம் எலெக்ட்ரா-னிக்ஸ் திரைகளை பார்ப்பதாலும், வெளியே காற்றில் அதிக நேரம் இருப்பதாலும் இது உண்டாகலாம்.

243) கண்ணீர் சுரப்பியிலிருந்து (Tear glands) கண்களை லியூப்ரிகேஷன் செய்யவும், சுத்தம் செய்யவும், கண்ணீர்க் குழாய்கள் வழியாக சுரக்கும் ஒரு உடல் திரவமே கண்ணீர் (Tears) ஆகும். கண்ணீரில் உப்புக்கள், என்சைம்கள், புரோட்-டின்கள் மற்றும் இதர பொருட்கள் கலந்துள்ளன.

244) நெற்றியில் புருவம் தொடங்கும் இடத்திற்குப் பக்கத்தில் கண்ணுக்கு ஒன்று வீதமாக இரண்டு கண்ணீர் சுரப்பிகள் இருக்கின்றன. இதிலிருந்து சுரக்கக் கூடிய கண்ணீரானது கண் சிமிட்டலின் மூலமாக கண்ணில் பரவி, மேல் மற்றும் கீழ் இமைகளின் இருக்கின்ற சிறிய திறப்பு வழியாகவும், கண்ணீர் நாளக்குழாய் வழியாகவும் கண்ணீர்ப்பையை அடைகிறது. அங்கிருந்து மூக்கிற்கும் தொண்டைக்-கும் சென்று ஆவியாகி விடுகிறது. இச்செயல் தொடர்ந்து நடைபெற்று வருகிறது.

245) மன உணர்வுகளின் தூண்டலால், ஏற்படும் அழுகை, ஆனந்தம், வலி போன்ற காரணங்களால் கண்ணீர் சுரப்பிகள் தூண்டப்பட்டு, திடீரென அதிகமான கண்ணீர் சுரக்கிறது. இவை அனைத்தும் இமைகளிலுள்ள திறப்புகள் வழியாக வெளியேற முடியாதபோது அவை தாரை தாரையாக கன்னங்களில் வழிந்தோடு-கிறது.

246) கண்களின் லென்சுகளில் வெண்மையாக மேகம் போன்று தோன்றுவது 'கண்புரை' (Cataracts) எனப்படும். புகைபிடித்தல், உயர் இரத்த அழுத்தம் மற்றும் உயர் இரத்த சர்க்கரை, வயது மூப்பு போன்ற இன்னும் பல காரணகளால் இக்குறைபாடு ஏற்படுகிறது. இப்போதெல்லாம் 'கண்புரை' நீக்கும் அறுவை சிகிச்சைகள் மிக எளிதாக செய்யப்படுகிறது.

247) பொய்யாக அழுது கண்ணீர் வடிக்க, 'கிளிசரின் (Glycerin)' எனும் திரவம் பயன்படுகிறது. அழுகை மட்டுமல்ல, தோல் திசுக்களை புதுப்பித்து, சருமத்தை அழகுபடுத்தும் குணங்களும் கிளிசரினுக்கு உண்டு. கிளிசரின், சோப்புகள் தயாரிக்கவும் பயன்படுகிறது. இதுவொரு எளிமையான ஹைட்ராக்ஸில் தொகுதிகளைக் கொண்ட ஆல்கஹால் ஆகும்.

248) கண்ணில் படும் ஒளி விலகலின் பிழைகளால் (Refractive error) ஏற்படும் பார்வைக் குறைபாட்டை சரிசெய்வதற்காக அணியப்படுவதுதான் கண்ணாடி (Specs) மற்றும் காண்ட்டாக்ட் லென்ஸ்களாகும்.

249) அருகில் இருப்பவை எல்லாம் தெளிவாகத் தெரியும், தூரத்திலிருப்பவை சரியாகத் தெரியாது. கண்கோளம் நீட்சி அடைவதால் அல்லது 'ஆஸ்டிக்மாட்டிசம் (Astigmatism)' எனப்படும் 'கார்னியா' அமைப்பின் கோளாறால், கண்ணில் விழும் ஒளியலைகள் 'ரெட்டினா'வுக்கு முன்பே குவிந்து விடுவதால், தூரத்துப் பொருட்கள் மங்கலாகவே இருக்கும். இவ்வகைக் குறைபாட்டை, கிட்டப்பார்வை (Myopia) என்பர். இவ்வகை கண் குறைபாட்டை சரி செய்வதற்கு, 'குழியாடி (Concave lens)' பயன்படுகிறது.

250) கிட்டே உள்ள பொருள் தெளிவாகத் தெரியாது. ஆனால் தூரத்தில் உள்ள பொருள் தெளிவாகத் தெரியும். கண்ணில் விழும் ஒளி அலைகள் 'ரெட்-டினா'வில் குவியாமல், அவை 'ரெட்டினா'வைத் தாண்டி அதன் பின்புறத்தில் குவிவதால், பார்வை தெளிவாக இருக்காது. இவ்வகை கண் குறைப்பாட்டிற்கு, 'தூரப்பர்வை (Hyperopia)' எனப்படும். இவ்வகை கண் குறைபாட்டை சரி செய்ய, குவி ஆடி (Convex lens) பயன்படுகிறது.

251) ஒருவர் அணியும் கண்ணாடியின் 'லென்ஸ் பவர் (Lens power)' என்பது, அந்தக் கண்ணாடியின் 'குவிய தூரத்தின் (Focal length)' மீட்டர் அளவில் தலைகீழ் (Reciprocal) அளவாகும். இதனை 'டயாப்டர்ஸ் (Diopters)' என்ற அளவில் சொல்கிறார்கள். உதாரணமாக, ஒருவர் அணியும் கண்ணாடியின் குவிய தூரம் 2 மீட்டர் என்றால், அந்த லென்ஸின் பவர் 1 / 2 = 0.5 டயாப்டர்ஸ் ஆகும். கிட்டப்பார்வைக்கு மைனஸ் (-) அளவுமாக, தூரப்பார்வைக்கு ப்ளஸ் (+) அளவுமாக இருக்கும்.

252) வயது மூப்பின் காரணமாக சிலருக்கு கண் லென்ஸின் இயல்பான சுருங்கி விரியும் தன்மை பாதிக்கப்படும். இதனால் சிறு எழுத்துக்களை தெளிவாகப்

படிக்க முடியாது. இக்குறைபாட்டிற்கு 'வெள்ளை எழுத்து' அல்லது 'மூப்புப் பார்வை (Presbyopia)' என்று பெயர். அதற்குத் தகுந்த பவருள்ள கண்ணாடி அணிந்து கொண்டு தெளிவாகப் படிக்கலாம்.

253) ஒரு பொருள் அது இருக்கும் சூழலை பொருத்தும், நமது கண் அப்-பொருளிலிருந்து உள்வாங்கும் ஒளியின் விகிச்சாரத்தைப் பொருத்தும் அதன் நிறம் அமைகிறது. சில நேரங்களில் ஒரே நிறம் வெவ்வேறு நிறங்களாக கண்களுக்கு காட்சிப் பிழையாக தோன்றும்.

254) மனிதர்களில் சிலரால் நிறங்களுக்கிடையே வேறுபாடுகளை பிரித்துப் பார்க்க முடியாது. இதற்கு 'நிறக்குருடு (Colour blind)' என்கிறார்கள். இவை பெரும்பாலும் மரபணு கோளாறுகள், மூளை நரம்பு அல்லது விழிகளில் ஏற்படும் கோளாறுகளினால் ஏற்படுகின்றன.

255) மனிதக் கண்களால் மிக வெளிச்சத்திலோ, மிக அதிக இருட்டிலோ எதையும் பார்க்கவோ நிறங்களைப் பிரித்தறியவோ முடியாது. அதிகமான இருட்டில் நம் கண்களிலுள்ள ரெட்டினா எனும் விழித்திரையானது அதில் விழும் ஃபோட்-டான்களால் ஸ்டிமுலேட் (Stimulate) செய்யப்படாததால், நம்மால் பார்க்க முடி-வதில்லை. மிக இருட்டில் நம் கண்களின் கண்மணியிலுள்ள 'பியூப்பா' மிகவும் விரிந்து, இருட்டிலிருக்கும் மிகக்குறைவான வெளிச்சத்தை உள்வாங்கி, நம்மால் பார்க்க முடிவதற்கு முயற்சி செய்யும். இதற்கு 'நைட் விஷன் (Night vision)' என்று பெயர்.

256) 'லாசிக் லேசர் (Lasik laser)' கண் அறுவை சிகிச்சை என்பது, கத்தியின்றி ரத்தமின்றி ஒரு சுலபமான கண் அறுவை சிகிச்சை முறையாகும். இதன் மூலம் கிட்டப்பார்வை, தூரப்பார்வை மற்றும் உருப்பிறழ்ச்சி போன்ற கண் குறைபாடுகள் சுலபத்தில் நீக்கப்படுகின்றன. இது, லேசர் கதிர்களைக் கொண்டு செய்யப்படுகிறது. இம்முறையில் கண்ணில் லேசர் கதிர்களை மிக மிக நூட்ப-மான முறையில், விழி லென்சில் செலுத்தி அதை தற்காலிகமாக பெயர்த்தெடுத்து, அதன் ஓரங்கள் சரி செய்யப்பட்டு மீண்டும் கண்ணில் பொருத்தப்படுகிறது. லேசர் சிகிச்சை செய்த ஒரு மணி நேரத்திற்குள் நோயாளி வீட்டுக்குச் சென்று விட-லாம். அணிந்திருந்த கண்ணாடி, காண்ட்டாக்ட் லென்ஸ் போன்றவை இல்லாம-லேயே தெளிவாகப் பார்க்கலாம்.

257) 'லேசிக்' அறுவை சிகிச்சை செய்து கொண்டவர்களில் 90% பேர் மன நிறைவுடன் இருப்பதாக புள்ளி விபரங்கள் சொல்கின்றன. இதன் மூலம் குறைந்த அளவு பயனடைந்த சில நோயாளிகள், கண் பார்வை பிரச்சினைகள், கண் கூசு-தல், கண் உலர்தல், ஒளி வட்டங்கள், இரட்டைப் பார்வை என பல கோளாறுகள் வருவதாகவும் சொல்கிறார்கள்.

258) கண்கள் பார்ப்பதற்குத்தான். பார்த்துக் கொண்டே இருப்பதற்கல்ல. உலக சுகாதார அமைப்பின் புள்ளி விபரப்படி, உலகில் 4 கோடி பேர் கண் பார்வை இழந்தவர்களாம். கண்ணாடி அணிபவர்களின் எண்ணிக்கை 400 கோடியைத் தொட்டு விட்டதாம். இந்தியாவில் மட்டும் 5 கோடி மக்களுக்கு மேல் கண் பார்வைக் குறைப்பாடு இருக்கிறதாம். கண்களைக் காப்போம்.

259) குழந்தை பிறந்து ஆறு முதல் எட்டு வாரங்கள் வரை, அது அழுதால் கண்ணீர் வராதாம். ஒருவர் இறந்த பிறகும், அவரின் கண்கள் சுமார் 6 மணி நேரம் பார்க்கும் திறன் கொண்டதாம்.

260) உங்கள் உள்ளங்கையை பொத்திக்கொண்டால் இருக்கும் அளவே உங்கள் இதயத்தின் அளவு. மலராத தாமரை மொட்டுப் போல் இருக்கும் இதயத்தின் எடை சுமார் 330 கிராம்.

261) இதயத்தின் மேல் அறை 'ஆரிக்கிள்', கீழ் அறை 'வென்ட்ரிக்கிள்' என்று பெயர். வலது அறையில் அசுத்தமான இரத்தமும், இடது அறையில் சுத்தமான இரத்தமும் உள்ளது. இதய அறைகளுக்கிடையே வால்வுகள் உள்ளன. இதயத்திற்கு இரத்தம் கொண்டு செல்பவை 'கரோனரி தமனிகள் (Coronary arteries)' என்றும், இதயத்திலிருந்து வெளியே இரத்தத்தை கொண்டு செல்வது 'சிரைகள் (Veins)' என்றும், இதயத்தை சுற்றியுள்ள உறைக்கு 'பெரிகார்டியம் (Pericardium)' என்றும் பெயர்.

262) மனித உடலின் மகத்தான உயிர் எந்திரமான இதயம், நிமிடத்திற்கு சுமார் 72 முறையும் ஒரு நாளுக்கு சுமார் ஒரு லட்சம் முறையும் விடாமல் துடிக்கிறது. இதயம் துடிக்க மின்சாரம் தேவை. இதயத்தில் 'சைனஸ் நோடு (Sinus Node)' எனும் பகுதியில்தான் மின்சாரம் உண்டாகி கடத்திகள் மூலம் கடத்தப்பட்டு, இதயம் துடிக்கிறது.

263) 'இதய முணுமுணுப்பு (Heart murmur)' என்பது, சாதாரண இதய ஒலியிலிருந்து வேறுபட்டு மேலதிகமாக கேட்கும் ஒலியாகும். இதய அடைப்புகளுக்கிடையேயும், இதயத்திற்கு அருகிலும் அசாதாரண ரத்த ஓட்டத்தால் கேட்கும் ஒலியாகும்.

264) நாம் உண்ணும் உணவில் உள்ள கொழுப்பானது ரத்தக் குழாய்களின் ஓரங்களில் ஒட்டிக்கொண்டு அதில் அடைப்பை உண்டாக்கி, இதயத்திற்கு செலுத்தப்படும் இரத்தத்தில் ஆக்ஸிஜன் அளவு குறைந்தாலோ அல்லது இல்லாமல் போனாலோ 'மாரடைப்பு (Heart attack)' ஏற்படுகிறது. அதிக அளவு உணர்ச்சி வசப்படுதல், மன அழுத்தம், எதிர்மறையான எண்ணங்கள், அதிகமான உடல் பருமன், புகைப் பழக்கம் மற்றும் மது அருந்துதல் போன்ற காரணங்களாலும் மாரடைப்பு ஏற்படலாம்.

265) இதய நோயாளிகள் அதிகம் இருக்கும் நாடுகளில் முதலிடம் இந்தி-யாவிற்கே. இதய பாதுகாப்பு குறித்து விழிப்புணர்வு ஏற்படுத்த உலகம் முழுவதும் ஆண்டுதோறும் செப்டம்பர் 29 ஆம் தேதி இதய தினம் கடைபிடிக்கப்படுகிறது.

266) ஒரு மனிதனின் சாதாரண வாழ்வு சரிவரத் தொடர்வது அவனின் இதயத் துடிப்பிலிருந்துதான். இதயத் துடிப்பு நிமிடத்திற்கு 70 லிருந்து 100க்குள் இருந்தால் ஓ.கே. இது 25 என்கிற அளவிற்குக் குறையும்போது சுய நினைவினை இழந்து கீழே விழுந்து விடுவார்கள். 100க்கு மேல் ரொம்பவும் அதிகரித்தாலும் இந்நிலை ஏற்படலாம்.

267) 'பேஸ்மேக்கர் (Pacemaker)' எனும் கருவி, குறைந்த இதயத் துடிப்பை அதிகமாக்க உடலின் உள்ளே பொருத்தப்படும், ஒரு ரூபாய் சைசில் உள்ள ஒரு எலெக்ட்ரானிக்ஸ் கருவியாகும். இதயத்துடிப்பு எவ்வளவு உள்ளது என்பதை, கரு-வியில் உள்ள குட்டி கம்ப்யூட்டர் தெரிந்துகொண்டு அதன் தகவலை பேட்டரிக்கு அனுப்பி, அதன் மூலம் இதயம் சரிவர துடிக்க உதவுகிறது.

268) 'பேஸ்மேக்கர் (Pacemaker)' கருவியானது மார்பின் இடதுபுறத்தின் மேல்பகுதியான காலர் எழும்புக்குக் கீழ் உடலின் உள்ளே பொருத்தப்படுகிறது. பேட்டரியிலிருந்து வரும் மின்சாரம், லீட்ஸ் என்கிற மெல்லிய கம்பிகள் வழியாக இதயத்தின் வலது கீழறைக்கு செலுத்தப்படுகிறது. அதன் மூலம் இதயத் துடிப்பை சரியாக்குகிறது.

269) ஒரு குழந்தையின் இதயத்துடிப்பு சீராக இல்லாதபோது மூளை வளர்ச்-சிக் குறைவு கூட ஏற்படலாம். சுமார் 50 ஆயிரத்தில் ஒரு குழந்தை என்கிற அளவில் இவ்வித பாதிப்பு ஏற்படவாய்ப்பிருக்கிறது. இதுபோன்ற குழந்தைகளுக்கு வேறு சிகிச்சை முறைகள் இல்லாதபோது சிறிய அளவிலான 'பேஸ்மேக்கர்' கரு-வியைப் பொருத்தி சரிசெய்யலாம்.

270) ஓடும்போதும், மாடிப்படிகளில் ஏறும்போதும் மார்பில் ஏற்படும் வலிக்கு 'ஆஞ்சைனா (Angina)' என்று பெயர். இதுதான் 'மாரடைப்புக்கு (Heart attack)' முந்தைய நிலையாகும். நடு மார்பை கயிறு கட்டி இறுக்குவதுபோல் ஒரு வலி ஏற்படுவது, மேலும் இவ்வலியானது கழுத்து, தாடை மற்றும் இடது கை வலித்தல், அதிகமாய் வியர்த்தல், மூச்சுத் திணறல், மயக்கம் போன்ற அறிகுறிகள் இருந்தால் அது மாரடைப்பின் இரண்டாம் நிலையாகும். இதை உடனே கவனிக்க வேண்டும். இல்லையெனில் அதுவே உயிருக்கு ஆபத்தாகி விடும்.

271) யாரும் திடீரென பேச்சு மூச்சின்றி மயங்கி விழுந்து விடுவார்கள், உடலில் எந்த அசைவோ, சுய நினைவோ இருக்காது. அப்போது அவர்களின் கன்னத்தை லேசாகத் தட்டி சுய நினைவை பெறுகிறாரா என்று கவனிக்க வேண்-டும். இதயத்தில் காதை வைத்து கேட்கும்போது, 'லப்டப்' சப்தம் சில வினாடிகள் இல்லாவிட்டால், அவரின் மார்பின் நடுப்பகுதியில், மார்பெலும்புகள் முடிவடையும்

இடத்தில் நம் இரண்டு உள்ளங்கைகளையும் ஒன்றன்மீது ஒன்றாக வைத்து ஒரு நிமிடத்திற்கு 30 முறை என்ற அளவில் அழுத்திவிட வேண்டும். பிறகு அவர் வாயில் நம் வாயை வைத்து வேகமாக காற்றை ஊத வேண்டும். இப்படிச் செய்யும் முறைகளை சி.பி.ஆர். முதலுதவி (Cardiopulmonary Resuscitation-CPR) என்பார்கள். முதலுதவிக்குப் பின் எப்படியாவது உடனே தகுந்த மருத்துவமனைக்கு கொண்டு செல்ல வேண்டும்.

272) கும்பலாக கூடி நின்று, 'யாராவது சோடா வாங்கிட்டு வாங்கலேன் என்றெல்லாம் சொல்லி ஒரு களேபரத்தை உண்டாக்கி காற்றைக்கூட வர விடாமல் 'அளப்பரை' யெல்லாம் கூடாது. எக்காரணத்தைக் கொண்டும், சோடா தண்ணீர் போன்ற பானங்களை அருந்தத் தரக்கூடாது. அப்படிச் செய்தால், தண்ணீர் மற்றும் இதர பானங்கள் அவரின் நுரையீரலுக்குள் சென்று, மேலும் சிக்கலை பெரிதாக்கி விடும்.

273) பெண்களுக்கு 'ஹார்மோன் பாதுகாப்பு' இருப்பதால், இளம் வயதில் இதய நோய்கள் ஏற்படுவதில்லையாம். பீரியட் நின்ற பிறகு உள்ள 'மெனோபாஸ் (Menopause)' க்குப்பிறகு உயர் இரத்த அழுத்தம், சர்க்கரை நோய் போன்ற காரணங்களால் 40 வயதைத் தாண்டியவர்களுக்கு இதய நோய் வர வாய்ப்பிருக்கிறதாம்.

274) இதயத்திற்கான இ.சி.ஜி. பரிசோதனையில் மாற்றங்கள் தெரிந்தால், 'ட்ரெட்மில் டெஸ்ட் (TMT)' மூலம் இதய குழாய்களில் அடைப்பு இருக்கிறதா என்பதைக் கண்டறியலாம். 'ட்ரெட்மில்'லில் நோயாளியை முதலில் குறைந்த வேகத்தில் நடக்க வைப்பார்கள். படிப்படியாக வேகத்தை அதிகரித்து ஓட வைப்பார்கள். 5 முதல் 10 நிமிடங்கள் வரை செய்யப்படும் பயிற்சியின்போது, கைகள், கால்கள், மார்புப்பகுதி என பல இடங்களில் இ.சி.ஜி பொருத்தப்பட்டு, அதன் மூலம் கிடைக்கும் சிக்னல்களை கம்ப்யூட்டர் உதவியுடன் ரெக்கார்ட் செய்யப்படுகிறது. எந்த நேரத்தில் நோயாளியால் நடக்க முடியவில்லை, எப்போது எந்த பொசிசனில் நெஞ்சு வலி வருகிறது என்பதையெல்லாம் கவனித்து அதற்கான சிகிச்சை முறைகள் பரிந்துரைக்கப்படுகிறது.

275) இதய அறைகள் மற்றும் இதய தசைகளுக்கு ரத்தம் எடுத்துச்செல்லும் ரத்தக் குழாய்களைப் பரிசோதிப்பதற்கும், இதய அறைகள் நல்ல முறையில் இருக்கின்றனவா என்பதை அறிவதற்கும், இதயத்தின் எந்த பாகம் மாரடைப்பால் பாதிக்கப்பட்டுள்ளது என்பதைத் துல்லியமாக அறிந்து கொள்வதற்கும் எடுக்கப்படும் ஒரு வகை எக்ஸ்ரே டெஸ்ட்டுக்கு 'கொரனரி ஆஞ்சியோகிராம் (Coronary angiogram)' என்று பெயர். ரத்தக் குழாய்களில் எத்தனை அடைப்பு எந்த அளவிற்கு உள்ளது. பலூன் வெடிப்பு சிகிச்சை மூலம் சரி செய்ய முடியுமா என்கிற சமாச்சாரங்களை முடிவு செய்வதற்கு இத்தகைய டெஸ்டுகள் உதவுகிறது.

276) மெல்லிய நன்கு வளையும் தன்மையுள்ள நீளமான ஸ்பெஷல் பிளாஸ்-
டிக் டியூப்களை, வலது கையின் மனிக்கட்டில் உள்ள இரத்தக் குழாய் மூலமா-
கவோ, வலது அல்லது இடது பக்கத் தொடைகளின் மேல்பகுதியிலுள்ள இரத்தக்
குழாய்களின் வழியாகவோ மெதுவாக செலுத்தப்பட்டு, அதன் நுனிப்பகுதி இதயத்-
தின் இரத்தக் குழாய்களுக்கு எடுத்துச் செல்லப்படுகிறது. இந்தக் குழாய் வழியாக,
எக்ஸ்ரே மூலம் பார்க்கக் கூடிய ஒருவித கெமிக்கலானது இதயத்தின் இரத்தக்
குழாய் வழியாக செலுத்தப்பட்டு அதன் தன்மையை முழுமையாக பரிசோதிக்க
முடியும். இந்த டெஸ்டானது மயக்க மருந்து இன்றியும், வலியின்றியும் செய்யப்ப-
டுகிறது.

277) ரயில் பாதையை குறுக்காக கடக்க வேண்டுமென்றால், ரயில் அங்கி-
ருந்து கடந்த பிறகு, கேட்கீப்பர் கதவைத் திறந்து வழிவிட்ட பிறகுதான் போக
வேண்டும். இதுவே தண்டவாளத்தைக் குறுக்கே கடக்காமல் அதன்மேல் மேம்பா-
லம் அமைத்துவிட்டால், எந்தவித சுனக்கமோ, டிஸ்டர்பன்ஸோ இல்லாமல் ஈஸி-
யாக கடந்து செல்லலாம். இதுபோல்தான், இதயத் தமனியில் நீக்க முடியாத
அடைப்பு ஏற்பட்டால், புதிதாக வேறு தமனிக் குழாய் மூலம் மாற்றுப்பாதை ஏற்-
படுத்தி, ரத்த ஓட்டத்தை சீரமைப்பதாகும். ரத்தக் குழாயின் ஒரு முனை, மகா
தமனியிலும் மற்றொரு முனை பழுதடைந்த தமனியில் அடைப்பைத்தாண்டி நல்ல
பகுதியிலும் இணைக்கப்படும். இதனால் இரத்த ஓட்டம் நல்ல நிலைக்குத் திரும்-
பும். இதைத்தான் 'பைப்பாஸ் அறுவை சிகிச்சை (Bypass surgery)' என்கிறார்-
கள்.

278) 'பைப்பாஸ் சர்ஜரி' யின் போது நோயாளிக்கு மயக்க மருந்து கொடுத்து
நெஞ்சின் மைய எலும்பை இரண்டாகப் பிளந்து இதயத்தை வெளிக்கொணர்ந்து
தேவையான சிகிச்சைகளைச் செய்வார்கள். அப்போது இதயத் துடிப்பு நிறுத்தப்-
பட்டு, இதயமானது குளிர்விக்கப்பட்டு ரத்தத்தை சுத்திகரிக்கும் ஒரு ஸ்பெஷலான
கருவியில் இணைக்கப்படும். இதயம் அப்போது மெஷினின் உதவியுடன் இயங்-
கிக் கொண்டிருக்கும். பின்னர் நெஞ்சின் பின் பகுதியிலிருந்தும், தொடையிலி-
ருந்து இரத்தக் குழாய் பிரித்து எடுக்கப்பட்டு, இதயத் தமனியின் அடைப்புக்குப்பின்
வைத்துத் தைக்கப்படும். அறுவை சிகிச்சை முடிந்தபின், இதயத்திற்கு எலெக்ட்ரிக்
ஷாக் கொடுத்து தற்காலிகமாய்த் தூங்கும் இதயம் உயிர்ப்பிக்கப்படும். தற்காலத்-
தில் நெஞ்சைப் பிளக்காமல் 'நுண்துளை பைப்பாஸ் அறுவை சிகிச்சை (Keyhole
bypass surgery)' முறைகள் வந்துவிட்டன.

279) இதய நோய்கள் வராமல் தடுக்க சில வழிகள்: அதிக உடல் எடை
குறைத்து, ரத்தத்தில் உள்ள கொழுப்பு மற்றும் சர்க்கரை அளவை அளவுடன்
வைத்திருக்க வேண்டும். இதற்கு உணவுக் கட்டுப்பாடு ரொம்ப அவசியம். பலரின்
வாழ்க்கை முறை அவர்களின் மன அழுத்தத்திற்கு முக்கிய காரணமாகிறது. இது

இதய நோய்கள் வருவதற்கு முக்கிய காரணமாகிறது. 'நமக்கு அளந்தது, நம் வாழ்வில் கிடைத்துவிடும்' என பலமாய் நம்புவதின் மூலம், மன அழுத்தமின்றி நிம்மதியாய் வாழலாம்.

280) ஒட்டகைச் சிவிங்கியின் இதயம் சுமார் 11.34 கிலோகிராம் எடையு- டையது. அது நிமிடத்திற்கு சுமார் 150 முறை துடிக்குமாம். மனித இதயத்தை- விட கிட்டத்தட்ட 40 மடங்கு எடையுடையது. அதன் கழுத்துக்கும் இதயத்திற்கும் இடையே 6 அடி தூரம் இருப்பதால், இரத்த ஓட்டம் தாமதமாகாமல் இருக்கவே இவ்வளவு பெரிய இதயம் அதற்கு. நமது உடலின் இரத்த ஓட்டத்தைவிட இரு மடங்கு வேகமாக நடக்கிறதாம்.

281) சிங்கத்தின் இதயம் மிகச் சிறியதாம். சிங்கம் ஒரு நாளைக்கு சுமார் 20 மணி நேரம் தூங்குமாம்.

282) 'என் உயிர் மூச்சு உள்ளவரை', 'மூச்சுக்கு முன்னூறு தரம்' உன்னைப் பற்றித்தான், 'மூச்சுப் பேச்சின்றி' கிடந்தான், 'நீதானே என் ஸ்வாசக்காற்று' எனும் அன்றாட வார்த்தைகளுக்கான ஹீரோ நமது நுரையீரல்தான். நுரையீரல் என்பது உயிரினங்கள் மூச்சு விடும்போது மூச்சுக்காற்றை உள்ளிழுத்து வெளியிடும் உடல் உறுப்பாகும். அப்போது காற்றிலுள்ள ஆக்ஸிஜனை உட்கொண்டு, கார்பண்டை ஆக்ஸைடை வெளியிடுகிறது.

283) மொத்த நுரையீரலின் கொள்ளளவு சராசரியாக 6 லிட்டர். ஒருமுறை மிகவும் இழுத்து மூச்சு விடும்போது உள்புகும் காற்றின் அளவு 5 லிட்டர். எப்- போதும் அதன் உள்ளே 1 லிட்டர் காற்று இருந்து கொண்டிருக்கும். நாம் ஒரு நாளைக்கு சராசரியாக 22,000 முறை மூச்சு விடுகிறோம். ஒரு நாளைக்கு சுமார் 225 கனமீட்டர் (2,25,000 லிட்டர்) காற்றை உள்ளிழுத்து வெளியிடுகிறோம். இவ்வளவு காற்று இலவசமாய் கிடைப்பதென்பது நம்மைப் படைத்தவனின் கிரு- பையே. மூச்சை நிதானமாய் உள்ளிழுத்து வெளியிடுவது நல்லது.

284) நம் மூளையிலுள்ள முகுள (Spinal)ப்பகுதிதான் நமது சுவாசத்தை நிமிடத்திற்கு 18 முதல் 20 வரை இயங்கும்படி சீராக வைக்கிறது.

285) நுரையீரலைச் சுற்றி வெளிப்படலம், உட்படலம் என 2 உறைகள் உள்ளன. அவற்றுக்கிடையே 'ஃப்ளூரல்' என்கிற திரவம்தான் சுவாசத்தின் போது, நுரையீரல்களின் அசைவினால் ஏற்படும் உராய்வைத் தடுத்து ஸ்மூத்தாக இயங்க உதவுகிறது.

286) இருமல், சளி, மூச்சுத்திணரல், நெஞ்சு வலி, இருமலுடன் இரத்தம் வருதல், இளைப்பு போன்றவை இருப்பது நுரையீரல் பாதிப்புக்கான அறிகுறிகளா- கும். இவை இரண்டு வாரங்களுக்கு மேல் தொடர்ந்தால் காச நோய் அல்லது ஆஸ்துமா ஏற்பட்டிருக்க வாய்ப்புள்ளதாக அறியலாம்.

287) நுரை ஈரல் சார்ந்த நோய்களுக்கு முதன்மைக் காரணமாய் இருப்பது, புகை பிடித்தலே. 'மார்க்கோபோலோ' என்கிற சிகரெட் கம்பெனியின் முதல் உரிமையாளர், நுரை ஈரல் புற்று நோய் தாக்கித்தான் இறந்து போனராம். தன் வினை தன்னையே சுட்டது.

288) 'பிராங்கோஸ்கோப்பி (Bronchoscopy)' எனும் அதிநவீன சிகிச்சை சாதனம், நுரையீரல் பாதிப்புகளைக் கண்டறிந்து சிகிச்சை அளிக்க பெரிதும் உதவுகிறது. இதன் மூலம் நுரையீரல் புற்று நோய், இண்டஸ்ட்ரியல் நுரையீரல் நோய்கள், நுரையீரலில் அந்நிய பொருட்கள் இருப்பதை கண்டறிந்து சிகிச்சை அளிப்பதில் பெரும்பங்காற்றுகிறது.

289) நமது நுரையீரல், மூச்சுப் பரிமாற்றம் நடப்பதற்கு உதவுவதோடு, இதயத்திற்கு இருபக்கப் பாதுகாப்பளித்து இதயத்தை அதிர்வுகளிலிருந்து பஞ்சு மெத்தை போல் பாதுகாக்கிறது. மேலும் சிரைகளில் ஏற்படும் இரத்தக் கட்டுகளை பிற பகுதிகளுக்குச் செல்லாமல் தடுத்தும், சில முக்கிய தேவையான வேதிப்பொருட்களை உற்பத்தி செய்தும், வேறு சில வேண்டாத வேதிப் பொருட்களை செயலிழக்கச் செய்தும் நம்மை பாதுகாக்கிறது.

290) வலது நுரையீரல் மூன்று பாகமாகவும், இடது நுரையீரல் இரண்டு பிரிவாகவும் உள்ளது. அதில் மூச்சுக் குழாய்கள் பல நுண் கிளைகளாகப் பிரிந்து, 'அல்வியோல் (Alveoli)' எனப்படும் மில்லியன் கணக்கான நுண் காற்றறைகளில் முடிகிறது.

291) நுண் காற்றறைகளில்தான் மூச்சுப் பரிமாற்றம் நடக்கிறது. மிக மென்மையான தசைகளைக் கொண்ட இவ்வறைகளில் பல நுண்ணிய இரத்தக் குழாய்கள் இருக்கின்றன. தமனி மூலமாக இங்கு வரும் இரத்தத்தில் கார்பன்டை ஆக்சைடை வெளியேற்றி ஆக்சிஜனை ஏற்றுக்கொண்டு, நுரையீரல் சிரைகள் மூலம் சுத்த இரத்தம் உடல் முழுக்கப் பாய்கிறது.

292) நுரையீரல் ரொம்ப செ்சிடிவ். அதில் சுரக்கும் சளி போன்ற லிக்யூட் சில தூசிகளை அகற்றி வெளியேற்றும். அப்போது தூசுகளைக் கொண்ட மியூக்கசை சிறிது விழுங்கியும் விடுகிறோம். உடல்நிலை சரியில்லாமல் போனால் மட்டுமே அவை சளியாக மூக்கின் வழியாக வெளியேறும். மூக்கிலுள்ள மயிர்கள் கூட தூசுகளை வடிகட்டும். அதையும் தாண்டி ஏதேனும் தூசுகள் உள்ளே நுழைந்தால், இருமல் மற்றும் தும்மல் வழியாக வெளியேறிவிடும்.

293) மூலிகைப் பொக்கிஷமான பூண்டு, உடலின் கெட்ட கொழுப்பைக் கரைத்து நுரையீரல் புற்று நோய் வராமல் தடுக்குமாம். இதிலுள்ள 'அலிசின்' சத்தானது நேச்சுரல் ஆண்டிபயாட்டிக். இது பாக்டீரியா மற்றும் பூஞ்சை தொற்றிலிருந்து நுரையீரலைக் காக்கும்.

294) ஒரு பவர்ஃபுல் ஆண்டி ஆக்சிடண்ட்டான இஞ்சி, நுரையீரலில் படிந்-திருக்கும் கழிவுகளை அகற்ற வல்லது. நூரையீரலின் வீக்கத்தைக் குறைத்து, அதி-லுள்ள மியூக்கஸ் எனும் திரவத்தையும் குறைத்து. சீரான, சுகமான ஸ்வாசம் கிடைக்கும். ஆஸ்துமா நோயாளிகளுக்கு ஒரு அருமருந்து.

295) நுரையீரலின் சீரான இயக்கத்திற்கு வைட்டமின்-C ரொம்ப உதவும். நெஞ்சக நோய்களின் வீரியத்தைக் குறைக்க இது பெரிதும் உதவுகிறது. ஆரஞ்சு, எலுமிச்சை, மாதுளை, கிவி மற்றும் ஆப்பிள் போன்ற பழங்களில் வைட்டமின் சத்துக்கள் நிறைந்துள்ளதால் இவைகளை நூரையீரலின் நண்பர்கள் எனலாம்.

296) தும்மல் அது ஒரு வரம். காற்று தவிர வேறு அந்நிய பொருட்கள் மூக்கினுள் நுழைந்தால், போடா வெளியே' என எச்சரித்து அதை அனுமதிக்க மறுக்கிறது நமது மூக்கு. அதற்கான அனிச்சை செயல்தான் தும்மல்.

297) மூக்கில் ஒரு மென்மையான ஒரு சவ்வுப்படலம் உள்ளது. இது ஒரு நிறமற்ற திரவத்தை சுரக்கிறது. அளவுக்கு அதிகமான தூசியோ, துகளோ மூக்கில் நுழைந்து விட்டால், இந்த சவ்வுப் படலம் தூண்டப்பட்டு அதிக அளவில் நீரைச் சுரக்கிறது. இதன் தூண்டுதலால் நுரையீரல், தொண்டை, வாய் மற்றும் வயிற்-றுத் தசைகள் கூட்டணி சேர்ந்து மூச்சுப் பாதையிலுள்ள காற்றை அழுத்தமாகவும் வேகமாகவும் மூக்கு வழியாக வெளித் தள்ளுகின்றன. இப்படித்தான் தும்மல் ஏற்-படுகிறது.

298) ஒரு தும்மலின் வேகம் மணிக்கு சுமார் 160 கிலோமீட்டர் என கணக்-கிட்டுள்ளனர். தும்மலின் தூரத்தை நவீன கேமராக்கள் மூலம் படம்பிடித்துள்ளனர். அது சுமார் 25 அடி தூரம் வரை பயணிக்கும் என்கிறார்கள். ஒற்றைத் தும்மலில் சுமார் ஒரு லட்சம் கிரிமிகளை நீங்கள் காற்றுக்குள் அனுப்பலாம். தும்மும்போது கர்ச்சிஃப் போன்ற துண்டுகளை வைத்துக் கொள்வது நல்லது. தும்மலில் இத்தனை விஷயங்களா!.

299) நாம் ஒவ்வொரு முறை தும்மும்போதும் ஒரு மைக்ரோ செகெண்ட் நமது இதயம் துடிப்பதை நிறுத்துகிறது என்ற ஆராய்ச்சி முடிவுகள் வந்துள்ளது. தும்மல் முடிந்ததும் அது மீண்டும் துடிக்க ஆரம்பிக்கிறது. தும்மல் என்பது 'ச்சீயல்ல' அது ஒரு 'சுகம்'. ஆதலால் தும்மல் வந்தபின் சுகமளித்த இறைவனைப் புகழ்வோம்.

300) தும்மலை முழுவதுமாகத் தடுக்க முயற்சிக்கக் கூடாது. இது உங்கள் கண்களில் இரத்த நாளங்கள் உடைதல், மூளையில் இரத்த நாளங்கள் பலவீனம-டைதல், செவிப்பறை கிழிதல் அல்லது சவ்வில் பல சிக்கல்களை ஏற்படுத்திவிட-லாம்.

301) மனிதனின் மார்புக்கூட்டின் வலது கீழ்புறத்தில், நெஞ்சரையையும் வயிற்-றையும் பிரிக்கும் இடத்தில் அமைந்த சுமார் 1.5 கிலோ கிராம் எடை கொண்ட பெரிய உள்ளுறுப்பே 'கல்லீரல் (Liver)' ஆகும். இது உடலின் உள்ளியக்கத்திற்-

குத் தேவையான பற்பல வேதிப் பொருட்களை தயாரித்துத் தருவதில் பெரும்பங்கு வகிப்பதால் இதனை 'உடலின் வேதியியல் தொழிற்சாலை' என்று கூட அழைக்கலாம்.

302) கல்லீரலானது, மனித உடலிலேயே அதிக எடையுள்ள உள்ளுறுப்பு சுரப்பியாகும். செரித்த உணவை சிறிதளவு இரத்தத்திலிருந்து எடுத்துச் சேமித்து வைத்துக் கொண்டு, பின்னர் தேவையான போது இரத்தத்திற்கு வழங்கும் எமர்ஜென்சி வேலையையும் இந்தக் கல்லீரல் செய்கிறது. உணவைச் செரித்து, ஆற்றலை உருவாக்கவும், சுரப்பிகளை செயல்பட வைக்கவும், காயங்களை ஆற்றும் வகையில் இரத்தத்தை உறைய வைக்கத் தேவையான புரதங்களையும், என்சைம்களையும் உற்பத்தி செய்வதிலும் கல்லீரல் உதவுகிறது.

303) உடல் நலக்குறைவு, வாந்தி, மயக்கம், களைப்பு, எடை குறைதல் போன்ற காரணங்களாலும் மற்றும் வாய் துர்நாற்றம், செரிமானப் பிரச்சினைகள், வெளுத்த சருமம், அடர்த்தியான சிறுநீர், மஞ்சள் நிறக்கண்கள் (மஞ்சள் காமாலை — ஹெபடைட்டிஸ்), கல்லீரல் புற்று போன்றவைகளால், கல்லீரலில் ஏதோ பாதிப்பு ஏற்பட்டுள்ளது என்பதை அறியலாம். இதில் பாதிப்பு ஏற்பட்டால் அதைத்தொடர்ந்து மற்ற உடல் உறுப்புக்களும் படிப்படியாக செயலிழக்க ஆரம்பித்து விடும். மிகவும் கவனம் தேவை.

304) மது அருந்துதல், கொழுப்புக்கள் மிகுந்த துரித உணவுகள் (Fast food), தூய்மையற்ற நீர், அதிக உடல் எடை மற்றும் பருமன், சர்க்கரை நோய், உடல் டென்ஷன், இரத்தம் பெரும்போது நோய் தொற்று உண்டாகுதல் போன்றவைகள், கல்லீரல் நோய்கள் உண்டாகக் காரணமாகின்றன.

305) நவீன மருத்துவத்தில் கல்லீரல் மாற்று அறுவை சிகிச்சை பிரபலமாகி வருகிறது. கல்லீரல் முழுமையாக பாதிக்கப்பட்ட நோயாளிகளுக்கு கல்லீரல் மாற்று அறுவை சிகிச்சையும் செய்யலாம்.

306) ஸ்டெம் செல்கள் மூலம் கல்லீரலை உருவாக்கி, மருத்துவர்கள் சாதனை படைத்துள்ளனர். இதன்படி, ஏற்கனவே இருக்கும் கல்லீரலில் 'புளுரிபொடெண்ட்' எனும் வஸ்த்துவில் ஸ்டெம் செல்களை செலுத்தி புதிய கல்லீரலை வளர செய்திருக்கிறார்கள்.

307) 'விந்தணு (Sperm)' என்பது, ஆண் இனப்பெருக்க அணுவாகும். ப்ராஸ்டேட் சுரப்பி (Prostate gland) யிலிருந்து வரும் திரவம் 98%ம், விந்தணுக்கள் 2%ம் கலந்து ஆண்குறியில் இருக்கும் விந்து கொள்பையில் சேகரிக்கப்படுகின்றன.

308) விந்தணுவிற்கு தலை, உடல், வால் என மூன்று பகுதிகள் உள்ளன. வால் பகுதியின் உதவியுடன் பெண்ணின் இனப்பெருக்க உறுப்பினுள் நீந்திசென்று கருமுட்டையுடன் இணைந்து கருவுருதல் நடைபெறுகிறது.

309) ஒருமுறை வெளியேற்றப்படும் விந்தின் அளவு 2 ml முதல் 6 ml வரை இருக்குமாம். ஒருமுறை வெளியேற்றப்படும் விந்துவின் 1 ml லில் சுமார் 40 மில்லியன் முதல் 600 மில்லியன் விந்தணுக்கள் இருக்குமாம். வாழ்நாளில் ஒரு ஆண் வெளியேற்றும் விந்தின் அளவு சராசரியாக 17 லிட்டர். வாழ் நாளில் ஒரு மனிதன் சராசரியாக விந்து பாய்ச்சும் எண்ணிக்கை 5,000 முறைகள்.

310) விந்துவின் ஆயுட்காலம் அது உற்பத்தியானதிலிருந்து பாய்ச்சப்படும் வரையுள்ள காலம் இரண்டரை மாதங்கள். பாய்ச்சப்பட்ட விந்தின் ஆயுட்காலம் 30 நொடியிலிருந்து ஆறு நாட்கள் வரை. விந்து கருமுட்டையுடன் இணைந்து கருக்கொள்வதற்காக பயணிக்கும் தூரம் 7.5 — 10 செண்டிமீட்டர்.

311) தற்போது உலக நாடுகளின் பலவற்றில் ஆண்களின் விந்தணுக்களின் எண்ணிக்கை கணிசமான அளவில் தொடர்ந்து குறைந்து வருகிறதாம் என அதிர்ச்சி ரிப்போர்ட் வெளியாகிறது. 1 ml விந்தில் 1.5 மில்லியன் முதல் 3.9 மில்லியன் வரை இருப்பது இயல்பானது என்கிறது உலக சுகாதார அமைப்பு. இரவில் சீக்கிரமே படுக்கைக்கு போயிடுங்க, உங்கள் விந்தணுக்கள் ஆரோக்கி-யமாக இருக்கும். மேலும் இரவு 8 மணியிலிருந்து 10 மணிக்குள் சுறுசுறுப்பாய் இருக்குமாம். ஆனால் நல்லிரவு தாண்டி தூங்கச் செல்லும்போது விந்தணுக்கள் எண்ணிக்கையில் குறைந்து டயர்டாகி விடுமாம் என்கிறது அந்த ஆய்வு.

312) ஒரு நாளைக்கு ஆறு மணி நேரத்திற்குக் குறைவாகத் தூங்குவதாலும், விடிந்தும் அதிக நேரம் படுக்கையில் கிடக்கும் நிலைமையும் விந்தணு உற்பத்திக்கு குந்தகம் ஏற்படுத்துமாம். ஏனெனில் அவர்களின் உடலில் நோய் எதிர்ப்பு அமைப்-பிலிருந்து உருவாகும் ஒருவகைப் புரதமானது ஆரோக்கியமான விந்தணுக்கள் மீது தீவிரமாய் செயல்பட்டு நல்ல விந்தணுக்களை சாகடித்து விடுமாம்.

313) விந்து உற்பத்தி தொடர்ந்து தடைபடும்போது, ஆண்மைக்குறைவு முதல் மலட்டுத்தன்மை வரையான கோளாறுகள் வந்துவிடும். ஆகவே ஆரோக்கியமான விந்தணுவை உற்பத்தி செய்யக்கூடிய உணவுகளான சிவப்பு இறைச்சி, கடற்சிப்பி-கள், நண்டு, மீன், நாட்டுக்கோழி, சால்மன், டூனா, மாட்டின் கல்லீரல், முட்டை போன்ற zinc மற்றும் வைட்டமின் D சத்துக்கள் நிறைந்த உணவுகளை சாப்பிடு-வது, நல்ல விந்து உற்பத்திக்கு ஏற்றது.

314) வைட்டமின் B யில் உள்ள ஃபோலேட் ஊட்டச்சத்துக்களைக் கொண்ட முளைகட்டிய தானியங்கள், அஸ்பாரகஸ், பச்சைக் காய்கறிகள், முளைக்கீரை, பாதாம், பிஸ்தா, வால்நட்ஸ், சியா விதைகள், ஆளிவிதைகள், சோயா பீன்ஸ், வெந்தயம், அமுக்குரா கிழங்கு போன்றவை ஆரோக்கியமான விந்தணுவை அதி-கம் உற்பத்தி செய்ய உதவும்.

315) விந்தணு பரிசோதனை செய்ய வேண்டுமெனில், விந்து செம்பில் எடுத்து உடனே கொடுக்க வேண்டும். இதற்கு மருத்துவமனையில் தரப்படும் ரூமிலோ,

பாத்ரூமிலோ சென்றுதான் சேம்ப்பில் எடுக்க வேண்டும். இது ரொம்ப சிக்கலும், சங்கோஜமும் நிறைந்ததாக இருப்பதால், இதில் பல தொல்லைகள் இருக்கிறது. கவலை வேண்டாம். இதுபோன்ற சிக்கலைத் தீர்க்க, மெடிக்கல் எலெக்ட்ரானிக்ஸ் சிஸ்டம் என்ற கம்பெனி, கையடக்கமான Yo- என்கிற சாதனத்தை உருவாக்கியி-ருக்கிறது.

316) Yo என்ற டெஸ்டிங் மெஷினை வைத்து, விந்தணுக்களின் நீந்தும் வேகம், அடர்த்தி மற்றும் விந்தணுக்களின் எண்ணிக்கையை நாமே வீட்டிலி-ருந்துகொண்டே பார்த்துவிடலாம். இந்த சாதனத்தில் விந்துத்துளியின் சாம்-பிலை வைத்து நமது ஸ்மார்ட் ஃபோனின் மொபைல் கேமராவுடன் இணையுமாறு பொருத்தினால், விந்தின் தன்மையை உங்கள் ஸ்மார்ட் ஃபோன் ஸ்க்ரீன் காட்டி-விடும். வெரி ஈஸி ஜாப்.

317) அமெரிக்காவில் மருந்துப் பொருட்கள் தயாரிக்கும் ஒரு நிறுவனத்தில் இரு ஆராய்ச்சியாளர்கள் சேர்ந்து, இதயத் தமனியை விரிவடையச் செய்வதற்கான மாத்திரை ஒன்றைக் கண்டுபிடித்தனர். பரிசோதனை முறையில் அதை நோயா-ளிக்குக் கொடுத்தபோது, இதயத் தமனி பெரிதாக விரிவடைந்து ரத்த ஓட்டம் நன்றாக இருந்த அதே வேளையில், ஒரு அதிர்ச்சியான தகவலாக அவரின் ஆணுறுப்பு பல மணி நேரம் நல்ல விரைப்புத் தன்மையுடன் இருந்ததைக் கண்டு ஆச்சரியமடைந்தனர். அந்த மாத்திரைக்கு 'வயாகரா (Viagra)' என்றும் பெய-ரிட்டனர். எந்த நோக்கத்திற்கு கண்டுபிடிக்கப்பட்டதோ, அதைவிட, 'அந்த விஷ-யத்திற்கு' ரொம்பவும் பயன்படுகிறதாம்.

318) வயாகரா ரத்தத்தில் கலந்ததும், நைட்ரிக் ஆக்ஸைடானது CBMP எனும் வேதிப் பொருளை அதிக அளவில் உற்பத்தி செய்து, ஆண்குறியின் சுருக்-கத்துக்குக் காரணமான PDES எனும் நொதிப்பொருள் உற்பத்தியாவதைத் தடுக்-கிறது. இதனால் ரத்த நாளங்களில் அடைப்பு நீக்கப்பட்டு, விறைப்புத் தன்மையை பெருகிறது.

319) 'வயாகரா' என்பது, பாலுணர்வைத் தூண்டும் ஒரு வகை மாத்திரை என்று மட்டும் பலர் நினைக்கின்றனர். அதையும் தாண்டி மருத்துவத்தில் நிறைய பயன்கள் உள்ளதாம். குறிப்பாக இதயம், நுரையீரல் போன்றவற்றைப் பலப்படுத்த உதவுகிறது. பெண்களுக்கு மாதவிடாய்க் காலத்தில் ஏற்படும் கடுமையான வலி-யைக் குறைப்பதற்கும் இம்மாத்திரைகளை சில மருத்துவர்கள் பரிந்துரைக்கிறார்கள். மருத்துவரின் பரிந்துரை இல்லாமல் இவ்வகை மாத்திரைகளை பயன்படுத்துவது சில நேரங்களில் ஆபத்தாய் முடிந்து விடும்.

320) ஆண் இனவிருத்தி உறுப்புகளில் முக்கிய பங்கு வகிப்பது 'ப்ராஸ்டேட் சுரப்பி'யாகும் (Prostate gland). இது சிறுநீர்க் குழாயைச் (Urethra) சூழ்ந்-திருப்பதால், இந்திரியத்தின் பெரும்பான்மையான திரவம் இதிலிருந்துதான் வருகி-

றது. ஆண்மைத் தன்மையைக் காட்டும் 'உறுப்பு விரைப்பில்' இந்த சுரப்பியானது முக்கிய பங்கு வகிக்கிறது.

321) சாதாரணமாக 50 வயதுக்கு மேற்பட்டவர்களுக்கு 'ப்ராஸ்டேட் சுரப்பி'யின் வீக்கம் (Benign Prostatic Hyperplasia-BPH) வருவதற்கு வாய்ப்புகள் உண்டு. ஹார்மோன்களின் ஏற்றத்தாழ்வால் இதில் வீக்கம் ஏற்படலாம்.

322) ப்ராஸ்டேட் சுரப்பி வீங்குவதால், மூத்திரக் குழாய் நெருக்கப்பட்டு, அதன் குறுக்களவு குறைந்து, சிறுநீர் கழித்தலில் சிரமம் ஏற்படுகிறது. மேலும் இரவில் அடிக்கடி சிறுநீர் கழித்தல், அதை கழித்த பின் சொட்டு சொட்டாக ஒழுகு-தல், மிகத் தாமதமாகவும், வேதனையோடும் சிறுநீர் போகுதல் மற்றும் சிறுநீரு-டன் இரத்தம் வடிதல் போன்ற காரணங்களால் இச்சுரப்பியானது வீக்கம் அடைந்-துள்ளது என அறியலாம். பிரச்சினையின் ஆரம்பத்திலேயே சிகிச்சை எடுத்துக் கொள்வது நல்லது.

323) 'கர்ப்பப்பை (Uterus or womb)' இது பெண்மையின் தனித்துவம். அவள் வாங்கி வந்த வரம். மிக முக்கிய பெண் இனப்பெருக்க உறுப்பாகும். இதன் ஒரு முனையான கருப்பை வாயானது 'புணர்புழை'யுடனும், மறுமுனைப் பகுதி '::பெல்லோப்பியன் குழாய்'களுடனும் இணைக்கப்பட்டிருக்கிறது.

324) நோய்த்தொற்று இல்லாமல் கர்ப்பப்பையை பாதுகாப்பது ரொம்ப அவசி-யம். அதிக உடல் எடையினால், கொழுப்புகள் அழுத்துவதாலும், ஆஸ்துமா, தொடர் இருமல், மலச்சிக்கல், பிரசவத்தின்போது குழந்தையின் எடை அதிகமாவ-தாலும், இடைவெளி இல்லாமல் அடிக்கடி தாய்மை அடைவதும் சிலருக்கு கர்ப்-பப்பை இறக்கம் என்கிற கோளாறு ஏற்படுகிறது.

325) பெண்களுக்கு ஒரு கர்ப்பப்பை, இரண்டு கருமுட்டை பை (Ovaries), இரு கரு இணைப்புக் குழாய் (Fallopian tubes) போன்றவை உள்ளன. ஒவ்-வொரு மாதமும் 28 நாட்களுக்கு ஒரு முறை மாதவிலக்கு வருமானால், முதல் 4 — 5 நாட்களில் இரண்டு கருமுட்டை பைகளிலும் 3 - 4 முட்டைகள் (Oocytes) வளரத் தொடங்கும். அதில் ஒன்று மட்டும் ராணியாக உருவாகும். அது நன்கு வளர்ந்து 14 ஆம் நாளில் வெடிக்கும். அதிலிருந்து வெளிவருவ-துதான் 'கருமுட்டை'. இது அன்றைய மாதத்தின் அவளின் பொக்கிஷம். இது 16 முதல் 24 மணி நேரம் வரை உயிருடன் இருந்து எதிர்பார்த்துக் காத்திருக்-கும். இந்த பொன்னான நேரத்தில் அது ஆண் விந்துவுடன் இணைந்தால்தான் குழந்தை கருவாக மாறும்.

326) மாத விலக்கு ஏற்பட்ட 14 ஆம் நாள் அல்லது அதற்கு முந்தைய நாள் ஏற்பட்ட உடலுறவின் மூலம் உள்ளே வந்த ஆண் விந்துக்கள் வேகமாய் முன்னேறுகின்றன. மில்லியன் கணக்கான விந்துப்படை வீரர்களில், சுமார் 1000 வீரர்கள் மட்டுமே தடைகளைத் தாண்டி கருக்குழாயில் இருக்கும் பெண்ணின் கரு-

முட்டையை சுற்றி வளைக்கின்றன. அதில் வெளியிடப்படும் சில கெமிக்கள்க-ளின் ஈர்ப்பால் ஒரேயொரு வெற்றி வீரரான விந்தணு, கருமுட்டையை துளைத்து உள்ளே சென்று இணை சேர்ந்து கருவாக உருவாகும். பின்னர் 3 நாட்களுக்குள் அந்தக் கருவை 'சிலியா' எனப்படும் வஸ்து, மெதுவாய் நகர்த்திக்கொண்டு கருப்-பைக்குள் அப்படியே அழகாய் உட்கார வைத்து அழகு பார்க்கும். இதை ஐந்தாம் நாள் கரு என்பார்கள். அது அப்படியே ஒட்டிக்கொண்டு வேர்விட்டு வளர்ந்து தாயின் ரத்தம் அதில் கலக்க ஆரம்பிக்கும். அங்கேயே கரு வளரத் தொடங்கும். அப்புறம் என்ன, அவளின் ரத்தத்தை சோதித்தால், ரிசல்ட் பாசிட்டிவ்தான்.

327) 'ப்ரோளாக்ட்டின் (Prolactin)' மற்றும் 'ஆக்ஸிடோசின் (Oxytocin)' எனும் ஹார்மோன்களின் தூண்டுதலால், குழந்தை பெற்ற தாய்மார்களுக்கு சுரப்-பதே தாய்ப்பாலாகும். குழந்தை பிறந்தவுடன் முதல் முறையாக சுரக்கும் பாலிற்கு, 'கோலோஸ்ட்ரம்-சீம்பால் (Colostrum)' என்று பெயர். இது குழந்தைக்கு நோய் எதிர்ப்பு சக்தியை சரியான விகிதத்தில் கொடுக்கிறது.

328) தாய்ப்பால் என்பது, குழந்தை பிறந்ததிலிருந்து ஆறு மாதம் வரை முழு-மையான உணவாகவும், அதற்குப்பின் இரண்டு ஆண்டுகள் வரை ஊட்டச் சத்-துக்களுடன் தாய்ப்பாலையும் சேர்த்துக் கொடுப்பதானது குழந்தையின் வாழ்வின் அடித்தலமாகக் கருதப்படுகிறது. தாய்ப்பாலானது ஒரு சீரான சத்துக் கலவையுடன் இருப்பதால், அதைக் குடிக்கும் குழந்தைக்கு எந்தப்பிரச்சினையும் வராது. உங்கள் பிள்ளையின் எதிர்காலம் கருதியாவது, தாய்ப்பால் கொடுக்கத் தயங்காதீர்.

329) கருப்பைக்குத் தேவையான அளவிற்கு வெளிப்படும் விந்தின் அளவு இல்லாதபோது 'செயற்கை கருத்தரித்தல் முறையை (Artificial insemination)' மருத்துவர்கள் கையாள்வர். அதன்படி, பெண்ணின் கருப்பைக்குள் ஃபெல்லோப்-பியன் குழாய் வழியாக உங்கள் துணையின் விந்துவை செயற்கை முறையில், அதற்கே உண்டான கருவிகள் மூலம் செலுத்துவார்கள். செயற்கை கருத்தரித்தல் முறை, பல காரணங்களால் எல்லோருக்கும் வெற்றியைத் தருவதில்லை.

330) பெண்ணின் 'ஃபெல்லோப்பியன்' குழாயில் இருக்கும் ஒரு கரு முட்டை-யோடு, ஆணின் உயிரணு சேர்ந்து கருவான உடனே அந்தக் கருவானது எதிர்பா-ராத விதமாக இரண்டாக உடைந்துவிடும். அவை இரண்டும் தனித்தனி கருவாக, செல் பிரிந்து வளர்ந்து ஒவ்வொன்றும் ஒவ்வொரு குழந்தையாக வளர்கிறது. இப்-படிப் பிறக்கும் இரட்டைக் குழந்தைகளை 'யூனியோவுலர் ட்வின்ஸ் (Uniovular twins)' என்கிறார்கள். சின்ன வித்தியாசம்கூட கண்டுபிடிக்க முடியாத வகையில் அச்சு அசலாக இரு குழந்தைகளும் ஒரே மாதிரியாக இருக்கும்.

331) கரு சில சமயம் சரியாக இரண்டாகப் பிரியாமல், லேசாக ஒட்டிய படியே நின்றுவிடும். இப்படிப் பிறக்கும் இரட்டைக் குழந்தைகளை 'சயாமிஸ் ட்வின்ஸ் (Siamese twins)' என்கிறார்கள்.

332) மற்றொரு வகை இரட்டைப் பிரவியில் ஒன்று ஆணாகவும் மற்றொன்று பெண்ணாகவும் பிறக்கும். ஒன்றுக்கொன்று கொஞ்சம் கூட சம்பந்தமே இல்லாமல் பிறக்கும் இரட்டைக் குழந்தைகளைக் 'பைனோவளர் ட்வின்ஸ் (Binovular twins)' என்கிறார்கள்.

333) சிலபல காரணங்களால் ஒரு பெண் கருவை சுமக்க முடியாமல் போகி-றது. கருவானது முழு குழந்தையாக முழு உருவத்தை அடையும் முன்பே, அதா-வது 28 வாரங்களுக்குள் தானாகவோ அல்லது மருத்துவ முறையிலோ தாயை விட்டுப் பிரியும் சோக நிகழ்வுதான் சருச்சிதைவு (Abortion) எனப்படும்.

334) கருப்பையில் கரு சரியாக உருவாவாத நிலை, ஏடாகூடமான கருப்பை பொசிஷன், இரட்டைக் கருப்பைகள் இருப்பது, கருப்பையில் ஃபைப்ராய்டு கட்டி-கள் தோன்றுவது, தொற்று நோய்கள், குறிப்பிட்ட நோய்களுக்கு எடுத்துக் கொள்-ளும் மாத்திரைகள் மற்றும் மனநலக் கோளாறுகள் போன்ற பல காரணங்களால் கருச்சிதைவு ஏற்படுகிறது.

335) கருவுற்ற தாய்க்கு சுமார் 280 நாட்களின் முடிவில் குழந்தை பெறுவதற்-கான 'குத்து' ஏற்படலாம். அதனால் அவள் சிறு அசௌகரியத்தை உணர்வாள். அப்போது கருப்பை விரிய விரிய அங்கேயுள்ள நரம்புகள் முறுக்கப்பட்டு அழுத்-தப்படுவதால் வலி சற்று அதிகமாகக்கூடும். இரண்டு குத்து வலிகளுக்கிடையே உள்ள கால அளவு குறைந்து கொண்டே வந்து, அவை பத்து நிமிடங்களுக்குள் மூன்று முறை என்கிற அளவில் உண்டாகும். இதுவே 'பிரசவ வலி (Labour pain)' எனப்படும். அப்போது பனிக்குடம் உடைய ஆரம்பித்து அதன் திரவம் வெளியேறும்போது அவள் பிசசிவிக்க தயாராகிறாள்.

336) குளோரோஃபார்ம் (Chloroform -CHCl3) ஒரு நிறமற்ற இனிய மணமுடைய திரவமாகும். தண்ணீரைவிட கொஞ்சம் அடர்த்தி கூடுதல். இது 'ட்ரைக்ளோரோ மீத்தேன் (Trichloromethane) 'என்று அழைக்கப்படுகிறது.

337) பல் பிடுங்குதல் முதல் பிள்ளை பெறுதல் வரை, அதிகமான மருத்துவ முறைகளில் அறுவை சிகிச்சை என்பது மிக முக்கிய பங்கு வகிக்கிறது. உங்களின் உடலின் ஏதோ ஒரு பகுதியில் சிகிச்சை செய்வதற்காக அதை மருத்துவர் அறுக்-கும்போது ஏற்படும் வலியை நினைத்து பார்க்கவே பயமாக இருக்கும். இதற்குத்-தான், 'அனஸ்தீசியா (Anesthesia)' எனும் உடலின் பாகங்களை வலியிலிருந்து தேவையான நேரத்திற்கு மறக்கடிக்கச் செய்வதற்கு பயன்படுகிறது. இதில் முக்கிய பங்கு வகிப்பது 'க்ளோரோஃபார்ம்'.

338) 'அனஸ்தீசியா (Anesthesia)' எனும் கிரேக்கச் சொல்லுக்கு 'உணர்ச்சி இல்லாமல்' என்பதாகும். பழங்காலத்தில் கஞ்சா, ஒயின், ஓப்பியம், கோக்கைன், பூஞ்சைக் காளானின் ஸ்போர்கள் போன்ற லாகிரி வஸ்துக்களை நோயாளிக்குக் கொடுத்தோ அல்லது நுகரச் செய்தோ அவர்களை மயக்கமுற்ற நிலைக்குக்

கொண்டுபோய், நோயாளிக்கு வலியின்றி அறுவை சிகிச்சை செய்து வெற்றி கண்-
டிருக்கிறார்கள்.

339) ஆரம்ப காலங்களில் நோயாளிக்கு எந்த இடத்தில் ஆப்பரேஷன் செய்-
வதாக இருந்தாலும், அவரின் முழு உடலையும் மயக்கமுற்ற நிலை அடையச்
செய்த பின்னரே செய்வார்கள். இதனால் பல உடல் சிக்கல்கள் ஏற்பட்டதாம்.
ஆகையால் தற்போது உடலில் எந்த இடத்தில் ஆப்பரேஷன் செய்ய வேண்டுமோ,
அந்த இடத்தை மட்டும் 'அல்ட்ரா ஸ்கேன்' வழியாக நரம்பைக் கண்டறிந்து மயக்க
மருந்து செலுத்தி மரத்துப்போகச் செய்யலாம். இதைத்தான் 'ரீஜினல் அனஸ்தீசியா
(Regional anesthesia)' என்கிறார்கள்.

340) புற்று நோய் முற்றிய நிலையில் இருப்பவர்களுக்கு வலி அதிகமாக
இருக்கும். அவர்களுக்கு, கைகளிலிருந்து, தண்டுவடத்தின் வழியாக மூளைக்கு
வலியானது செல்லும் பாதையில் மட்டும் மருந்தை செலுத்திவிட்டால் அங்கு
செல்லும் வலி தடுக்கப்பட்டு விடும். இதனால் வலியை உணர மாட்டார்களாம்.

341) சிஸேரியன் (Cesarean) செய்யும்போது முதுகுத் தண்டுவடத்தில்
மருந்தை செலுத்தி, வலியில்லாமல் ஆப்பரேஷன் செய்கிறார்கள். இதனால் பிற்-
காலத்தில் முதுகு வலி வருவதாக சில நோயாளிகளால் சொல்லப்படுகிறது.
குழந்தை பெற்ற பிறகு முறையான உடற்பயிற்சிகள் குறைந்து விடுவதால்தான்,
முதுகுவலி வரக் காரணம் என்கிறார்கள் மருத்துவர்கள்.

342) பிரசவத்தின்போது பெண்ணுறுப்பின் வழியாகக் குழந்தை பல காரணங்க-
ளால் வெளிவர முடியாத நிலை ஏற்படும்போதோ அல்லது அப்படி வெளி வருவது
ஆபத்தானதாக ஆகிவிடும் நிலை ஏற்படும்போதோ அடிவயிற்றிலும் கர்ப்பப்பையி-
லும் அறுவை சிகிச்சை செய்து குழந்தை வெளிக்கொண்டு வரப்படுகிறது. இதற்கு
சிசேரியன் என்று பெயர்.

343) 'ஜூலியஸ் சீசர்' என்பவர், சுகப்பிரசவம் இல்லாமல் தன் தாயின்
வயிற்றை கிழித்து வெளியே எடுக்கப்பட்டவர். முதன் முதலில் சுகப்பிரசவம் இல்-
லாமல், ஆப்பரேசன் மூலம் இவர் பிறந்ததனால், இந்த முறைக்கு 'சிசேரியன்'
என்று பெயர் வந்ததாக சொல்வார்கள்.

344) பிரசவத்தின்போது குழந்தை இருக்கும் கீழ்பாகம் தலையாக இல்லாமல்,
முதுகாகவோ, தோளாகவோ மற்றும் பிற பாகங்களாகவோ இருக்கும் நிலையிலும்,
பிரசவ வலியின்போது 'செர்விக்ஸ் (Cervix)' எனும் கர்ப்பப்பையின் வாய்ப்பகுதி
விரிவடையத் தொடங்கும். ஆனால் சிலருக்கு அது முழுவதும் விரிவடையாமல்
நின்று விடும். இதற்கான 'ஆக்ஸிடாசின்' எனும் மருந்து கொடுத்தும் முழுப் பயன்
இல்லாமல் போகும்போதும், சிலருக்கு 'செர்விக்ஸ்' முழுமையாக விரிவடைந்தும்,
முக்கிக் குழந்தையை முழுமையாக வெளித்தள்ள முடியாத நிலை ஏற்படும்போதும்,
குழந்தையின் சைஸ் பெரிதாக இருந்தாலும், குழந்தையின் நாடித்துடிப்பு குறையும்-

போதும், மேலும் பல காரணங்களினாலும், 'சிசேரியன்' ஆப்பரேஷன் பரிந்துரைக்-
கப்படுகிறது.

345) இப்போதெல்லாம் யாருக்கு, 'சிசேரியன்' செய்துதான் குழந்தையை எடுக்க வேண்டும் என்பதை முன்கூட்டியே 'ஸ்கேன்' செய்து பார்த்து சொல்லி விடுகிறார்கள். சிசேரியன் செய்த பிறகு மூன்று ஆண்டுகள் கருவுறாமல் இருப்பது நல்லது. ஒரு தாய்க்கு பெரும்பாலும் மூன்று முறைக்கு மேல் சிசேரியன் செய்வ-தில்லை.

346) உலகில் அதிக அளவில் சிசேரியன் நடக்கும் நாடுகளில் டொமினிக்கன் ரிபப்ளிக், பிரேசில் மற்றும் எகிப்து போன்ற நாடுகள் முன்னணியில் இருக்கின்றன. அங்கு நடக்கும் பிள்ளைப் பேறுகளில் சுமார் 58% சிசேரியன்தானாம். இந்தி-யாவில் இதன் அளவு சுமார் 18%. சிசேரியன் ஆப்பரேசன் செய்தால், மருத்-துவமனை நிர்வாகத்திற்கு அதிக வருமானம் கிடைப்பதே காரணம் என்கிறார்கள் சிலர். உண்மையான காரணம் என்னவென்று தெரியவில்லை.

347) பூக்கும் தாவரங்களில் விதையுடன் கூடிய முதிர்ந்த சூலகமே (Ovary), பழம் அல்லது கனி ஆகும். பழங்கள் காய்களைவிட அதிக சர்க்கரைத் தன்மை கொண்டது. உண்ண வரும் விலங்குகளையும் பறவைகளையும் ஈர்க்கத்தான் பழங்-கள் பழுக்கிறது. அவைகள் தொலைதூரம் நகரக்கூடியதாக இருப்பதால், அவை பழத்தை உண்டு அவற்றின் கொட்டைகளை, தம் கழிவுகள் மூலம் வெளியேற்றி பரவலான பல இடங்களில் மீண்டும் தாவரங்கள் பரவ உதவுகிறது. மலர்களின் பெண் பகுதியே பழங்களின் அனைத்து பகுதிகளையும் உருவாக்குகிறது.

348) மகரந்தச்சேர்க்கை (Pollination) என்பது, தாவரத்தின் ஆண் பாகத்-திலிருந்து கருக்கட்டும் செயல் முறைக்காகவும் (Fertilization), பாலியல் இனப் பெருக்கத்திற்காகவும் (Production) மகரந்தத் தூள்களை (Pollen) ஒரு தாவ-ரத்திலிருந்து அதே இனத்திலுள்ள இன்னொரு தாவரங்களுக்கு எடுத்துச் செல்லும் முறையாகும்.

349) கிட்டத்தட்ட 80% மகரந்த சேர்க்கைகள் பிற உயரினங்கள் மூலமே நடைபெறுகிறதாம். ஆண் பாலணுக்களளான மகரந்த மணிகளை, பெண் பாலணுக்-களான சூலகங்களுக்கு கொண்டு செல்வதில் தேனீ, பூச்சிகள், வண்டுகள், பறவை-கள், விலங்குகள் போன்ற சுமார் 2 லட்சம் உயிரின வகைகள் உதவுகின்றன. மலர்கள் மணப்பதும், அழகாய் கவர்ச்சியாய் இருப்பதும் தேன் சுரப்பதும் என எல்-லாமே, அவர்களைக் கவர்ந்து, மகரந்த சேர்க்கை மூலம் தன் இனத்தை பெருக்கிக் கொள்ளத்தான்.

350) கிட்டத்தட்ட 20% மகரந்த சேர்க்கைகள் பிற உயிரினங்கள் உதவியின்றி, காற்று மற்றும் நீரின் உதவியுடன் நடைபெறுகிறது.

351) ஒரு பூவிலுள்ள மகரந்தம் அதே பூவிலுள்ள அல்லது அதே தாவரத்-திலுள்ள சூல்வித்துடன் மகரந்தச் சேர்க்கை ஏற்படுவது, 'தன் மகரந்தச் சேர்க்கை (Self pollination)' எனப்படும். தொடர்ந்து தன் மகரந்தச் சேர்க்கை நடைபெறுவதால் விளையும் பழங்கள் சிறிது காலங்களில் தரமும் விளைச்சலும் குறைந்த-வையாக மாறிட அதிக வாய்ப்புள்ளது.

352) ஒரு தாவரத்தில் இருக்கும் சூல்வித்தானது, அதே இனத்திலுள்ள வேறொரு தாவரத்திலிருந்து பெறப்படும் மகரந்தத்தால் சூல் கொண்டால் அது அயல் மகரந்தச் சேர்க்கை (Cross pollination) எனப்படும்.

353) நம் உடலைத் தாங்கி பாதுகாப்பது மட்டும்தான் நம் எலும்பின் (Bone) வேலை என்று நினைக்கிறோம். ஆனால் எலும்புக்கு நிறைய வேலைகள் இருக்-கிறது. உருவ அமைப்பைத் தருவது, இரத்த செல்களை உருவாக்குவது, மூளை, இதயம், நுரையீரல் போன்ற உள்ளுறுப்புக்களுக்கு பாதுகாப்பு அரணாகவும் இருக்-கிறது. எலும்பில்லா உடலைக் கற்பனை செய்து பாருங்கள். நாமெல்லாம் சதைக்-குவியலாய் தரையில் கிடப்போம்.

354) 'கால்சியம் பாஸ்பேட்' மற்றும் 'கால்சியம் கார்பனேட்டு'களின் கலவை-தான் மனித எலும்புகள். இதில் 85% கால்சியம் பாஸ்பேட் அடங்கியுள்ளது. இது எலும்புகளுக்கு உறுதியையும் சக்தியையும் தருகிறது. எலும்புகள் நன்கு திடமாக இருக்க வைட்டமின்-D அதிகம் தேவை. இதில் குறைபாடு ஏற்பட்டால், 'எலும்பு மெலிவு', 'எலும்புத் தேய்மானம் (Osteoporosis)' ஏற்படும். இதனால் எலும்புகள் கால்சியம் சத்தை தேவையான அளவிற்கு சேமிக்க இயலாமல் போய்விடும்.

355) பிறக்கும்போது, மனிதன் 300 எலும்புகளுடன் பிறக்கிறான். அவன் இறக்கும்போது 206 எலும்புகள் இருக்கின்றன. குழந்தை வளர வளர சில எலும்-புகள் ஒன்று சேர்ந்து கொள்கின்றன.

356) குழந்தைகளுக்கு சுலபத்தில் வளைந்து கொடுக்கும் தன்மையில் அதன் எலும்புக் கூடுகள் அமைந்திருக்கும். பிரசவத்தின்போது வெளிவரும் பாதையை சுலபமாய்க் கடப்பதற்கு இது ஏதுவாகிறது. இதற்கு குருத்தெலும்புகள் மிக அவசி-யம். குழந்தை வளர வளர சில குருத்தெலும்புகள் வலுவான எலும்பாக மாறிவி-டும்.

357) நமது உடலின் அசைவுகளின் ஆதாரம் மூட்டு (Joints) களேயாகும். இரண்டு அல்லது அதற்கு மேற்பட்ட எலும்புகள் இணையும் இடமே மூட்டுக்கள். ஒவ்வொரு மூட்டுக்கும் ஒரு குறிப்பிட்ட அசைவுகள் இருக்கின்றன. மனித உடலில் மொத்தம் 360 மூட்டுக்கள் உள்ளன.

358) நமது எலும்புகள் அசையும்போது ஒன்றுக்கொன்று உரசுவதும் அதனால் வலி ஏற்படுவதும் இல்லை. இதற்குக் காரணம், எலும்புகளின் முனைகள் சற்றுத்-தள்ளி இருப்பதும், விலகி விடாமல் பிணைக்கப்பட்டிருப்பதும், இணையும் இடங்-

களில் குருத்தெலும்புகள் இருப்பதும், மேலும் அதிலுள்ள 'ஆண்ட்டி ஃப்ரிக்சன் ஜெல்லாட்டின்'களால் ஆனவை என்பதாலும் ஆகும்.

359) நவீன மூட்டு சிகிச்சை முறையில், 'ஸ்டெம்செல் (Stem cell)' மூலம் குருத்தெலும்பை வளர்க்கும் லேசர் சிகிச்சை இப்போது பிரபல்யம். இம்முறையில் முழங்கால் மூட்டில் தேய்மானம் ஏற்பட்டிருக்கும் இடத்தில் உள்ள தேய்ந்துபோன குருத்தெலும்பு துகள்கள் நீக்கப்பட்டு, அதன் பின் நோயாளியின் இடுப்பெலும்பிலி-ருந்து சுமார் 50 மில்லி அளவுக்கு எலும்பு மஜ்ஜை எடுக்கப்படுகிறது. அதிலிருந்து ஸ்டெம்செல் பிரிக்கப்பட்டு ஸ்பெஷலான ஜெல் ஒன்றுடன் சேர்க்கப்பட்டு அதை சேதமடைந்த மூட்டு எலும்பில் ஒட்டுவதன் மூலம் அது இருகி விடுகிறது. இந்த சிகிச்சையை ஒரு மணி நேரத்தில் முடித்துக்கொண்டு வீட்டுக்குப் போய்விடலாம். சுமார் 5 மாதங்களில் புதிய குருத்தெலும்பு வளர்ந்து, வலி நிவாரணம் கிடைக்கு-மாம்.

360) 'தோலானது (Skin)', மனித உடலின் மிகப்பெரிய உறுப்பாகும். சுமார் 20 சதுர அடி பரப்புள்ளது. இது வெளிப்புற நுண்கிருமி மற்றும் பிற பொருட்களி-லிருந்து உடலை பாதுகாப்பதோடு, அதன் வெப்பநிலையை சமநிலையில் வைத்தி-ருக்க உதவுகிறது. உடலின் தொடு உணர்வுகளை (Sensational touch) அறிய உதவுகிறது.

361) வறண்ட சருமம், சூரிய ஒளி தாக்குதல், சொரியாசிஸ், கெமிக்கல் நிறைந்த சோப்புகள், கிரீம்கள், பருவ மாற்றம், அலர்ஜி, அரிப்பு, வைட்டமின் குறைபாடுகள் போன்ற காரணங்களால் தோல் உரிகிறது.

362) தோல் அரிப்பு (Hives) ஏற்படக் காரணம், தோலில் மேடான, அரிப்-புள்ள சிவப்பு நிற வீக்கங்களே காரணமாகின்றன.

363) நம் உடலில் என்ன பிரச்சினை ஏற்பட்டாலும் அரிப்பின் மூலம் முதலில் அறிவிப்பது நமது தோல்தான். உடலில் சத்து குறைபாடு, கிருமிகள், சிறுநீரகத்-தில் கழிவுகள் சரியாக வெளியேறாமல் உள்ளே படியும்போது, நுரையீரல் சம்பந்-தப்பட்ட பிரச்சினைகளால் தோல் அரிப்பு உண்டாகிறது. இரத்தப் பரிசோதனை செய்து அதற்குரிய காரணங்களை கண்டுபிடிக்கிறார்கள்.

364) 'மெலனின் (Melanin)' எனும் நிறமிதான் நம் தோலின் நிறத்தை நிர்ணய செய்கிறது. அதைப்போல், யூமெலனின், பயோமெலனின் ஆகிய நிறமிகள் நம்முடைய முடியின் கருமை நிறத்துக்கு முக்கிய காரணமாகிறது. வயதாகும்போது இவ்வகை நிறமிகளின் உற்பத்தி குறைவதால் முடிகள் நரைக்க ஆரம்பிக்கின்றன.

365) சுற்றப்புறச் சூழலின் எப்படி இருந்தாலும் நமது உடலானது ஒரு குறிப்-பிட்ட வெப்ப நிலை பெரும்பாலும் மாறாத அளவைக் கொண்டிருக்கிறது. சுற்றுப்புற வெப்ப நிலை அதிகமாகும்போது, அதை சீராக்க, நம் தோலில் உள்ள வியர்வை சுரப்பிகள், வியர்வையைச் சுரந்து ஆவியாகும்போது உடலின் வெப்ப நிலை சீரா-

கிறது.

366) ஆண்களின் வியர்வையின் சில கூறுகள், பாலுணர்வு போன்ற சில ஈர்ப்புத் தன்மையைக் கொண்டுள்ளதாம். கோடை காலத்திலும், அதிகம் வேலை செய்யும்போதும் உடல் தசைகள் சூடேறுவதால், உடல் வெப்ப நிலை உயராமல் தடுக்க, கூடுதலான வியர்வை சுரக்கிறது. மேலும் உடலில் பய உணர்வுகள் அதி-கமாகும்போதும், குமட்டல், மாரடைப்பு போன்ற நிகழ்வுகள் ஏற்படும்போதும் உடல் வியர்த்தல் அதிகமாகிறது.

367) நெற்றி, அக்குள், பாதங்களின் அடிப்பகுதி போன்ற இடங்களில் அதிக-மாகவும், மற்றும் உடலின் எல்லா பகுதிகளிலும் இருப்பது, கழிவு வியர்வை சுரப்-பிகளாகும். பொதுவாக இதில் நீர், சோடியம் குளோரைடு, அம்மோனியா, யூரியா, மிதைல் ஃபீனோல் போன்ற வேதிச் சேர்மங்களும் கலந்திருக்கின்றன. கொழுப்புப் பொருட்கள் அதிகம் கலந்துள்ள வியர்வையானது அக்குள், மற்றும் பாலுறுப்பு-களைச் சுற்றியுள்ள பகுதிகளில் வியர்வையை அதிகம் சுரப்பது, புற வியர்வைச் சுரப்பிகளாகும். இவ்வகை வியர்வையில் கரிமச் சேர்மங்களை உடைக்கும் பேக்டீ-ரியாக்கள் அதிகம் இருப்பதால் இது துர்நாற்றமுடையதாக இருக்கிறது.

368) வியர்வையில் அசுத்த நீரும், டாக்சின்களும் வெளியேறுகிறது. குறிப்-பிட்ட காலங்களில் இது அதிகமாகவும், துர்நாற்றம் உடையதாகவும் இருக்கும். இதைத் தடுப்பதாக நினைத்து பலர் பவுடர்களையும், வாசனைத் திரவியங்களை-யும், பாடி ஸ்ப்ரேக்களையும் அடிக்கடி அப்படியே யூஸ் செய்கிறார்கள். இது ஒரு தவறான வழிமுறையாகும். ஏனெனில், இவைகள் வியர்வைச் சுரப்பிகளில் உள்ள துவாரங்களைக் கூட அடைத்து வியர்வை ஈசியாக வெளியேறுவதைக் கூட தடுக்கலாம். ஆதலால் தவறாமல் குளித்தும், சுத்தமாகவும் இருந்தால் நல்-லது. அடிக்கடி தக்காளி சாறு அருந்தி வந்தால் வியர்வையைக் கட்டுப்படுத்தலாம்.

369) உடம்பிற்கு ஒத்துக் கொள்ளாத எந்த வகைப் பிரச்சினைகளையும் 'ஒவ்-வாமை (Allergy)' என்று சொல்லலாம். இது மனித உடலின் நோய்த் தடுப்-பாற்றலில் (Body immune) உண்டாகும் கோளாறினால் ஏற்படுவதாகும். சுற்றுச் சூழலில் இருக்கின்ற ஒவ்வாப் பொருட்களினால் (Allergens), அலர்ஜி உண்டா-கிறது. பூச்சிக்கடி போன்றவற்றாலும் உண்டாகலாம்.

370) தூசு, மகரந்தம் போன்ற பல ஒவ்வாப் பொருட்கள் காற்று வழியே பரவி, அலர்ஜியை உண்டு பண்ணலாம். தோல், கண்கள், மூக்கு, நுரை ஈரல் போன்ற இடங்களில் அலர்ஜியால் பலவித வேண்டத்தகா விளைவுகள் உண்டாகும். சில வகையான உணவுப் பொருட்கள், பூச்சிக்கடி மற்றும் ஆஸ்பிரின், பெனிசிலின் போன்ற மருந்துகள் உட்கொண்டதனால் ஏற்படும் எதிர்விளைவுகளும் அலர்ஜி ஏற்படுவதற்குக் காரணமாக அமையலாம்.

371) 'இரத்தம் (Blood)' என்பது விலங்கினங்களின் உடல் உயிரணுக்களுக்-குத் தேவையான பொருட்களையும், மூளை மற்றும் உடலின் பிற பாகங்களுக்கு ஆக்ஸிஜன் மற்றும் ஊட்டச் சத்துக்களை எடுத்துச் சென்று அங்கே பெறப்படும் கழிவுகளை அகற்றுவதிலும் பெரும்பங்கு வகிக்கும் தனிச்சிறப்புடைய திரவமாகும்.

372) இரத்தமானது நம் உடலின் மூலை முடுக்குகளிலெல்லாம் தடையில்-லாமல் செல்ல வேண்டும். இதனை 'இரத்த ஓட்டம் (Blood circulation)' என குறிப்பிடலாம். இவ்வாறு தமனிகளில் செல்லும் இரத்த ஓட்டத்தில் செயல்-படுத்தப்படும் அழுத்தமானது இதய துடிப்பில் மாற்றத்தைக் கொண்டு வருகிறது. இதனையே, 'இரத்த அழுத்தம் (Blood pressure)' என்கிறோம்.

373) நம் இதயம் சுருங்கி, இரத்தத்தை உடலின் பல பகுதிகளுக்கு செலுத்தும்-போது, தமனிகளில் ஏற்படும் இரத்த அழுத்தம் அதிகமாகவும் (Systolic blood pressure), இதயம் விரிந்து, இரத்தம் அதனுள் நிரம்பும்போது இரத்த ஓட்டத்-தின் அழுத்தம் குறைவாகவும் (Diastolic blood pressure) இருக்கும். இரத்த அழுத்தத்தின் நார்மலான அளவானது 120/80 mmHg ஆகும்.

374) உயர் இரத்த அழுத்தம் அல்லது இரத்தக் கொதிப்பு (High blood pressure) என்பது, குறிப்பிட்ட அளவைவிட இரத்த அழுத்தம் அதிகமாக இருப்-பதாகும். இதை சரிவர கவனித்துக் கொள்ள வேண்டும். தொடர்ந்து உயர் இரத்த அழுத்தம் இருக்கும்போது, 'இதய செயலிழப்பு (Heart failure)' மற்றும் மார-டைப்பு (Heart attack)' ஏற்பட ஏதுவாகிறது.

375) உண்ணும் உணவிற்கேற்ப உடல் உழைப்பு இல்லாமை, அதிக உடல் எடை, உணவில் அதிக உப்பு, குடிப்பழக்கம், புகைப் பிடித்தல் அதிக கொழுப்பு உணவுகள், கவலை, பதற்றம், சோர்வு, பயம், மன அழுத்தம், குடும்பப் பிண்ணனி மற்றும் இதர காரணங்களினால் உயர் இரத்த அழுத்தம் உண்டாகலாம்.

376) மனித இரத்தத்தில் சிவப்பு அணுக்கள் 96%, வெள்ளை அணுக்கள் 3% மற்றும் இரத்ததட்டுகள் 1% போன்றவை முக்கிய பாகங்களாகும். இரத்தத்தில் திடப்பொருள் 40%, திரவப் பொருள் 60% ம் உள்ளன. இரத்தம் சிவப்பாக இருக்க, 'ஹீமோக்ளோபின்' என்கிற நிறமியே காரணம்.

377) சராசரி எடையுள்ள ஒரு மனிதனின் உடலில் சுமார் 4 முதல் 5 லிட்டர் வரை இரத்தம் ஓடும். 4 கிலோ எடையுள்ள ஒரு குழந்தையின் உடலில் சுமார் 300 மில்லி லிட்டர் ரத்தம்தான் ஓடும். எனவே சிறு குழந்தைகளுக்கு அடிபட்டால் இரத்த இழப்பை உடனே கட்டுப்படுத்த வேண்டும்.

378) இரத்தத்தில் கலந்திருக்கும் சிவப்பு அணுக்களின் மேற்பரப்பில் இருக்கும் அல்லது இல்லாதிருக்கும் மரபுவழி செய்திகளைக் கொண்டு இரத்தத்தை வகைப்-படுத்துகிறார்கள். மனித இரத்த வகைகள் மரபு வழியாகவே பெறப்படுகின்றன. இதுவரை 30 மனித ரத்த வகைகளை 'இண்டர்னேஷனல் சொசைடி ஆஃப் ப்ளட

ட்ரான்ஸ்ஃப்யூசன் (ISBT)' கண்டறிந்துள்ளார்கள்.

379) A, B, AB, O ஆகியன முக்கிய மனித இரத்த வகைகளாகும். இரத்-தத்தில் Rh காரணி இருந்தால் அது பாஸிட்டிவ் வகை என்றும், Rh காரணி இல்லாவிட்டால் அது நெகட்டிவ் வகை என்றும் பிரிக்கிறார்கள். அனைத்து வகை இரத்தத்தையும் ஏற்றுக்கொள்ளும் இரத்த வகை AB ஆகும். அனைவருக்கும் இரத்தம் வழங்கும் கொடையாளி வகை O ஆகும்.

380) மனித இரத்தத்தின் சராசரி குளுக்கோஸ் அளவு %Mg 100 — 120. இரத்தத்தில் சர்க்கரை அளவை கட்டுப்படுத்தும் ஹார்மோன், 'இன்சுலின் (Insulin)' ஆகும்.

381) நம் இரத்த சிவப்பு செல்களின் ஆயுட்காலம் 120 நாட்கள் மட்டுமே. அதன் பின் இறந்த சிவப்பணுக்கள், 'பிலிரூபின்' எனும் மஞ்சள் நிற கழிவு பொருளாய் வெளியேற்றுகின்றன. இந்த பணிகளை கல்லீரல் செய்கிறது. இது சரியாக வேலை செய்யாவிட்டால், மஞ்சள் காமாலை நோய் ஏற்படுகிறதாம். பிறந்த குழந்-தைகளுக்கு கல்லீரல் முழு வளர்ச்சி அடையாதிருப்பதால் மஞ்சள் காமாலை ஈசி-யாக ஏற்பட வாய்ப்புள்ளது.

382) உடலில் காயங்கள் ஏற்படும்போது, திசுக்கள் பாதிக்கப்படுவதால் இரத்தம் வெளியேறுவதைத் தடுக்கும் பொருட்டு நிகழும் தன்னிச்சை நிகழ்வே, 'இரத்தம் உறைதல் (Coagulation)' எனப்படும். இரத்தப் பெருக்கைத் தடுக்க, இரத்தத் தட்டுகள் பேருதவி செய்கின்றன. காயம்பட்ட இடத்தில் அவைகள் ஒன்று கூடி வலை போன்ற அமைப்பினை ஏற்படுத்துகின்றன. நூல் சல்லடை போன்ற இவை-கள், 'ஃபைப்ரின்கள் (Fibrin)' எனப்படும்.

383) 'இரத்தம் உறையாமை (Haemophilia),' எனும் நோய், மரபியல் கார-ணங்களால் ஏற்படும் ஒருவகை உடற்கோளாறாகும். காயம்பட்ட இடங்களில் இரத்-தப்பெருக்கு தொடர்ச்சியாக இருந்து கொண்டே இருக்கும். இதற்குக் காரணம், அந்த இடங்களில் ஃபைப்ரின் எனும் உறை புரதம் உருவாவதில்லை. இவற்றைத் தவிர்ப்பதற்கு பல மருந்துகள் கிடைக்கின்றன. மரபணு சிகிச்சை மூலமும் வெற்றி கண்டுள்ளதாகச் சொல்கிறார்கள்.

384) சிவப்பு மற்றும் வெள்ளை இரத்த அணுக்கள் எலும்பு மஜ்ஜையிலிருந்து உற்பத்தியாகின்றன.

385) உலகில் ஆண்டுக்கு சுமார் 12 மில்லியன் மக்களுக்கு ரத்தம் தேவைப்-படுகிறது. ஆனால் இரத்த வங்கிகளிலுள்ள ரத்தத்தின் மொத்த அளவு 8 மில்லியன் மக்களுக்கு மட்டுமே போதுமானதாகும்.

386) பல ஆண்டுகளின் முயற்சிகளுக்குப் பிறகு செயற்கை இரத்தம் (Artificial blood) உண்டாக்கும் முயற்சியில் சிறிது முன்னேற்றம் ஏற்பட்டு, அது மனித உடலில் ஏற்றப்பட்ட சுமார் 4 மணி நேரம்தான் செயல்பட்டதாம். வாழ்நாள்

முழுவதும் செயல்படும் விதத்தில் இருக்க வேண்டுமே என்கிற விதத்தில் ஆராய்ச்-சிகள் தொடர்கின்றன. அதன்படி, மனிதனின் உயிர் ஆதாரமான, 'ஸ்டெம் செல் (Stem cell)' எனப்படும் பரம்பரை உயிர் அணுக்களை, குழந்தை பிறந்தவுடன் அதன் தொப்புள் கொடியில் உள்ள இரத்தத்திலிருந்து சேகரிக்கப்பட்டு அதிலிருந்து புதிதாக இரத்த செல்களை உருவாக்க முடியும் என்கிறார்கள்.

387) ஸ்டெம் செல்களிலிருந்து தயாரிக்கப்படும் செயற்கை இரத்தத்தை பரி-சோதித்து மற்றவருக்கு ஏற்றும்போது அதனால் ஏற்படும் தொற்று நோயான 'எய்ட்ஸ்' நோய் ஏற்படுவதை முற்றிலுமாக தடுத்து விடுமாம். மேலும் அரிதான இரத்த வகையைச் சேர்ந்த பலருக்கு இந்த செயற்கை இரத்தம் ரொம்பவும் உதவி-யாக இருக்குமாம். பொருத்திருப்போம்.

388) இரத்த தானம் செய்பவர் ஒரு நேரத்தில் சுமார் 200 முதல் 300 மில்லி வரை இரத்த தானம் செய்யலாம். கொடுத்த இரத்தத்தின் அளவை, நாம் உண்-ணும் உணவிலிருந்தே நம் உடல் பெற்றுக்கொள்கிறது. மூன்று மாதங்களுக்கு ஒரு-முறை இரத்த தானம் செய்யலாம். இரத்த தானம் செய்பவர் 18 முதல் 60 வயதி-னராக இருத்தல் வேண்டும். இரத்தத்தின் ஹீமோ குளோபின் அளவு 12 முதல் 16 கிராமிற்குள் இருத்தல் வேண்டும். எடை 50 கிலோவிற்குக் குறையாமல் இருத்தல் நல்லது. இரத்தத்தில் எந்தவித தொற்றுநோய் பாதிப்பும் இருத்தல் கூடாது.

389) உடலில் இரத்தமானது குறிப்பிட்ட அளவைவிட குறைவாக இருந்தால், அதை 'இரத்த சோகை' அல்லது 'அனீமியா (Anemia) எனப்படும். இது அடிக்-கடி காணப்பட்டால் அது மஞ்சள் காமாலை, எய்ட்ஸ் மற்றும் புற்று நோய்க்கான அறிகுறியாகவும் இருக்கலாம். இரத்த சோகை இருப்பவர்கள் அடிக்கடி இரத்-தத்தை பரிசோதித்துக் கொள்வது நல்லது.

390) இரத்தத்தில் ஹீமோ குளோபினின் அளவு குறைவாக இருந்தால், மூளைக்குத் தேவையான இரத்தம் செல்லாமல் தலைவலி, மயக்கம் அல்லது குமட்டல், மூச்சுத்திணறல், சருமம் வெளுத்துப் போகுதல், அதிகமாக கூந்தல் உதிர்தல் மற்றும் நோய் எதிர்ப்பு சக்திகள் குறைதல் போன்ற நிறைய குறைபாடுகள் ஏற்படும்.

391) இரும்புச் சத்துள்ள மாத்திரைகள் உட்கொள்வது, காய்கறிகள், உலர்ந்த திராட்சை, பீன்ஸ், நட்ஸ், பேரீச்சை, அத்தி, ஈரல் போன்ற உணவுகள் சாப்பி-டுவதன் மூலம் இரத்தத்தில் ஹீமோ குளோபின் அதிகரித்து இரத்த சோகையை தடுக்கலாம்.

392) சாதாரணமாக மனிதக் கண்களால் பார்க்க முடியாத பாக்டீரயா, வைரஸ், இரத்த அணுக்கள் போன்ற நுண்ணுயிரிகளை பார்க்க உதவும் உபகரணமே 'மைக்-ரோஸ்கோப் (Microscope)' எனும் நுண்ணோக்கியாகும்.

393) நுண்ணோக்கியில் பொருத்தப்பட்டுள்ள ஒன்றுக்கு மேற்பட்ட கூட்டு லென்சுகளின் (Compound lenses) படிப்படியான உருப்பெருக்கத்தின் (Magnification) விளைவாக நாம் பார்க்கும் பொருளின் அளவானது பலமுறை உருப்பெருக்கப்பட்டு நம் கண்ணுக்குத் தெரிகிறது. இதன் உருப்பெருக்கம் 10 முதல் 100 மடங்கு வரை இருக்கும்.

394) எலெக்ட்ரான் நுண்ணோக்கி (Electron microscope) மற்றும் ஸ்கேனிங் மைக்ரோஸ்கோப் மூலம் பிம்பத்தை உருவாக்குவதற்கு ஒளிக்கு பதிலாக எலெக்ட்ரான்களைப் பயன்படுத்துகின்றனர். லென்சுகள் செய்யும் வேலையை மின்காந்தங்கள் செய்கின்றன. இது மிகப்பெரிய உருப்பெருக்குத் திறன் கொண்டது. இதன் மூலம் ஒரு மிக நுண்ணிய பொருளை சுமார் 5 லட்சம் மடங்கு பெரிதாக்கிப் பார்க்கலாம்.

395) 'சிறுநீரகங்கள் (Kidney)' என்பவை முதுகெலும்பில் உடலின் இடப்பத்திலும் வலப்பக்கத்திலும் பின் வயிற்றுக் குழியில் அவரை விதை வடிவில் அமைந்த உறுப்புகளாகும். வளர்ந்த ஒருவரின் சிறுநீரகத்தின் அளவு 11 செண்டி மீட்டராகும். சிறுநீரகத் தமனிகள் மூலம் அசுத்த ரத்தத்தைப் பெற்று சுத்தம் செய்து சிறுநீரக சிரைகள் வழியாக வெளியேற்றுகிறது. ஒவ்வொரு சிறுநீரகத்திலும் ஒரு சிறுநீர்க் குழாய் இணைந்துள்ளது. அதன்மூலம் சிறு நீரானது சிறுநீர்ப்பைக்கு செல்கிறது.

396) யூரியா போன்ற நீரில் கரைக்கூடிய கழிவுப் பொருட்களை இரத்தத்திலிருந்து பிரித்து நீருடன் சேர்த்து சிறு நீராக வெளியேற்றுகிறது. இந்நிகழ்வு மீண்டும் மீண்டும் தொடர்ந்து, தேவையான அளவு கழிவை, சிறுநீருடன் கலந்து வெளியேற்றுகிறது. இதனால் இரத்தத்தின் அமில-கார தன்மையை சம நிலையில் (Osmolality) வைத்திருக்க உதவுகிறது. சிறுநீரகம் ஒரு நாளைக்கு 200 லிட்டர் ரத்தத்தை சுழற்சி முறையில் சுத்தம் செய்கிறது.

397) ஒவ்வொரு கிட்னியிலும் மில்லியன் கணக்கான குட்டி குட்டி ஃபில்டர்கள் உள்ளன. இதற்கு 'நெஃப்ரான்கள் (Nephrons)' என்று பெயர். நமது கிட்னியின் வேலைப்பாடு 10% அளவுக்கு குறைந்து இருந்தாலும்கூட அதனால் வரும் கேடுகளை சுலபமாக அறிந்து கொள்வது அரிது. இரத்தம் முழுவதுமாக கிட்னிக்குள் செல்வது தடுக்கப்பட்டால், அதை 'டோட்டல் கிட்னி ஃபெய்லியர்' என்று சொல்வார்கள்.

398) சிறுநீரிலுள்ள (Urine) மினரல் உப்புக்கள், யூரிக் ஆசிட் போன்றவை ஒன்று சேர்ந்து வளர்ந்து, கிரிஸ்டல் கற்களாக (Nephrolithiasis) மாறுகிறது. அவை சிறுநீர் போகும் பாதை அடைப்பதனால் தாங்க முடியாத வலி ஏற்படுகிறது. கற்கள் சிறிய அளவுகளில் இருந்தால் அவை தானாகவே சிறுநீர் வழியாக வெளியேறிவிடும்.

399) உடலில் ஏற்படும் வலியானது, முதுகில் ஆரம்பித்து முன்பக்கமாக வயிற்றுப் பகுதிக்கு தாவி, அடிவயிற்றில் வலித்தாலும், தொடைகள் மற்றும் அந்தரங்க உறுப்புக்களுக்கு பரவினாலும், சிறுநீரில் ரத்தம் வருதல் மற்றும் காய்ச்சல் ஏற்பட்டாலும், சிறு நீரில் கல் இருக்கலாம் என்று மருத்துவர்கள் யூகிக்கிறார்கள்.

400) கல்லின் அளவு 5 மில்லி மீட்டர் வரை இருந்தால் சிறுநீரிலேயே வலியுடன் வெளியேறிவிடலாம். அது 8 மில்லி மீட்டர் அளவை விட அதிகமாகும்போது அதை உடனே வெளியேற்ற வேண்டும். இல்லையெனில் அது கொஞ்ச நாளில் சிறுநீரகத்தையே செயலிழக்கச் செய்துவிடும்.

401) முதலில் இரத்தப் பரிசோதனை செய்து, சிறு நீரில் கல் உள்ளதா என்பதை உறுதிப்படுத்த, ஸ்கேன் செய்து அதன் இடத்தையும், சைசையும் தெரிந்து கொள்வார்கள். பெரிய கல் என்றால், முதுகு வழியே துளையிட்டு அல்லது சிறுநீர்ப் பாதை வழியே நுண்ணிய குழாயை அனுப்பியோ, டெலஸ்கோப் வழியாகப் பார்த்து அல்ட்ரா சவுண்ட் மூலம் கல்லை பொடியாக உடைக்கலாம். இதில் 'யூரெத்ரோஸ்கோப்பி (Urethroscopy)' என்ற சாதனமும் பயன்படுகிறது. ஒரு முறை கல்லை உடைத்து வெளியேற்றி விட்டாலும், அது மீண்டும் உண்டாவதற்கு வாய்ப்புகள் இருக்கின்றன. அதனால் உண்ணும் உணவு, குடிக்கும் பானம் போன்றவற்றில் கவனம் தேவை.

402) எவ்வளவுதான் நவீன முறைகளில் சிறுநீர் கல் அகற்றும் முறைகள் இருந்தாலும், சில எளிய நாட்டு வைத்திய முறைகளிலும் சிறுநீர் கல் வராமல் தடுக்கவும், வந்த கல்லை கரைக்கவும் செய்ய முடியும். தினம் 3 லிட்டருக்கு மேல் தண்ணீர் குடிப்பதும், வாரம் இரு முறையாவது இளநீர் குடிப்பதும், பார்லியை வேக வைத்து அந்த தண்ணீரோடு குடித்து வருவதாலும், சிறுநீர் கல் வராமல் தடுக்கலாம். வாழைத்தண்டு சாறு, முள்ளங்கி சாறு போன்றவை குடிப்பதால் சிறுநீரகக்கல் கரைந்து, சிறுநீர் வழியாக வெளியேறிவிடும்.

403) சிறுநீரகக் கல் உள்ளவர்கள் சிப்ஸ், உப்பு பிஸ்கட், அப்பளம், ஊறுகாய், சோடா மற்றும் சோடியம் பைகார்பனேட் உப்புக்கள், கொக்கோ சாக்லெட், கார்போனேட்டட் குளிர் பானங்கள், மது மற்றும் புகையிலை போன்றவைகளை அவசியம் தவிர்ப்பது நல்லது.

404) சிறுநீர் (Urine) என்பது விலங்கு மற்றும் மனிதர்களின் உடலில் சிறுநீரகங்களில் உருவாக்கப்படும் திரவ வடிவிலான ஒரு கழிவுப் பொருளாகும். அது சிறுநீர்க் குழாய் மூலம் சிறுநீர்ப் பைக்கு எடுத்துச் செல்லப்பட்டு தற்காலிகமாக அங்கே சேகரிக்கப்பட்டு, பிளேடர் அழுத்தப்படும்போது அங்கிருந்து சிறுநீர் வழி (Urinary tract) மூலம் உடலிலிருந்து வெளியேற்றப்படுகிறது. உடலிலுள்ள உயிரணுக்களில் வளர்சிதை மாற்றங்கள் நடைபெறும்போது கழிவுகள் உண்டாகின்றன. இவை இரத்தத்தில் கலந்திருக்கும். அதை வெளியேற்றுவதே கிட்னியின் வேலை.

405) சிறுநீர் என்பது ஒரு துர்நாற்றமெடுத்த ஒரு கழிவுப் பொருள்தானே என்று அலட்சியமாக நினைக்கக் கூடாது. அது நம் உடலின் நலத்தைக் காட்டும் ஒரு மருத்துவச் சுற்றறிக்கை. எதிர்காலத்தில் வரவிருக்கும் நோய்களை உணர்த்தும் எச்சரிக்கை மணி. ஆரோக்கியமான ஒருவருக்கு ஒரு நாளைக்கு ஒன்றரை லிட்டர் வரை சிரமமில்லாமல் வெளியேற வேண்டும். அதன் அளவு, நிறம் மற்றும் துர்நாற்றம் போன்றவை முக்கிய காரணிகளாகும். நம் உடலில் எடுக்கும் டெஸ்-டுகளில் சுலபமானதும், குறைந்த செலவுள்ளதும் 'யூரின் டெஸ்டு' ஒன்றுதான். தேவைப்படும்போது டெஸ்ட் எடுத்துக் கொள்வது நல்லது.

406) அதிக சர்க்கரை, உயர் இரத்த அழுத்தம், உப்பு நீர் வியாதி, சிறுநீர் அழற்சி, சிறுநீரகக் கற்கள், சிறுநீர் அடைப்பு, மற்றும் வலி நிவாரண மாத்தி-ரைகளை தொடர்ந்து அதிகம் எடுத்துக் கொள்வது போன்ற பல காரணங்களால் சிறுநீரக செயலிழப்பு (Kidney failure) படிப்படியாக ஏற்படக் காரணமாகிறது.

407) கிட்னி வேலை செய்ய மறுத்தவிட்ட நிலையில், 'டயாலிசிஸ் (Dialysis)' என்னும் உயிர்காக்கும் சிகிச்சை மூலம் ரத்தத்தில் சேர்ந்த ஆபத்தான கழிவுகளை செயற்கையாக சுத்திகரிக்கும் முறையாகும். 'பெரிட்டோனியம் டயாலி-சிஸ்' மற்றும் 'ஹிமோ டயாலிசிஸ்' என இரு வகையில் டயாலிசிஸ் செய்யப்படுகி-றது. டயாலிசிஸ் செய்வதில் ரிஸ்க்கும் இருக்கிறது. இரத்தத்தை வெளியில் எடுத்து மெஷின்கள் மூலம் சுத்திகரிக்கும்போது அதில் நோய் தொற்றுகள் வர வாய்ப்பி-ருக்கிறது. விதிமுறைகளை முறைப்படி பேண வேண்டும்.

408) தொடர்ச்சியாக, 'டயாலிசிஸ்' செய்து வருபவர்களுக்கு நாளாக ஆக, அதுவும் பயன் தராமல், சிறுநீரகமானது முழுவதுமாக செயலிழக்கும் நிலைக்கு வந்து விடும்போது, 'சிறுநீரக மாற்று அறுவை சிகிச்சை (Kidney transplantation)' ஒன்று மட்டுமே கைகொடுக்கும். ஆரோக்கியமான ஒருவரி-டமிருந்து ஒரு சிறுநீரகத்தைப் பெற்று, நோயாளிக்கு உரிய முறையில் ஆப்பரேசன் செய்து அதைப் பொருத்துவார்கள்.

409) கிட்னி பழுதடைந்துள்ளதா என்பதை அறிய, சிறுநீரின் புரத பரிசோ-தனை செய்ய வேண்டும். அதாவது சிறுநீருடன் 'ஆல்புமின்' எனும் புரதம் வெளி-யேறுகிறதா என்பதைக் கண்டறிவதாகும். வெளியேறும் புரதத்தின் அளவு ஒரு நாளைக்கு 30 மில்லி கிராம் எனும் அளவில் இருந்தால் அதை நார்மல் என்றும் அதைவிட அதிகமானால் சிறுநீரகப் பாதிப்பு உள்ளது எனவும் அறியலாம். மேலும் சிறுநீருடன் புரதம் அதிகம் வெளியேறினால் ரத்த சோகை, புற்று நோய், இதய நோய், தைராய்டு அதிகச் சுரப்பு, குடல் அடைப்பு மற்றும் வலிப்பு நோய் போன்ற ஏதாவதொன்று இருக்கலாம் என மருத்துவர்கள் முடிவு செய்வார்கள்.

410) உலகில் அனைவருக்கும் உள்ள ஒரு பொது மொழி, 'பசி'. அம்மொ-ழியை தான் உணரும் வரை பிறரின் மொழியை முழுமையாக அறிந்து கொள்ள

முடியாது. பசித்துச் சாப்பிட்ட காலமெல்லாம் போய், 'பசியே இல்லை, எனினும் சாப்பிட்டுத்தானே ஆகணும்' என்கிற ஒரு கடமைக்காக பலர் சாப்பிடுகிறார்கள். நல்ல பசிக்கு நல்ல உணவே சரியான எரிபொருள். நச்சுத் தன்மையில்லா நல்ல உணவைத் தேடி உண்போம்.

411) பசிக்கிறது என்பது தெரிகிறது. ஆனால் 'பசி' என்றால் என்ன என்று தெரியுமா? ஒரு சாண் வயிறு என்று சுலபமாக சொல்லிவிடுகிறோம். ஆனால் அது படுத்தும் பாடு இருக்கே, அதனால்தான் பசி வந்தா பத்தும் பறந்து போகும் என்றார்களோ? நம் உடல் இயங்க, எனர்ஜி தேவைப்படுகிறது. இந்த எனர்ஜி தேவையை நம் உடல் 'பசி' என்ற உணர்வால் வெளிப்படுத்தி, உணவை உட்-கொண்டு, அதிலுள்ள 'ஸ்டார்ச்' மூலம் 'குளுக்கோஸ்' எனும் வடிவில் சக்தியை பெறுகிறது.

412) நம் உடலிலுள்ள 'ஹைப்போ தாலமஸ் (Hypothalamus)' எனும் நாளமில்லா சுரப்பி சுரக்கும் ஒரு வகையான ஹார்மோனால், பசி எனும் உணர்வு ஏற்படுகிறது. உடலில் ஏற்படும் பல வகை உணர்ச்சிகள் பசியைக் குறைக்குமாம். பசியின் அளவானது, இரத்தத்தில் உள்ள சர்க்கரை குறைந்தால் அதிகமாகும். சர்க்கரை நோயுள்ளவர்கள் அடிக்கடி பசி உணர்வை பெறுகிறார்கள்.

413) நமது உடலின் செல்கள், தேவையான சக்தியைப் பெற, குளுக்கோஸுக்-கும் ஆக்ஸிஜனுக்குமிடையே ரசாயன மாற்றத்தை ஏற்படுத்தி கார்பண்டை ஆக்-ஸைடையும் தண்ணீரையும் தனியாகப் பிரிக்கின்றன. நம் உடலில் சேரும் அதி-கமான ஊட்டச்சத்தினை, 'கிளைக்கோஜின்' என்ற பொருளாக மாற்றி சேமித்து வைக்கின்றன. இவை ரொம்பவும் அதிகமாகும்போது, அவை கொழுப்பாகவும் மாறி, உடலில் தங்கி விடுகிறது. ஒருவர் குண்டு ஆசாமியாகவோ, செம ஒல்லி-யாகவோ இருக்க இவ்வித சமாச்சாரங்களின் ஏற்ற இறக்கக் குறைபாடுகளே கார-ணமாகிறது.

414) உலகில் பலர் சொல்லும் சொல், "செரிமானம் ஆகலேங்க, 'ஜெலூசில்' போட்டுப் பார்த்தேன் அப்பவும் சரியாகல". செரிமானம் என்பது, நாம் சாப்பிட்ட பின் நம் உடலில் தொடங்கும் செயலல்ல. உணவைப் பார்க்கும்போதும் அதன் வாசனையை நுகரும்போதும் வாயில் ஊறும் எச்சிலிலிருந்தே தொடங்கி விடுகிறது. உணவு சாப்பிட்டதும் வயிற்றில் சுரக்கும் ஹைட்ரோகுளோரிக் அமிலமானது உணவைச் சிதைத்து அதை உடலுக்குத் தேவையான வகையில் மாற்றிக் கொடுக்-கும் பணியைச் செய்கிறது. உடலின் முக்கிய உறுப்புகளில் ஒன்றான வயிற்றில் உணவு தங்கி செரிமானம் நடக்கிறது. அதனால் உடலுக்கு சக்தியும் கிடைக்கிறது.

415) சாப்பிட்டதும் தூக்கம் வருவதற்குக் காரணம், மூளைக்குச் செல்லக்கூடிய இரத்த ஓட்டம் குறைந்து, மிகுதியான இரத்தம் வயிற்றுப் பகுதிக்குச் செல்வதால் மூளை மந்தமாக ஆகி தூங்க வேண்டுமென்ற உணர்வு ஏற்படுகிறது. உடனே

தூங்கினால், வயிற்றில் அமிலம் கலந்த உணவானது, உணவுக் குழாய் வழியாகத் தொண்டைப் பகுதிக்கு மேல் நோக்கி வரும். இதனால் 'நெஞ்சுக்கரிப்பு' என்கிற நெஞ்சு எரிச்சல் பிரச்சனை ஏற்படும்.

416) சாப்பிட்டவுடன் உடனே பழங்கள் சாப்பிடுவது நல்லதல்ல. ஏனெனில், உணவானது செரிக்க ஒருவகை என்சைம்களும், பழம் செரிக்க வேறு வகை என்சைம்களும் தேவைப்படுவதால், பழங்கள் செரிக்காமல் உணவுடன் சேர்ந்து வயிற்றில் தங்கிவிட வாய்ப்புள்ளது. ஆதலால் உணவு உண்ட ஒரு மணி நேரத்திற்குப் பிறகு பழங்கள் சாப்பிடுவது நல்லது.

417) உண்ட உணவின் ஊட்டச்சத்துக்கள் குடல் பகுதியினால் உறிஞ்சப்பட்ட பிறகு எஞ்சியிருக்கும் செரிக்கப்படாத உணவு மற்றும் சக்கையான திண்ம-நீர்ம நிலையிலுள்ள கழிவு பொருட்கள் ஆசனவாய் வழியாக வெளியேற்றப்படுகிறது. இதுவே மலம் (Stool or poop) ஆகும். குடலிலுள்ள நுண்ணுயிர்கள் உருவாக்கும் 'இண்ட்டோல்', 'ஸ்கேட்டோல்' சேர்மங்கள் மற்றும் கார்பன் இல்லா வேதிப் பொருட்களான ஹைட்ரஜன்-டை-சல்ஃபைடு போன்றவைகளே மலத்தின் துர்நாற்றத்திற்கு காரணமாகின்றன.

418) பறவை மற்றும் விலங்கினங்களின் எச்சத்தால் மண் வளத்திற்கு உதவும் சத்துக்கள் கிடைக்கின்றன. மேலும் எச்சங்களை உண்டு புழு, பூச்சிகள், வண்டுகள் மற்றும் நுண்ணுயிரிகள் தங்களுக்குத் தேவையான ஆற்றலைப் பெருகின்றன. காடுகள் பெருகுவதற்கும் எச்சங்கள் காரணமாகின்றன. யானைக் குட்டிகள் தன் தாயின் மலத்தை உண்டு தன் குடலுக்குத் தேவையான நுண்ணுயிரிகளைப் பெறுகின்றனவாம். பொதுவாக மனித மலம் வெளிர் மஞ்சள் நிறத்தில் இருக்கும் (அதிலிருக்கும் 'பிலுரூபின்' எனும் நிறமியே காரணம்). நாளொன்றுக்கு சுமார் 200 கிராம், வலியில்லாமல் மலமானது ஒன்று அல்லது இரண்டு வேலைகளில் போக வேண்டும். மலச்சிக்கல் (Constipation) உடலுக்குப் பல சிக்கலை உண்டாக்கிவிடும்.

419) திரவ நிலை மலம்- அஜீரணம், தண்ணீர்போல் மலம்- வயிற்றுப்போக்கு, இறுகிப்போன மலம்- மலச்சிக்கல், களிமண் போல் மலம்- பித்த நீர்ப் பாதையடைப்பு, அதிகமான நுரை மற்றும் கெட்ட வாடையுடன் மலம்- செரிமானமாகாத கொழுப்பு உணவு, ரிப்பன் மாதிரி மெலிதான மலம்- குடல் அடைப்பு மற்றும் மலக்குடல் சுருக்கம், மலத்தில் ரத்தம்- பெருங்குடலில் புண், மூல நோய், புற்று நோய், மலத்தில் சளி- சீதபேதி, அமீபியா பேதி என பல உடற்கோளாறுகளை சொல்கிறது. டெஸ்ட் செய்து அறிந்து கொள்வது நல்லது.

420) பாலூட்டிகளின் உடலில் நெஞ்சிற்கும், இடுப்பிற்கும் இடைப்பட்ட பகுதியே, வயிறு (Stomach)' ஆகும். வயிற்றினுள் இரப்பை, சிறுகுடல், பெருங்குடல், கல்லீரல், பித்தப்பை, கணையம், மண்ணீரல், சிறுநீரகம் மற்றும் சிறுநீர்க்கு-

குடாய் போன்ற உறுப்புக்கள் அமைந்துள்ளன.

421) உண்ட உணவை செரிக்க வைக்கும் உடலின் வயிற்றுப் பாகங்களில் (Small intestine) ஒன்றாகும். இது இரைப்பைக்கும் பெருங்குடலுக்கும் இடையே இருக்கிறது. இது முன் சிறுகுடல், நடுச்சிறுகுடல், பின்சிறுகுடல் என மூன்று பகுதிகளாக உள்ளன. இங்குதான் பெரும்பகுதியான உணவுகள் உறிஞ்சப்-படுகிறது. இதன் நீளம் சுமார் 9 அடி முதல் 34 அடி வரை இருக்கும்.

422) முதுகெலும்புள்ள உயிரினங்களின் செரிமான அமைப்பின் கடைசிப் பகுதி பெருங்குடலாகும் (Large intestine). நீர் இங்குதான் உறிஞ்சப்படுகிறது. இவ்வாறு சத்துக்களும் நீரும் உறிஞ்சப்பட்ட பிறகு மீதமுள்ள கழிவுப் பொருட்க-ளையெல்லாம் சுத்தம் செய்து அகற்றுவதற்கு முன்னர் மலமாக சேகரிக்கப்படுகிறது. மனிதர்களின் பெருங்குடல் சுமார் 5 அடி நீளம் கொண்டது.

423) ஹார்மோன்கள் (Hormones) என்பது நமது மூளையிலிருந்து உடலின் பல உறுப்புகளுக்கு செய்திகளை எடுத்துச் செல்லும் ஒருவகை வேதிப்பொருட்கள் ஆகும். இவை நாளமில்லா சுரப்பிகளால் உற்பத்தி செய்யப்படுகின்றன.

424) சாப்பிடுதல், தூங்குதல் போன்ற அடிப்படைச் செயல்கள் முதல், பாலியல் தூண்டல், ஆசை, எரிச்சலைடைதல், மன நிலையை கட்டுப்படுத்துதல் மற்றும் இனப்பெருக்கம் போன்ற சிக்கலான செயல்பாடுகள் வரை, நிறைய சமாச்சாரங்-களை கட்டுப்படுத்தும் செயல்களை ஹார்மோன்களே செய்கின்றன.

425) கருவுறுதல் மற்றும் மாதவிடாய் சுழற்சிகளைக் கட்டுப்படுத்தும் இனப்-பெருக்க ஹார்மோனான 'ஈஸ்ட்ரோஜனை (Estrogen)' பெண்கள் பெற்றுள்ளனர்.

426) பெண்கள் பருவமடையும்போது, பிட்யூட்டரி சுரப்பியானது ஈஸ்ட்ரோஜன் என்கிற ஹார்மோனை சுரக்கச் செய்கிறது. இப்பருவத்தில் ஹார்மோன் அளவில் ஏற்படும் மாறுபாட்டினால் ஒரு பெண்ணை கவலையாகவோ, மந்தமாகவோ உணரச்செய்யலாம். இப்பருவத்தில், மூளை இன்னும் வளர்ந்து கொண்டிருப்பதால் இப்போது தங்களின் உணர்வு தூண்டல்கள்மீது வலுவான கட்டுப்பாட்டினை பெற்-றிருக்க முடியவில்லை. இதனுடன் ஹார்மோன் மாறுபாடுகளும் இணைந்து, பருவ வயதினரை பாடாய் படுத்தி அவர்கள் மன அழுத்தத்திற்கு உள்ளாகிறார்களாம்.

427) 'தைராய்டு (Thyroid) என்கிற ஹார்மோன் நம் எல்லா உறுப்புகளும் சரியாக வேலை செய்வதை உறுதிப்படுத்துகிறது. மேலும் நாம் உண்ணும் உணவை ஆற்றலாக மாற்ற உதவுகிறது. முத்தம் கொடுப்பதும் பெறுவதும் தைராய்டு ஹார்-மோன் சுரப்பை சீராக்குகிறதாம்.

428) 'ஆக்ஸிடோசின் (Oxytocin)' என்கிற ஹார்மோன், 'காதல் அல்லது அணைப்பு ஹார்மோன்' என்றழைக்கப்படுகிறது. இந்த ஹார்மோன் குழந்தை பெறுதலை தூண்டுவதுடன் பால் சுரப்பை ஊக்குவிக்கிறது. தாய் மற்றும் குழந்தை பிணைப்பில் பெரிதும் உதவுகிறது.

429) கணையத்தில் (Pancreas) சுரக்கும் ஹார்மோன் 'இன்சுலின்' ஆகும். சப்தமே இல்லாமல் நம் உடலில் யுத்தம் நடத்தும் நோய், சர்க்கரை நோயாகும் (Diabetes). தேவையான அளவு இன்சுலினை உடல் உற்பத்தி செய்யாத அல்-லது உற்பத்தி செய்த இன்சுலினைப் பயன்படுத்தாமல் உடலில் சேர்வதால் இந்-நோய் உண்டாகிறது.

430) 'இன்சுலின் பம்ப் (Insulin pump)' என்பது, கையடக்க செல்ஃபோன் போன்ற ஒரு கருவி. இதை இடுப்புப் பகுதியில் பொருத்திவிட்டால், அதிலிருந்து மெல்லிய ஊசியின் மூலம் இன்சுலினை உடலுக்குத் தேவையான போது ஆட்-டோமேட்டிக்காக செலுத்திவிடுமாம். மருத்துவரின் பரிந்துரையின் பெயரில், டைப்-1 டயாபட்டீஸ் பிரச்சினை உள்ளவர்கள், இந்த இன்சுலின் பம்பை பயன்படுத்தலாம். உலக அழகி போட்டியில் கலந்து கொண்ட ஒருத்தி, இந்த இன்சுலின் பம்பை இடுப்பில் செருகி போட்டிக்கு வந்ததாகக் கேள்வி.

431) இந்தியாவில் சுமார் மூன்று கோடி பேருக்கு சர்க்கரை நோய் இருக்கி-றதாம். அதில் மூன்றில் ஒருவருக்கு செயற்கையாக இன்சுலின் ஊசி போட்டுக்-கொள்ளும் அளவுக்கு இந்நோயின் தாக்கம் இருக்கிறதாம்.

432) முன்பெல்லாம் லட்சத்தில் ஒருவருக்கு என்ற நிலையில் அரிதாக இருந்த நோய்கள் எல்லாம் மாறி, பத்தில் ஒருவருக்கு என ஆகிவிட்டது. புற்-றுநோய், கருப்பைக் கட்டிகள் போன்ற நோய்களெல்லாம் தலைவலி, காய்ச்சல் போன்று சாதாரணமாகிவிட்டது. உணவில் சேர்க்கப்படும் ரசாயனங்கள் காரணமா-கவும், ஹார்மோன் மாற்றம் அதிகம் நேர்கிறது. இறைச்சியை தரும் விலங்குகளின் எடையை கூட்டுவதற்காக பல வகை செயற்கை ஹார்மோன்களை விலங்குகளுக்கு கொடுப்பதால், அதை உண்ணும் மக்களுக்கும் பலவித நோய்கள் ஏற்பட அவை காரணமாகிறது.

433) குழந்தை பெற்ற பின்பு சில பெண்களுக்கு கருப்பைக் கட்டிகள் வந்-துவிட்டால், அது புற்று நோய்க் கட்டியாக மாறிவிடுமோ என அவசர பயத்தில் 'கருப்பை நீக்க ஆப்பரேஷன் (Hysterectomy)' செய்து விடுகின்றனர். அப்-பாடா, தப்பித்தோம் என நிம்மதிப் பெருமூச்செல்லாம் விட முடியாது. சிங்கத்திட-மிருந்து தப்பித்து வேடனிடம் மாட்டிக்கொண்ட மான்போல், கருப்பை நீக்கத்தால் ஹார்மோன் சமநிலை பாதிக்கப்பட்டு, உடற்பருமன், எலும்புத் தேய்மானம் போன்ற நோய்களால் அதிகம் பாதிக்கப்படுகின்றனர்.

434) தாம் சுரக்கும் ஹார்மோன்களை, நாளங்களின் வழியாகக் கடத்தாமல், நேரடியாக இரத்தத்தில் கலக்கவிட்டு உடலின் பல பகுதிகளுக்கும் அவைகளைக் கடத்தும் சுரப்பிகள், நாளமில்லாச் சுரப்பிகள் (Endocrine glands) எனப்படும். உடல் வளர்ச்சி மற்றும் வளர்சிதை மாற்றத்தில் இவ்வகை சுரப்பிகள் முக்கிய பங்கு வகிக்கின்றன. இவற்றில் கணையம், பிட்யூட்டரி, விந்தகம் மற்றும் சூலகம் ஆகி-

யவை முக்கியமானதாகும்.

435) தாம் சுரக்கும் பொருட்களை நாளங்கள் வழியாக உடலின் பல பாகங்-களுக்கும் கடத்தும் சுரப்பியானது நாளமுள்ள சுரப்பிகள் (Glandular glands) எனப்படுகிறது. உமிழ் நீர், எச்சில், வியர்வை, தாய்ப்பால் மற்றும் கண்ணீர் போன்-றவை இவ்வகை சுரப்பிகள் சுரக்கும் சில பொருட்களாகும்.

436) என்சைம் அல்லது நொதியம் (Enzyme) என்பது உயிரினங்களின் உடலில் நிகழும் வேதியியல் நிகழ்வுகளை விரைவாகச் செய்யத் தூண்டும் ஒரு வினையூக்கி (Catalyst) ஆகும். இது புரதப் பொருள்களால் ஆனது. நம் உடலில் 'என்சைம்கள்' என்ற சமாச்சாரங்கள் இல்லையெனில், நீங்கள் காலையில் உண்ட உணவு செரிக்க பல நாட்கள் காத்திருந்து அடுத்த வேலை உணவுக்கு உங்கள் உடல் தயாராகும். என்சைம்கள் அவ்வளவு முக்கியமானது.

437) செடி கொடிகளின் ஒளிச்சேர்க்கை (Photosynthesis) முதல், நம் உடலில் உணவு செரிப்பது, மூளை இயங்குவது, மூச்சு விடுவது, இதயம் துடிப்பது, செக்ஸில் ஈடுபடுவது என எல்லாமே என்சைம்களின் உபயம்தான்.

438) 'ஒளிச்சேர்க்கை (Photosynthesis)' என்பது, தாவரங்களின் இலைத்-துளைகளின் வாயிலாகப் பெற்றுக்கொள்ளும் கார்பண்டை ஆக்ஸைடு, வேர்களின் மூலம் மண்ணிலிருந்து பெறும் ஊட்ட நீர், ஆகியவற்றைக்கொண்டு அவற்றின் பசுமையான இலைகளும், தண்டுகளும் சூரிய ஒளியில் பச்சையத்தின் உதவியுடன் மாவுப் பொருள்களான கார்போ ஹைட்ரேட்டுகளை தயாரிக்கும் முறையாகும்.

439) மனித உடலில் சுமார் 75,000 என்சைம்கள் இருப்பதாகக் கணக்கிட்டி-ருக்கிறார்கள். ஒரு என்சைம் ஒரு நிமிஷத்தில் தன் வினையை மில்லியன் கணக்-கான தடவைகள் செய்ய வல்லது.

440) ஒருவன் வியர்வை சிந்தி உழைத்தான், ரத்தம் சொட்ட பாடுபட்டான், கண்ணீர்விட்டுக் கதறினான் என இவற்றுக்கெல்லாம் பல மரியாதையான வார்த்-தைகளைப் பயன்படுத்தும் நாம், இந்த எச்சிலுக்கு மட்டும் அதை கொடுப்-தில்லை. எச்சில் துப்பினான், காரி உமிழ்ந்தான் என எச்சில்மேல் ஒரு கோப பார்-வைதான். ஆனால் 'எச்சில் (Saliva)' என்பதும் ஒரு முக்கியமான என்சைமின் பகுதியாகும். எச்சில் இல்லையேல் வாயும் தொண்டையும் வரண்டு போய் ஒழுங்கா பேசக்கூட முடியாது.

441) எச்சிலில் நுண்கிருமிகளுக்கு எதிராகப் போராடும் ஆண்டிபயாட்டிக் எனும் எதிர்ப்பு சக்தி அதிகம் இருப்பதால் வாயில் ஏற்படும் புண்கள் விரைவில் குணமாகின்றன. அதனால்தான் உடலில் ஏற்படும் சில புண்களுக்கு எச்சிலைத் தடவினால் நல்லது என்கிறார்களோ?. இனிமேல் யாரையும் 'எச்சக்கல' என்று திட்டாதீங்க.

442) எச்சில் என்பது, 99% நீரால் ஆன ஒரு திரவம். நாம் வாயிலிடும் பொருட்களிலுள்ள வைட்டமின்கள், மினரல்கள், ஹார்மோன் சுரப்புகள், என்சைம்கள், அமிலங்கள் மற்றும் நல்ல பேக்டீரியாக்கள் உட்பட ஏகப்பட்ட சத்துக்கள் கலந்திருக்கும். இவையெல்லாம் நம் உடலில் சரியாக சேர்வதற்கு எச்சிலாது ரொம்பவும் உதவுகிறது.

443) 'எச்சில் உலர்தல்' எனும் பிரச்சினை உள்ளவர்களுக்கு பற்களும் அதன் ஈறுகளும் பாதிக்கும் வாய்ப்பு உள்ளதாம். எச்சில்தான் வாயில் உள்ள தாது உப்புக்களை பயன்படுத்தி பற்களையும் ஈறுகளையும் வலுவாகவும் ஆரோக்கியமாகவும் வைத்திருக்க உதவுகிறது. இனிமேல் சும்மா சும்மா எச்சிலைத் துப்பி அதை வீனாக்காதீர்கள்.

444) நாம் உண்ணும் உணவில் இருக்கும் சத்துக்கள், கொழுப்புகள், ஸ்டார்ச்சு போன்றவைகளை சிறு துகள்களாய் உடைத்து செரிமானத்தை சுலபமாக்குவதில் எச்சிலில் உள்ள என்சைம்கள் உதவுகின்றன. இனிமேல் உணவை நிதானமாய் மென்று உண்ணுங்கள். செரிமானம் சுலபமாகும். உடலில் சத்துக்கள் அதிகம் சேரும்.

445) அமினோ அமிலங்கள் எனும் எளிய மூலக்கூறுகளால் இணைக்கப்பட்ட சிக்கலான மற்றும் அதிக மூலக்கூறு எடை கொண்ட கரிமச் சேர்மங்களே 'புரதம் (Protein)' ஆகும். பல புரதங்கள் உடலின் வளர்சிதை மாற்றங்களுக்கு உதவுகிறது.

446) உடல் வளர்ச்சிக்கு புரதச் சத்து மிக முக்கியமானதாகும். மீன், முட்டை, பால் மற்றும் இறைச்சி வகைகளில் புரதச் சத்து அதிகம் காணப்படுகிறது. உடலில் அழிந்த திசுக்களுக்கு ஈடாக புதிய திசுக்களை உருவாக்கவும் புரதச் சத்து பயன்படுகிறது. நகம் மற்றும் முடி வளர்வதற்குக் கூட, புரதச் சத்து அவசியம்.

447) ஒரு மனிதனுக்கு ஒரு நாளைக்குத் தேவைப்படும் புரதமானது, அவனின் எடையில் ஒவ்வொரு கிலோவுக்கும் ஒரு கிராம் தேவை என்பதை உலக சுகாதார அமைப்பு நிர்ணயித்துள்ளது. பெண்களின் கற்ப காலத்திலும், பிள்ளை பெற்ற பிறகும் அவர்களின் உணவில் புரதம் அதிகம் தேவைப்படும்.

448) உணவில் புரதம் தொடர்ச்சியாகக் குறைந்து வந்தால், உடல் எடை குறைந்து கடுமையான வயிற்றுப்போக்கு ஏற்பட்டு, குழந்தைகள் எலும்பும் தோலுமாக ஆகி, வயிறு உப்பி, முகம் கால்களில் வீக்கம் ஏற்படும்.

449) பாக்டீரியாக்கள் நுண்ணுயிர் வகைகளின் ஒரு பிரிவாகும். பாக்டீரியாக்களே உலகில் அதிகம் வாழும் உயிரினம் ஆகும். பெரும்பாலான பாக்டீரியாக்கள் ஒரு செல் உயிரியாகும்.

450) ஆக்சிஜன் மிகக் குறைவாக உள்ள சுற்றுச் சூழலில் தாக்குப் பிடித்து வாழ, பாக்டீரியாக்கள் மின்சாரத்தை உற்பத்தி செய்வதாக ஆராய்ச்சி முடிவு கூறு-

கிறது.

451) பால் உற்பத்தி பொருட்களான தயிர், ச்சீஸ் போன்ற பொருட்களை நொதித்தல் முறையில் தயாரிக்கவும், கடலில் கப்பல் மூழ்கும்போது ஏற்படும் எண்-ணெய் கசிவினை தடுப்பதற்கும், பயிர்களின் பூச்சி கொல்லிகளாகவும் பாக்டீரியாக்-கள் பயன்படுகின்றன.

452) 'நொதித்தல் (Fermentation)' என்பது கார்போஹைட்ரேட்டுகளை அமிலம் அல்லது ஆல்கஹாலாக மாற்றும் செயல் முறையாகும். சில பாக்டீரியாக்-கள் உணவு வகைகளில் செயற்பட்டு லேக்டிக் அமிலம் உருவாவதும் நொதித்தல் முறையில்தான்.

453) சில பாக்டீரியாக்கள், தங்க குளோரைடு எனும் நச்சுத் தன்மையுள்ள சேர்மத்தை, தமது உயிரணுவில் எடுத்துக் கொண்டு அவற்றை நானோ சைஸ் தங்க பவுடர்களாக மாற்றுகிறதாம். ஆய்வின்போது ஆய்வுக்கூடத்தில் ஒரு வாரம் கழித்து பார்த்தபோது தங்க குளோரைடானது தங்க கட்டிகளாக மாறியிருப்பதைக் கண்டார்களாம்.

454) பாக்டீரியாக்களின் பயன்கள் அதிகமிருந்தும், மனிதனுக்கு நோயுண்-டாக்கும் பிரதான நோய்க் காரணியாகவும் செயல்படுகிறது. காய்ச்சல், டிப்தீரியா, காலரா, தொழுநோய், காச நோய், உணவு நஞ்சாதல் போன்ற பல நோய்கள் உண்டாகக் காரணமாகிறது.

455) மனித உடலில் இருக்கும் பாக்டீரியாக்களில் சுமார் 4% அளவுக்குத்தான் நன்மை செய்யும் பாக்டீரியாக்கள் உள்ளன. நன்மை செய்யும் பாக்டீரியாக்கள் நம் உடலில் எப்போதுமே உடலோடு ஒட்டிக் கொண்டிருக்கின்றன. தேவையில்லாத கொழுப்புச் சத்துக்களை அகற்றுகின்றன. தீமை செய்யும் பாக்டீரியாக்களை கொல்கின்றன. தயிர், யோகர்ட் போன்ற உணவுப்பொருட்களை சாப்பிடுவதால் நல்ல பாக்டீரியாக்களை வாழ வைக்கலாம். கெட்ட பாக்டீரியாக்களை அழிப்பது கடினம். ஆகவே நல்ல பாக்டீரியாக்கள வளர்ப்பதன் மூலம் கெட்டதை அழிக்க-லாம்.

456) இந்த அழகிய பூமிப்பந்தில் நுண்ணுயிர்கள் இல்லையெனில் பூமியானது உயிர்க் கோளமாக இல்லாமல் வெறும் சவங்கள் நிறைந்த குப்பை மேடாக மாறி-விடும். நுண்ணுயிரிகள் இல்லையெனில், மனித மற்றும் மிருகக் கழிவுகள், இறந்-தவர்களின் உடல்கள் மற்றும் தொழிற்சாலைக் கழிவுகள் என எதுவுமே மக்காமல் துர்நாற்றமெடுத்த குப்பை மேட்டின் நடுவேதான் நம் வாழ்க்கை என்றாகிவிடும். படிப்படியாக நாம் வாழ்வதற்கான சூழ்நிலையை இழந்து வருகிறோம்.

457) நமது குடலில் மட்டும் ஒரு கிலோ பாக்டீரியாக்கள் இருக்கிறதாம். அவை இல்லையெனில் செரிமாணக் கோளாறு நிச்சயம். நுண்ணுயிரிகள் இல்லை-யெனில் தாவரங்களின் ஒளிச்சேர்க்கை நடைபெறாமல் உணவு உற்பத்தியும் நின்று

போய், நம் சுவாசக் காற்றான ஆக்ஸிஜனின் அளவு வெகுவாக குறைந்து போகும். பின்னர் நாம் எப்படி வாழ்வது?.

458) நுண்ணுயிரிகள் இல்லையெனில் பால்கூட தயிராக மாறாது, பால் பொருட்களை பார்க்கக்கூட முடியாது. ஒரு குட் நியூஸ், மதுபானகள் உற்பத்தி இருக்காது. மதுவிலக்கு தானாக நடைமுறைக்கு வந்துவிடும்.

459) நுண்ணுயிரிகள் இல்லையெனில், அவற்றால் ஏற்படும் சளி முதல் கெட்ட உயிர்கொல்லி நோயான எய்ட்ஸ் வரை அத்தனையும் அழிந்துவிடும். நுண்ணுயிர்கள் இல்லாதபோது, இந்த பூமி மனிதன் வாழவே தகுதியற்றதாக ஆகி-டும்போது நோய்கள் பற்றி என்ன கவலை.

460) 'வைரஸ் (Virus)' என்பது ஒரு தொற்று நோய் உண்டாக்கும் நச்சுக்-கிரிமி. கண்களால் பார்க்க முடியாத அளவிற்கு, பவர்ஃபுல் எலெக்ட்ரான் மைக்-ராஸ்கோப் மூலம் மட்டுமே பார்க்க முடிந்த அளவில் சுமார் 20 முதல் 300 நானோமீட்டர் அளவு கொண்டவை.

461) 'உயிர் இருக்கு, ஆனா இல்ல' என்கிற சர்ச்சையின் மத்தியிலேயே வைரஸ்கள் உள்ளன. இவை செல்களுக்கிடையே வாழ்வதால் இவைகளுக்கு உயிர் இருக்கலாம் என்றும், செல்லுக்கு வெளியே இவை பெருக்கமடையும் தன்மை அற்றது என்பதால் இதற்கு உயிர் இல்லையோ என குழப்பம் இருக்கிறது.

462) வைரஸ்கள் அடிக்கடி தங்கள் குணங்களையும், வடிவங்களையும், தாக்-குதல்களையும் மாற்றிக்கொண்டே இருப்பதால், சில வைரஸ் நோய்களுக்கு இது-வரை மருந்துகள் கண்டு பிடிக்கப்படவில்லை.

463) நமது உடலின் மென்மையான பகுதிகளையே பெரும்பாலும் வைரஸ்கள் தாக்குகின்றன. வாய், உதடு, நாக்கு, தொண்டை, மார்பகம் மற்றும் ஆண், பெண் இனப்பெருக்க உறுப்புக்களே அதன் முக்கிய இலக்காகும்.

464) ஆரம்பத்தில் வீரியமற்ற நிலையில் இருக்கும் வைரஸ் கிருமிகள், காத்-திருந்து உயிருள்ள செல்களின் உள்ளே நுழைந்ததும் மிகவும் வீரியமடைந்து, பதுங்கி பாய்வது போல் தன் வேலையை காட்ட ஆரம்பிக்கும்.

465) வைரஸ் கிருமிகள் வேகமாகப் பரவுவதற்கு சளி, இரத்தம், இரத்தம் படிந்த கருவிகள், உடல் திரவங்கள் மற்றும் இனப்பெருக்க திரவங்கள் ஆகியவை காரணமாகின்றன.

466) ஆரம்ப நிலையிலேயே வைரஸ் கிருமிகளின் தாக்குதல்களை சரியான முறையில் எதிர்கொண்டால் எளிதில் கட்டுப்படுத்தி விடலாம். இல்லையேல் நோயின் தீவிரம் அதிகரித்து பல உடல் நலக் கோளாறுகளை அசால்ட்டாக ஏற்-படுத்திவிடும்.

467) நிபா, எபோலா, சார்ஸ், மெர்ஸ், ஹெனிபா போன்ற வைரஸ்கள் பழம் திண்ணி வெள்வுவால், குதிரை, பன்றி, ஒட்டகம் போன்ற மிருகங்கள் வழியாக

மனிதர்களுக்குப் பரவுகிறதாம். இவ்வகை நோய் தாக்கியவர்கள் அதன் கடுமையினால் விரைவில் இறந்து போகிறார்கள்.

468) 'பெட்ரோவரசு' எனும் வைரசின் அதீத தாக்குதலினால் எச்.ஐ.வி நோய் ஏற்றுகிறது. இந்நோய் தாக்குதலினால் மனிதனின் நோய் எதிர்ப்பு சக்தி வெகுவாகக் குறைகிறது. இதனை சாதகமாகப் பயன்படுத்தி பெருநோய்கள் தாக்கி விரைவில் மரணம் ஏற்படுகிறது.

469) 'கரோனா வைரஸானது (Coronavirus)' ஒருவகை ஆட்கொல்லி வைரஸாகும். தும்மல், இருமல் மற்றும் தொடுதல் மூலம்கூட, நோய்தாக்கிய ஒரு-வரிடமிருந்து மற்றவருக்கு மிக எளிதாக பரவும் வைரஸாகும். இந்த வைரஸ் பாதிக்கப்பட்டவர்களுக்கு முதலில் காய்ச்சல் ஏற்பட்டு, வரட்டு இருமலை உண்-டாக்கி, தொண்டை வரட்சியால் அவதிப்படுவர். ஒரு வாரத்திற்குப்பிறகு மூச்சுத்தி-ணறல் ஏற்படுமாம். தாக்குதல் அதிகமாகும்போது மரணம் கூட சம்பவிக்கும்.

470) உண்மையில் காய்ச்சல் என்பது நோயல்ல, ஆனால் அது பல நோய்கள் வருவதற்கான அறிகுறிகளாய் இருக்கலாம். வைரஸ் காய்ச்சல், டைஃ-பாய்டு, மலேரியா, சிக்கன் குன்யா, பன்றிக்காய்ச்சல் (H_1N_1), டெங்கு காய்ச்சல், மூளைக்காய்ச்சல், தொழுநோய் போன்றவை பல வைரஸ் கிரிமிகளால் உண்டாகி-றது. இவைகள் பெரும்பாலும் கொசுக்கடி, அசுத்தமான தண்ணீர், சுகாதாரமின்மை போன்ற காரணங்களால் ஏற்படுகிறது.

471) உலகில் தற்போது குணப்படுத்த முடியாத நோய்களில் ஒன்று 'ரேபீஸ் (Rabies) எனும் வைரஸ் நோயாகும். இது பெரும்பாலும் வெறிநாய்க் கடியால் வருகிறதாம். உலகம் முழுவதும் வருடத்திற்கு சுமார் 65 ஆயிரம் பேர் வரை இந்த நோயால் இறக்கின்றனர். ஆரம்பத்திலேயே கவனித்து சிகிச்சை பெற்றுக் கொண்-டால் உயிர் பிழைத்து விடலாம் என்கிறார்கள்.

472) 'ரேபீஸ்' நோயுள்ள நாயின் உமிழ்நீரில் ரேபீஸ் வைரஸ்கள் வாழும். இந்-நாய் கடிக்கும்போது ஏற்படும் காயத்தின் வழியாக இந்தக் கிருமிகள் உடலுக்குள் புகுந்து கொள்ளும். அங்குள்ள தசை இழைகளில் பன்மடங்கு பெருகும். பிறகு நரம்பு மற்றும் தண்டுவடத்தின் வழியாகவும் மூளையை அடைந்து, மூளைத்திசுக்-களை அழித்து ரேபீஸ் நோய்களை உண்டாக்கும்.

473) ரேபீஸ் நோய் உள்ளவர்கள் தண்ணீரைக் கண்டாலே பயப்படுவார்களாம். ஏனெனில், தண்ணீரைக் கண்டதும் தொண்டையிலுள்ள விழுங்கு தசைகள் இறுக்-கமடைந்து சுவாசம் நிற்கிற உணர்வு ஏற்படுவதால், எங்கே நம்ம உயிர் போய் விடுமோ என பயந்து இவர்கள் தண்ணீரைக் குடிக்க மாட்டார்கள். இதற்கு 'ஹைட்ரோஃபோபியா (Hydrophobia)' என்று பெயர். உடலில் வெளிச்சமோ காற்றோ பட்டால்கூட உடல் நடுங்கும். எந்நேரமும் அமைதியின்றி காணப்படுவார்-கள். எதையாவது பார்த்து ஓடப்பார்ப்பதும், மற்றவர்களை துரத்திக் கடிக்க வருவ-

துமாக இருப்பார்கள். நோயின் இறுதிக் கட்டத்தில் வலிப்பு வந்து, சுவாசம் நின்று உயிரிழப்பார்கள். பார்ப்பவர்களை கண்கலங்கச் செய்யும் அளவுக்கு என்ன கொடு-மையான நோய்!

474) தனி மனிதன் மற்றும் சமூகம் எப்போது தம் வாழ்வின் ஒழுக்கக் கட்-டுப்பாட்டிலிருந்து விலக ஆரம்பிக்கிறதோ, அப்போதே பல இன்னல்களை தம் வாழ்விலே சந்திக்க நேரிடுகிறது. அதில் ஒரு பயங்கரம்தான் 'எய்ட்ஸ் (AIDS - Acquired Immune Deficiency Syndrome)' எனும் ஆட்கொல்லி நோய். ஹெச்.ஐ.வி (HIV - Human Immuno Deficiency Syndrome Virus) என்பது மனித நோய் எதிர்ப்பைக் குறைக்கும் நச்சுயிரி ஆகும். இவ்வகை வைரஸ் கிருமிகள் தாக்கப்பட்டவர்கள், தங்கள் உடலானது நோய்களை எதிர்த்துப் போரா-டும் திறனை படிப்படியாக பலவீனப்படுத்துவதாகும். நோய்த் தொற்றுகளை எதிர்த்-துப் போராட முடியாத ஹெச்.ஐ.வி.யின் கடைசி நிலையே எய்ட்ஸ் எனும் ஆட்-கொல்லி நோயாகும்.

475) 1981ஆம் ஆண்டு வாக்கில் அமெரிக்காவில், கேடுகெட்ட ஓரினச்-சேர்க்கை செய்பவர்களிடம் நூதனமான 'நிமோனியா' எனும் நோயைக் கண்ட ஒரு ஆராய்ச்சி மையம், அவர்களை டெஸ்ட் செய்து, எய்ட்ஸ் எனும் நோய் இருப்-பதாக ஆய்வறிக்கையை வெளியிட்டனர். இதுவே உலகில் காணப்பட்ட எய்ட்ஸ் நோயின் முதல் படி.

476) ஹெச்.ஐ.வி. பாதிப்பு உள்ளவர்களுக்கு அதன் ஆரம்ப நிலையில் பாதிப்பு உடனே தெரிவதில்லையாம். உடல் நலக்குறைவு, இரவு நேரத்திலும் அதி-கமாக வியர்த்தல், உடல் சோர்வு, குமட்டல், நடுக்கம், வயிற்றுப்போக்கு, நெறிகட்-டுதல், உடல் எடை குறைந்து கொண்டே வருதல் போன்றவைகளை தோற்றுவிக்-கிறது.

477) ஹெச்.ஐ.வி. நோய்த் தொற்று ஏற்பட்ட மூன்று மாதங்களில், வைரசின் எண்ணிக்கை பன்மடங்காகப் பெருகி உடலின் பல பாகங்களிலும் வேகமாகப் பரவுகின்றன. குறிப்பாக மூட்டுக்களில் உள்ள செல்களைக் குறிவைத்து தாக்கு-கின்றன. ரத்தத்தின் வெள்ளை அணுக்கள் அனைத்தும், எதிர்ப்புப் போராட்டக் களம் அமைத்து போராடும்போது நோயின் தீவிரம் குறைக்கப்பட்டாலும், முடிவில் நோயானது வெள்ளையணுக்களை வென்று விடுகிறது. சிலருக்கு இந்நோய்தொற்று தெரிவதற்கு பத்து ஆண்டுகள் கூட ஆகலாம். கட்டுப்பாடான வாழ்க்கையே நல்ல மருந்தாகும்.

478) கேடுகெட்ட விபச்சாரம் எனும் அன்னிய பாலுறவு மற்றும் நோய் தொற்-றிய ஊசிகளைப் பகிர்ந்து கொள்வது போன்ற காரணங்களாலும் 'எய்ட்ஸ்' பரவு-கிறது. இந்நோய் பாதிக்கப்பட்ட தாய் தன் குழந்தைக்கு பாலூட்டும்போது, ஒன்-றுமே அறியாத தன் குழந்தைக்கும் பரவுகிறது. இந்நோய் பாதிக்கப்பட்டவர்களுக்கு

சிகிச்சை அளித்து கொஞ்சம் கூடுதல் நாள் வாழ வைக்கலாமே தவிர, அதை முழுமையாக குணப்படுத்தும் மருந்து இன்னும் கண்டு பிடிக்கப்படவில்லை என்-பதே உண்மை.

479) விபச்சாரத்தை முழுமையாக ஒழிக்க வேண்டும் என்று சொல்லாமல், பாதுகாப்பான முறையில், அந்நியருடன் உடலுறவு வைத்துக் கொள்ளுங்கள் எனும் பிரச்சாரத்தைப் பார்க்கும்போது, அருவெருப்பால் உடலெல்லாம் கூசுகிறது. இந்த கேடுகெட்ட செயல்களை முற்றிலும் ஒழித்தால் மட்டுமே இது போன்ற பயங்கர நோய்களிலிருந்து மனித இனத்தைப் பாதுகாக்க முடியும்.

480) உலகில் ஒரு மணி நேரத்தில் 600 நபர்கள் ஹெச்.ஐ.வி. தொற்றால் பாதிக்கப்படுகிறார்களாம். ஒரு நிமிடத்தில் ஒரு குழந்தை எய்ட்ஸால் இறக்கிறது. இந்தியாவில் தற்போது சுமார் 2.1 மில்லியன் மக்கள் ஹெச்.ஐ.வி. தொற்று நோயாளிகளாக உள்ளனர் என ஆய்வறிக்கை சொல்கிறது.

481) ஒரு எய்ட்ஸ் நோயாளி தகாத பாலுறவால் மட்டுமே அந்த நோயை பெற்றிருப்பார் என்று சொல்ல முடியாது. அத்தகைய பழக்கம் இல்லாதவருக்குக் கூட அவர்களும் அறியாத பல சந்தர்ப்பங்களில் பரவ வாய்ப்பிருக்கிறது. ஆகவே எய்ட்ஸ் நோயாளிகள் சமூகத்தின் பார்வையில் தள்ளியே வைக்கப்படுகிறார்கள். அவர்களிடம் பேசுவதாலோ, கை குலுக்கி ஆரத்தழுவிக் கொள்வதாலோ, அவர்-களுடன் சேர்ந்து உணவருந்துவதாலோ இந்நோய் பரவாது. அவர்களுக்கு ஆறுத-லாய் இருப்போம்.

482) உடம்பு சுகமில்லையா ஒரு 'ஆண்ட்டிபயாட்டிக் (Antibiotic)' போட்-டுக்கோ எல்லாம் சரியாகிவிடும் என்கிற அளவுக்கு ஆண்ட்டிபயாட்டிக் மருந்துகள் மக்கள் மத்தியில் பிரபல்யம். இவ்வகை மருந்துகளின் கண்டுபிடிப்பானது நவீன மருத்துவத்தின் பெரிய புரட்சியாகும். 'பென்சிலின் (Penicillin)' தான் உலகின் முதல் ஆண்ட்டிபயாட்டிக் மருந்தாகும்.

483) இரண்டாம் உலகப் போரின்போது காயம்பட்ட போர் வீரர்களை, நோய் தொற்றிலிருந்து பாதுகாத்தது 'பென்சிலின்' எனும் மருந்தாகும். முன்பெல்லாம் உடலில் ஏற்படும் சிறிய சிராய்ப்பு மற்றும் கீரல்களினால் கூட உடலில் நோய்த் தொற்று ஏற்பட்டு மரணம் வரை கொண்டு சென்றிருக்கின்றன. 'அலெக்ஸாண்-டர் பிளெம்மிங்' என்பவரின் இந்த கண்டுபிடிப்பானது, 1000 ஆண்டு காலத்தின் சிறந்த கண்டுபிடிப்பாக கருதப்படுகிறது. அவருக்கு நன்றி.

484) ஆண்ட்டிபயாட்டிக் மருந்துகளை வரையறையில்லாமல் பயன்படுத்துவ-தால், நுண்கிருமிகள், மருந்துக்கு கட்டுப்படாமல் பெப்பே காட்டிவிடும். நோயி-லிருந்து காக்கும் ஆண்ட்டிபயாட்டிக் மருந்துகளே சில சமயம் வயிற்று உபா-தைகளுக்கு காரணமாக அமைகின்றனவாம். அவை நம் வயிற்றிலுள்ள உணவுச் செரிமான அடிக்குழாயில் உள்ள நுண்ணுயிர்களின் சமச்சீர் நிலையைக் பாழாக்கி,

அதுவே பல ஆரோக்கிய கேடுகளுக்கும் வழிவெகுக்கும் என்று ஆய்வு முடிவுகள் கூறுகிறது.

485) எந்த நோயானாலும் உடனே ஆண்ட்டிபயாட்டிக் மாத்திரைகள் பொது-வாக பரிந்துரைக்கப்படுகின்றன. இதனால் தற்காலிகமாக நிவாரணம் தருவதாக இருந்தாலும், இது நிரந்தர தீர்வல்ல. 50%க்கும் மேலாக தேவையில்லாத ஆண்ட்-டிபயாட்டிக் மருந்துகளே பரிந்துரை செய்யப்படுகின்றன. இம்மருந்துகளைத் தொடர்வதால் உடலில் தேவையில்லாத பல மாற்றங்களை உண்டாக்குகிறது.

486) நம் குடல் வாலின் அடிப்பகுதியில் நல்ல பாக்டீரியாக்கள் வாழ்கின்றன. தேவையில்லா மருந்துகள் இவ்வகை பாக்டீரியாக்களின் எதிர்ப்புச் சக்தியின் திறனை மழுங்கடிக்கிறது. சிறு பிள்ளைகள் ஆண்ட்டிபயாட்டிக் மருந்துகளை உட்-கொள்வதால் அவர்களின் நார்மலான இன்சுலின் சுரப்புகளை பாதிக்கிறதாம். உடலின் இயற்கையான நோய் எதிர்ப்பு சக்திகளையும் பாதிக்கிறதாம்.

487) பாக்டீரியாக்களினால் உடலில் ஏற்படும் இன்ஃபெக்ஷன்களை தடுப்பதற்கு ஆண்ட்டிபயாட்டிக் மருந்துகள் உதவுகின்றன. நாம் உண்ணும் இவ்வகை மருந்-துகள் நம் உடலில் தனக்கு சொந்தமான பாக்டீரியாக்களின் படையை உற்பத்தி செய்து, அவை உடலில் தங்கி இருக்கும் நோயுண்டாக்கும் பாக்டீரியாக்களுடன் சண்டையிட்டு அவைகளைக் கொல்கின்றன. அதனால்தான் மருத்துவர்கள், ஆண்ட்டிபயாட்டிக் மருந்துகளை பரிந்துரை செய்யும்போது, தொடர்ச்சியாக மூன்று நாட்கள் அல்லது ஏழு நாட்கள் சாப்பிடுங்கள் என்கிறார்கள். இதற்கு ஒரு கோர்ஸ் என்று பெயர்.

488) மனித மற்றும் விலங்குகளின் உடலானது, நுண்ணுயிர்களுடன் ஒரு ஒத்திசைவான உறவுகளை வைத்து, ஆண்ட்டிபயாட்டிக் மருந்துகளுக்கே குட்பை சொல்லி நம்மை நோய்களிலிருந்து இயற்கையாகவே பாதுகாக்கிறது. ஆனால் நாம்தான் அவசரப்படுகிறோம். அதனால்தான், 'ஜலதோஷத்திற்கு டாக்டரிடம் போனால் ஏழு நாட்களிலும், சும்மா இருந்தால் ஒரு வாரத்திலும் சரியாகி விடும்' என்று தமாஷாக சொல்வார்கள்.

489) 'பயோடெக்னாலஜி (Biotechnology)' என்பது, ஒவ்வொரு உயிரிலும் உள்ள செல்லின் செயல்பாட்டையும், அதன் மூலக்கூறுகளின் செயல்பாட்டையும் வைத்து, நவீன தொழில்நுட்பம் மூலம் நமக்குத் தேவையான பொருட்களை தேவையான குணங்களுடன் தயாரிக்க வழிவகை செய்யும் புதிய தொழில்நுட்பமா-கும். மனித நோய்களுக்கு நுண்ணுயிர்கள் மூலம் மருந்து தயாரிக்கவும், விளை-பொருட்கள் நெடுநாள் கெடாமல் வைக்க புதிய வழிமுறைகளையும் தருகிறது.

490) உலகில் உயிர்களுக்கான உணவுத் தேவை நாளுக்கு நாள் அதிகரித்துக் கொண்டே இருக்கிறது. மனிதர்களின் எண்ணிக்கை அதிகரித்துக் கொண்டே வரும் அதே வேளையில் மற்ற உயிரினங்களின் எண்ணிக்கை குறைந்து கொண்டே வரு-

கிறது. விவசாய நிலங்களெல்லாம் அழிந்து கொண்டே வருகிறது. இந்த சூழல்க-
ளையெல்லாம் படிப்படியாக சமப்படுத்துவதற்குரிய தொழில் நுட்பமே, 'பயோ டெக்-
னாலஜி' எனும் உயிர்த் தொழில்நுட்ப துறையாகும். சிறந்த பண்புகளையுடைய
புதிய தாவர வகைகள் மற்றும் விலங்கு வகைகளை உருவாக்கி மேம்படுத்துதல்
போன்றவை இதன் மூலம் சாத்தியமாகும்.

491) 'வைட்டமின் (Vitamin)' என்பது, பெரும்பாலான உயிரினங்களின்
உடல் வளர்ச்சி மற்றும் செயற்பாட்டிற்கு மிகச்சிறிய அளவில் தேவைப்படும் ஆர்-
கானிக் நுண்ணூட்டச் சத்தாகும். இது உயிரினத்தால் முழுவதும் உருவாக்கப்பட
முடியாத, அல்லது ஒரு சிறு பகுதி மாத்திரமே உருவாக்கப்படக் கூடிய ஆர்கானிக்
சேர்மங்களே வைட்டமின்களாகும்.

492) மனிதர்களுக்கு முக்கிய தேவையான 13 வைட்டமின்கள் இதுவரை
கண்டறியப்பட்டுள்ளன. இதில் நான்கு, கொழுப்பில் கரைபவை (A, D, E, K).
ஒன்பது, நீரில் கரைபவை (B வகையில் எட்டும், C யும்). இதில் கொழுப்பில்
கரையும் வைட்டமின்கள், குடலிலிருந்து கொழுப்புகளின் உதவியுடன் உள்ளே
உரிஞ்சப்பட்டு சேமிக்கப்படுகின்றன. அளவுக்கு அதிகமாக உட்கொள்ளப்பட்டால்
உடலுக்கு தீங்கை உண்டாக்குமாம். நீரில் கரையும் வைட்டமின்களில் பெரும்-
பாலானவை உடலில் சேமிக்கப்படுவதில்லை. அளவுக்கு அதிகமானவை சிறுநீர்
மூலம் அகற்றப்படுகின்றன.

493) ஒரு மனிதனின் வாழ்வில் கருவின் வளர்ச்சி முதல் அவனின் இறு-
திக்காலம் வரை வைட்டமின்கள் ஒரு அத்தியாவசிய தேவையாகும். கருவாய்
இருக்கும்போது தாயிடமிருந்தும், உலகுக்கு வந்தபின் உண்ணும் உணவிலிருந்தும்
தேவையான வைட்டமின்கள் பெறப்படுகின்றன. ஆகவே நாம் உண்ணும் உணவு
மல்ட்டி விட்டமின்களை பெறும் வகையில் சுழற்சி முறையில் அமைய வேண்டும்.
மில்லி கிராமுக்கும் குறைவான அளவே தேவைப்படும் வைட்டமின்களின் பற்றாக்-
குறையால் ஏற்படும் விளைவுகள் சில நேரங்களில் உயிரைப் போக்கும் அளவிற்கு
ஆபத்தானவை.

494) குறிப்பிட்ட வைட்டமின்களை நம் உடலுக்குத் தேவையான அளவு
தினமும் எடுத்துக் கொள்ள வேண்டும். அவை குறையும்போது, நமது உடல்
ஆரோக்கியம் மெல்ல மெல்ல சீர்குலைய ஆரம்பிக்கும். உடலின் வளர்ச்சிக்கும்
மற்றும் தேவையான மாற்றங்களுக்கும் வைட்டமின்கள் கட்டாயத் தேவையா-
கின்றன.

495) நாம் இன்று சாதரணமாக பயன்படுத்தும் எலெக்ட்ரானிக்ஸ் சாதனங்க-
ளான செல்ஃபோன் முதல் டி.வி ரிமோட் வரை அத்தனையும் மின்காந்த சக்தி-
யைக் கொண்டு இயங்குகின்றன. நம் கண்களுக்குத் தெரியாமல் நம்மைச் சுற்றி
இருக்கின்ற, கிடைக்கும் கட்டளைக்காக காத்து நின்று அதை சரிவர நிறைவேற்-

றும் அலைகளே 'மின்காந்த அலைகள் (Electromagnetic waves)'.

496) மின்சக்தியும் காந்த சக்தியும் ஒன்றோடொன்று தொடர்புடையவை. ஒரு மின்கம்பியில் மின்சாரம் பாயும்போது, அதைச்சுற்றி காந்தப்புலம் உருவாகிறது என மைக்கேல் ஃபாரடே கண்டுபிடித்தார். 'எலெக்ட்ரோ மேக்னட்டிக் வேவ்ஸ்' பற்றி முதலில் ஆராய்ந்து அதற்குரிய சமன்பாடுகளைத் தந்தவர் ஜேம்ஸ் மாக்ஸ்வெல் எனும் கணித மேதை. மின்புலமும் காந்தப்புலமும் ஒன்றுகொன்று செங்குத்தாக குறித்த வேகத்தில் அலைந்தால் (Oscillate) மட்டுமே அது மின்காந்த அலை- களை உண்டாக்கும். அதன் வேகம் வினாடிக்கு 299,792,458 மீட்டர்களாகும். ஒளியின் வேகமும் அதுதான்.

497) மிகப்பெரிய மின்காந்த அலை உருவாக்கி (Electromagnetic generator), நமது சூரியன்தான். சூரியன் ஒளியை மட்டும் வெளியிடவில்லை. அது தன் சக்தியை மின்காந்த அலைகளாகவே வெளியிடுகிறது. அதில் ஒரு குறிப்பிட்ட நிறமாலை (Spectrum) வீச்சில் ஒளியும் ஒரு பகுதியாகும்.

498) சூரியன், ஒளியைத் தருவதோடு அல்லாமல், ரேடியோ அலை (Radio waves), நுண்ணலை (Microwaves), அகச்சிவப்பு கதிர்கள் (Infrared waves), புற ஊதக்கதிர்கள் (Ultraviolet rays), எக்ஸ்ரே (X-ray) மற்றும் காமா கதிர்கள் (Gamma rays) போன்ற பலவகை கதிர்களை சக்தியாக வெளிப்படுத்துகின்றன.

499) ரேடியோவில் பாட்டு கேட்பதும், ரேடார் போன்ற சாதனங்கள் இயங்குவ- தும் ரேடியோ அலைகளைக் (Radio waves) கொண்டுதான். மின்காந்த அலை- களில் 1 மில்லி மீட்டர் முதல் 100 கிலோமீட்டர் வரை அலைநீளம் கொண்டவை இந்த ரேடியோ அலைகள்.

500) சேட்டிலைட், இண்டெர்நெட், வைஃபை என நிறைய சாதனங்கள் செயற்கையாக உருவாக்கப்பட்ட ரேடியோ அலைகளைக் கொண்டுதான் இயங்கு- கின்றன.

501) ரேடியோ டெலஸ்கோப்புகள், சாதாரண டெலெஸ்கோப்புகளை விட பெரியதாக இருக்கும். ஏனெனில், ஒளியின் அலைநீளத்தை விட ரேடியோ அலைகளின் அலைநீளம் அதிகம். விண்வெளியில் இருக்கும் பல பொருட்கள் ரேடியோ அலைகளை வெளியிடுகின்றன. ஆகவே விண்வெளியைப் பற்றி ஆராய்வதற்கு 'ரேடியோ டெலெஸ்கோப்புகள்' பெரிதும் உதவுகின்றன.

502) ஒலி அலைகளுடன் (Sound waves) மின்காந்த அலைகளைக் கலந்து, 'பண்பேற்றம் (Modulation) செய்து வானொலி நிலையங்களில் அமைக்கப்பட்டுள்ள மிக உயரமான கோபுரங்களின் வழியாக அனுப்பும் கருவிகள் (Transmitter) மூலம் மின்காந்த அலைகளாக வெளியே ஒலிபரப்பப்படுகிறது. அவ்வலைகளை, ஒலிவாங்கிகள் (Radio receiver) மூலம் பெறப்பட்டு அதி-

லுள்ள மின்காந்த அலைகளைப் பிரித்தெடுத்து விட்டு ஒலியலைகளை மட்டும் கேட்டு மகிழ்கிறோம். ரேடியோவைக் கண்டுபிடித்த குலிமோ மார்க்கோனி என்பவர், நீண்ட தூரம் ஒலிபரப்பப்படும் 'வானொலியின் தந்தை' என்றழைக்கப்படுகிறார்.

503) ரேடியோ அலைகளைப் பயன்படுத்தி, ரிமோட் கண்ட்ரோல் எனும் கட்-டுப்பாட்டு கருவிகளை உருவாக்குகிறார்கள், படகுகள், விமானங்கள், கிரேன்-கள் போன்ற சாதனங்களை இயக்க 'டிஜிட்டல் ரேடியோ' நுட்பங்களை பயன்-படுத்துகிறார்கள். எஃப் எம் ரேடியோ நிலையங்களில் அதிர்வெண் பண்பேற்றம் (Frequency Modulation-FM) செய்யப்பட்ட ஒலி அலைகளைப் பரப்புகிறது.

504) ரேடியோ அலைகளின் அலைநீளம் கொஞ்சம் கொஞ்சமாக குறைந்து வரும்போது ஒரு கட்டத்தில் அது நுண்ணலைகளாக (Microwaves) மாறுகிறது. இதன் அலை நீளம் 0.1 முதல் 100 செண்டிமீட்டர் வரையாகும். இதன் ஃப்ரீக்-வென்சி 300 MHz முதல் 300 GHz வரை இருக்கும்.

505) நுண்ணலைகள், மேகம் மற்றும் மழை ஆகியவற்றில் எளிதில் ஊடுருவிச் செல்வதால், சேட்டிலைட்டுகளிலிருந்து வானிலை பற்றிய தகவல்களை சேகரிக்க-வும், கடல் மட்டத்தில் காற்றின் வேகத்தை அளக்கவும் இவை பயன்படுகின்றன. இதற்கு நாசாவின் 'QuicSCAT' என்ற சாட்டிலைட் மைக்ரோ வேவ்ஸை பயன்-படுத்தி வேலை செய்கிறது.

506) 'மைக்ரோ ஓவன்கள் (Micro oven)', 12 செண்டிமீட்டர் அலை நீளம் கொண்ட நுண்ணலைகளைக் கொண்டுதான் வேலை செய்கிறது. உணவில் இருக்கும் நீர் மற்றும் கொழுப்பு மூலக்கூறுகளை வேகமாக அதிர்வடையச் செய்து, மிக விரைவில் அதைச் சூடாக்குகிறது. அதனால்தான் மைக்ரோ ஓவனில் வைத்து சூடாக்கும் உணவு மட்டும் சூடாகிறது, ஆனால் பாத்திரம் சூடாவதில்லை.

507) நாம் பெரிய மால்கள், மெட்ரோ ஸ்டேஷன் மற்றும் பெரிய கட்டி-டங்களின் உள்ளே நுழையும்போது, ஆட்டோமேட்டிக்காக கண்ணாடி கதவுகள் திறந்து வழிவிட்டு மூடுவதை பார்த்திருப்போம். அதாவது, நாம் கேட்டில் நுழை-யும்போது, கேட்டுக்கு முன்னால், நாம் பார்க்காத வகையில் அகச்சிவப்பு கற்றை-கள் (Infrared rays) பாய்கின்றன. நாம் நுழையும்போது அதை வெட்டுகிறோம். அந்த நேரத்தில் மோட்டார்கள் மற்றும் இதர சாதனங்கள் வேலை செய்து கேட்டை திறக்கிறது. கேட்டைத் தாண்டியதும், பிரிந்த கற்றைகள் சேர்ந்து கொண்டு கேட் மூடும்படி செய்கிறது.

508) 'அகச்சிவப்பு கதிர்கள் (Infrared)', மைக்ரோ வேவ்ஸைவிட குறைந்த அலைநீளம் கொண்ட அலைகளாகும். இந்த அலைகளை மனிதக் கண்களால் பார்க்க முடியாவிட்டாலும் உணர முடியும். அதாவது நீங்கள் வெயிலில் நின்றால் சுடுவதற்குக் காரணம் இந்த அகச்சிவப்பு கதிர்களே. இவை ஒளி அலைகளின் சிவப்பு நிறத்திற்கு அடுத்து காணப்படும்.

509) சாதாரண வெப்ப நிலையில் நம் உடம்பானது, 10 மைக்ரோ மீட்டர் அலை நீளமுள்ள அகச்சிவப்பு கதிர்களை வெளியிடுகிறது. இந்த அகச்சிவப்பு கதிர்களை படம்பிடிக்க, ஸ்பெஷல் இன்ஃப்ராரெட் கேமராக்கள் பயன்படுகின்றன. நம் உடலின் பாகங்கள் வெவ்வேறு டிகிரிகளில் வெப்பத்தை வெளியிடுகின்றன. அதன்படி வெப்ப நிலை மாறுபாட்டிற்கேற்ப கிடைக்கும் இமேஜ்களில் பல வர்ணங்களாகத் தெரியும். இதைத்தான் 'தெர்மல் இமேஜிங் (Thermal imaging)' என்கிறார்கள். அகச்சிவப்பு கதிர்களைக் கொண்டு கும்மிருட்டிலும் படம் பிடிக்க-லாம். திருடர்கள் ஜாக்கிரதை.

510) காட்டுத்தீ, எரிமலை வெடிப்பு ஆகியவை ஏற்படும்போது, வெளிவரும் வெப்பத்தை, அகச்சிவப்பு கேமராக்கள் மூலம் படம் பிடித்து, எங்கிருந்து தீ அல்-லது வெப்பம் வருகிறது என்பதைக் கண்டறிந்து அதனைக் கட்டுக்குள் கொண்டு வருவதற்கு உதவுகிறது.

511) 'மின்காந்த அலைகள் (Electromagnetic waves)' எல்லாமே ஒளி-தான். அதில் எல்லா அலைகளும் நம் கண்களுக்குத் தெரிவதில்லை. அவற்றின் மிகச்சிறிய அளவையே நம் கண்களால் காண முடியும். இதைத்தான் கட்புலனா-கும் ஒளி (Visible light) என்கிறோம். இதன் அலை நீளம் 400 நேனோமீட்டர் முதல் 700 நேனோமீட்டர் வரையாகும்.

512) 'அலை இயற்றி (Oscillator)' என்பது, தொடர்ச்சியாக ஒரு குறிப்பிட்ட அதிர்வெண்ணில் அலைகளை உற்பத்தி செய்யும் ஓர் எலெக்ட்ரானிக்ஸ் சாதன-மாகும். இதன் இன்புட்டில் DC கரண்ட் கொடுத்தால் அவுட்புட்டில் குறிப்பிட்ட அதிர்வெண்ணில் அலைகளை உற்பத்தி செய்கிறது. சர்க்யூட்டில் சில மாற்றங்களை செய்து நமக்குத் தேவையான எலெக்ட்ரோ மேக்னெட்டிக் அலைகளை (Electromagnetic waves) உற்பத்தி செய்து கொள்ளலாம்.

513) நிறம் (Colour) அல்லது வண்ணம் என்பது சிவப்பு, மஞ்சள், நீலம் போன்ற அடிப்படை வண்ணங்களின் கலவையாகும். இவைகளைக் கொண்டு லட்-சக்கணக்கான வண்ண கலவைகளை உண்டாக்கலாம். வண்ணங்களைக் காண்பது மனிதனின் காட்சிப் புலணுணர்வுகளின் சிறப்பு அம்சமாகும். நிறங்களின் அடிப்-படை அறிவியலுக்கு வித்திட்டவர் சர் ஐசக் நியூட்டன் ஆவார்.

514) 'ஒளி நிறமாலையில் (Light spectrum)' வண்ணங்கள் ஏற்படுத்தும் மின்காந்த கதிர்வீச்சால் மனிதக் கண்களின் கூம்பு செல்கள் தூண்டப்படுவதால், நிறங்கள் உணரப்படுகின்றன.

515) நிறங்களில் சிவப்பு நிறம்தான் அதிக அலைநீளம் (Wavelength) கொண்டது. அதனால் எளிதில் சிதறடிக்கப்படாமல் அதிக தூரம் செல்லக்கூடியது. ரோடுகளில் வாகனங்களை நிறுத்துவதற்கு சிக்னல்களில் சிவப்பு விளக்குகளை பயன்படுத்துகிறார்கள். அதிக தூரங்களிலும் சிதரடிக்கப் படாமல் தெளிவாகத்

தெரியக்கூடியது சிவப்பு நிறம்தான்.

516) சூரிய ஒளி ஒரு பொருளின்மீது படும்போது, அதிலுள்ள ஏழு நிறங்களில் சிலதோ அல்லது முழுவதுமோ உட்கிரகிக்கப் படுகின்றன. எந்த நிறம் உறிஞ்சப்படாமல் வெளியாவதோ, அந்த நிறமானது பொருளின் நிறமாக நமக்குத் தெரிகிறது. எல்லா கலர்களும் உறிஞ்சப்பட்டால் அது கருப்பாகவும், மற்றும் எல்லா கலர்களும் உறிஞ்சப்படாமல் வெளிப்பட்டால் அது வெள்ளையாகவும் தெரிகிறது.

517) சூரிய ஒளி கடல் நீரில் விழும்போது, சில வண்ணங்கள் உட்கிரகிக்கப்பட்டு மற்ற நிறங்கள் தண்ணீர் மூலக்கூறுகளுடன் மோதி சிதறடிக்கப் படும்போது சிவப்பு மற்றும் அகச்சிவப்பு கதிர்கள் உறிஞ்சப்பட்டு, நீலம் மற்றும் பச்சை வண்ணங்கள் மட்டும் பெரும்பாலும் சிதறடிக்கப் படுவதால், கடலானது பச்சை கலந்த நீல நிறமாகவோ அல்லது நீல நிறமாகவோ காட்சி தருகிறது. கடலின் ஆழம் 10 அடியிலிருந்து அதிகரித்துக் கொண்டே போகும்போது நீல நிறம் அடர்த்தியாக காட்சியளிக்கும்.

518) ஒரு கண்ணாடி கிளாசில் தண்ணீர் எடுத்துக்கொண்டு அதில் ஒரு ஸ்ட்ராவைப் போடுங்கள். அந்த ஸ்ட்ரா உடைந்ததுபோல் தெரியும். உங்கள் பார்வை முதலில் காற்றின் வழியாகச் சென்று பின்னர் கிளாஸ் மற்றும் நீரின் வழியாகச் செல்கிறது. இவற்றின் அடர்த்திகள் வெவ்வேறானவை. இதனால் ஒளியின் திசைவேகம் மாறுபடுகிறது. இந்த நிகழ்விற்கு 'ஒளி முறிவு (Refraction)' என்று பெயர்.

519) ஒளி பாயும் மீடியத்தின் அடர்த்தி அதிகமானால், அதன் வேகம் குறையும். வெற்றிடத்தில் ஒளியின் வேகம் அதிகபட்சமாக இருக்கும். வெற்றிடத்தில் ஒளியின் வேகம், மணிக்கு சுமார் 3 லட்சம் கிலோமீட்டர்களாகும்.

520) ஒரு பொருளில் ஒளி படும்போது, அது படும் கோணம், ஒளியின் அலை நீளம் மற்றும் அந்தப்பொருளின் அளவு ஆகிய காரணங்களால் ஒளிக்கதிர்கள் பல்வேறு திசைகளில் சிதறுகின்றன. இதுவே 'ஒளிச்சிதறல் (Scattering) எனப்படும். பகலில் வானம் நீல நிறமாகக் காண்பதற்கும் இதுவே காரணம்.

521) கோடை காலங்களில் ஏன் கருப்பு கலர் குடையை பயன்படுத்துகிறோம்? கருப்புக் கலரில் அதிக வெப்பமுள்ள சூரிய ஒளி படும்போது, அதை முழுமையாக கிரகித்து, வெப்பத்தை ரேடியேஷனாக உடனே வெளியேற்றுகிறது. அதனால் வெப்பம் நம்மை அதிகம் தாக்குவதில்லை.

522) வெள்ளை என்பதும் ஒரு தனிப்பட்ட நிறமல்ல. ஆனால் வெள்ளை நிறத்தில் எல்லா நிறங்களும் அடங்கியுள்ளன. வீடுகளின் மேற்கூரையின் உட்புற பூச்சு பெரும்பாலும் வெள்ளை நிறத்தில் இருப்பதால், சூரிய ஒளியால் ஏற்படும் சூடு, வீட்டின் உள்ளே அதிகம் பாதிப்பு ஏற்படுத்துவதில்லை. அதனால் ஏறக்குறைய 2 டிகிரி செல்சியயஸ் வெப்பத்தைக் குறைப்பதாகச் சொல்கிறார்கள்.

523) ஒளி ஒரு பொருளில் படும்போது அது முறிவடைந்து பின்னர் பிரிகையும் அடையும் நிகழ்வுதான் 'ஒளிப்பிரிகை (Diffraction)' எனப்படும். சூரிய ஒளியானது முக்கோண கண்ணாடி பட்டகத்தில் (Triangular glass prism) விழும்போது, வெள்ளொளியானது ஏழு நிறங்களாகப் பிரிகை அடைகின்றன. நீங்கள் பார்க்கும் CD மற்றும் DVD தகடுகளில் ஒளி படும்போது பல நிறங்களாய் மின்னுவதற்கும் இதுவே காரணம்.

524) ஒளி பாயும் மீடியத்தின் அடர்த்தி அதிகமானால், அதன் வேகம் குறையும். வெற்றிடத்தில் ஒளியின் வேகம் அதிகபட்சமாக இருக்கும். வெற்றிடத்தில் ஒளியின் வேகம், மணிக்கு சுமார் 3 லட்சம் கிலோ மீட்டர்களாகும்.

525) ஒரு பொருளில் ஒளி படும்போது, அது படும் கோணம், ஒளியின் அலை நீளம் மற்றும் அந்தப் பொருளின் அளவு ஆகிய காரணங்களால் ஒளிக்கதிர்கள் பல்வேறு திசைகளில் சிதறுகின்றன. இதுவே 'ஒளிச்சிதறல் (Scattering)' எனப்படும். பகலில் வானம் நீல நிறமாகக் காண்பதற்கும் இதுவே காரணம்.

526) ஒளியானது ஒரு ஒளிபுகும் ஊடகத்தினூடே செல்லும்போது, சிதறடிக்கப்பட்டு அதன் அலை நீளத்தில் மாறுதல் ஏற்படுகிறது. இதுவே 'ராமன் சிதறல்' அல்லது 'ராமன் விளைவு (Raman effect)' எனப்படும். இவ்வாறு உட்புகும் ஒளியிலுள்ள ஃபோட்டான்களுக்கும் மூலக்கூறுகளுக்குமிடையே ஆற்றல் பரிமாற்றம் நிகழும்போது வெளிவரும் ஒளியின் அலைநீளம் மாறுகிறது. இதனைக் கண்டுபிடித்ததற்காக அவருக்கு நோபல் பரிசு வழங்கப்பட்டது.

527) ராமன் விளைவைப் பயன்படுத்தி, பெட்ரோலிய வேதிப் பொருள் மருந்துகள் தயாரிப்பை கண்காணித்தல், அணுக்கருக் கழிவுகளைத் தொலைவிலிருந்தே ஆய்வு செய்தல், போன்ற இன்னும் பல பயன்பாடுகளைப் பெறலாம். இயற்பியலைவிட வேதியியலில் இதன் பயன் அதிகம்.

528) 'புற ஊதாக்கதிர்கள் (Ultraviolet)', விசிபிள் லைட்டின் அலை நீளத்தைவிட குறைந்த அலை நீளம் கொண்டவை. இதன் அலை நீளம் 30 முதல் 400 நேனோமீட்டர் வரை இருக்கும்.

529) துணிகளின் வெண்மை நிறத்தை அதிகரிக்க அதன்மீது நிறமற்ற ஃபுளோரசெண்ட் அதாவது ஒளிரும் சாயங்களை பயன்படுத்துகிறார்கள். இவற்றின் மீது புற ஊதாக்கதிர்கள் படும்போது, நீல நிற ஒளியை வெளியிடும். அதனால் வெள்ளை ஆடைகள் சிறிது நீல நிறம் கலந்தது போல் அழகிய வெண்மையாய் பிரகாசிக்கும். மேலும் பேப்பர் மற்றும் பெயிண்ட்களிலும் இவை பயன்படுகின்றன. ஃபுளோரசண்ட் மின் விளக்குகள் மற்றும் டியூப் லைட்டுகள் புற ஊதாக்கதிர்களை வெளியிடுவதால், விளக்குகள் சிறிய அளவு நீலநிறம் கலந்த வெண்மை நிற ஒளியை வெளியிட்டு பளிச்சிடுகின்றன.

530) வில்ஹெம் இரூண்ட்டிஜன் எனும் அறிவியல் பேராசிரியர், 'க்ரூக்ஸ் குழாய் (Crookes tube)' மூலம் 'எதிர்மின்வாய் கதிர்களை (Cathode rays)' பற்றிய ஆராய்ச்சியில் ஈடுபட்டிருக்கும்போது தற்செயலாக அருகில் இருந்த பேரி-யம் சயனைடு பூசப்பட்ட ஒரு அட்டை ஒளிர்வதைக் கண்டார். டியூபில் டிஸ்சார்ஜ் நிகழும்போது அட்டை ஒளிர்வதையும், இல்லாமல் இருக்கும்போது ஒளிராததையும் கண்டார். ஏதோ புதிரான சில கதிர்கள் அட்டையை தாக்கி இருக்கும் என உணர்ந்து, அந்த கதிர்களுக்கு எக்ஸ்ரே எனப் பெயரிட்டார். இக்கண்டுபிடிப்புக்-கான நோபல் பரிசையும் வென்றார்.

531) 'எக்ஸ் கதிர்கள் (X-Ray)' என்பது மிக ஆற்றல் வாய்ந்த கதிர்களாகும். இரும்பு போன்ற உலோகங்களையும் ஊடுருவிச் செல்லும் வல்லமை கொண்டது. இவற்றின் அலைநீளம் 0.01 முதல் 10 நானோமீட்டர்களாகும்.

532) மனித உடலில் ஏற்படும் எலும்பு முறிவு, புற்றுநோய் கட்டிகள், நுரையீரல் பாதிப்புகள், உடலில் பாய்ந்த துப்பாக்கி குண்டுகள் போன்றவற்றை கண்டறியவும், விமான நிலையங்களில் பொருட்களை சோதிக்கவும், உலோகங்கள், பாலங்களில் ஏற்படும் வெடிப்புகளைக் கண்டறியவும் பயன்படுகிறது.

533) அடிக்கடி எக்ஸ்ரே எடுப்பது நல்லதல்ல. அதிக அடர்த்தியுள்ள எக்ஸ்ரே உடலில் அடிக்கடி பாய்வதால், ரத்தத்தின் வேதியல் அமைப்பில் மாற்றம், வாந்தி, சோர்வு, வயிற்றுப் போக்கு, குடலின் உட்புறச் சுவரில் ரத்தக்கசிவு, நரம்பு மண்ட-லத்தில் பாதிப்பு, உடல் திசுக்களில் டி.என்.ஏ மாற்றங்கள், முடி உதிர்தல் போன்ற ஏகப்பட்ட பாதிப்புகள் வரும் என்பது நிரூபிக்கப்பட்ட உண்மையாகும். இருந்தும் எக்ஸ்ரேயானது, பாதித்தவர்களைவிட அது காப்பாற்றிய நோயாளிகளே அதிகம் எனலாம்.

534) மின்காந்த அலைகளிலேயே மிகக் குறுகிய அலைநீளம் கொண்ட மின்-காந்த அலை, 'காமா கதிர்களாகும் (Gamma rays)'. இதன் அலைநீளம் 10 பிக்கோ மீட்டரை விடக் குறைவாகும். (1 பிக்கோ மீட்டர் என்பது ஒரு மீட்ட-ரில் டிரில்லியனில் ஒரு பகுதியாகும்.) இது மிகவும் சக்தி வாய்ந்த கதிர்வீச்சாகும். விண்வெளியில் காமா கதிர் வெடிப்புகள், சூப்பர் நோவா மற்றும் கருந்துளைகள் போன்றவை மிகச்சக்தி வாய்ந்த காமா கதிர்களை வெளியிடுகின்றன.

535) பிரபஞ்ச பெரு வெடிப்பிற்குப் பின்னர் பிரபஞ்சத்தில் உருவாகும் மிகவும் சக்திவாய்ந்த நிகழ்வானது இந்த 'காமாக்கதிர் வெடிப்புகளாகும் (Cosmos Gamma Ray Burst)'. இதனால் வெளியிடப்படும் சக்தியானது, சூரியன் 10 பில்லியன் வருட ஆயுட்காலத்தில் வெளியிட்ட சக்தியை, இவை பத்தே செகெண்-டுகளில் வெளியிடுமாம். பூமியில் இதுபோன்ற பிரமாண்ட சக்தியை உருவாக்கவே முடியாது!.

536) 'லேசர் (LASER- Light Amplification by Stimulated Emission)'. இதனை 'சீரொளி' என்றும் சொல்வார்கள். அலைப் பெருக்கத்திற்கு உள்ளான, பிரகாசமான, குறைந்த அளவு பரவல் தன்மையுள்ள ஒரு கட்டுக்கோப்-புடைய ஒளியாகும். ஆகவே ஒரு சிறிய பொருளின் ஒரு புள்ளியில்கூட லேசர் ஒளியைப்பாய்ச்சி அதனை எரித்து விடலாம். ஒரு மயிரிழையின் பத்தாயிரத்தில் ஒரு பங்கு குறுக்களவுள்ள புள்ளியில்கூட இவ்வொளியை துல்லியமாக பாய்ச்ச-லாம்.

537) ஒரு அணுவில் அதன் எலெக்ட்ரான்கள், குறிப்பிட்ட 'ஆற்றல் மட்-டங்களில் (Energy level)' இருக்கின்றன. அந்த எலெக்ட்ரான்களுக்கு வெளி-யிலிருந்து போதுமான ஆற்றல் கிடைத்தால், அவைகள் ஒரு ஆற்றல் மட்-டத்திலிருந்து அதற்கு மேலுள்ள ஆற்றல் மட்டத்திற்கு மாறும். இந்த கூடுதல் ஆற்றலை நாம் ஒளியின் மூலம் தரலாம். அதற்குத் தேவையான ஆற்றலும், நாம் கொடுக்கும் ஆற்றலும் சமமாகும்போது, இதனை 'ஆற்றல் உருஞ்சுதல் (Energy absorption)' என்கிறார்கள்.

538) இவ்வாறு உறிஞ்சப்பட்ட ஆற்றலால், உயர் நிலைக்குச் சென்ற எலெக்ட்-ரான்கள், அங்கேயே அதிக நேரம் நிரந்தரமாகத் தங்க முடியாத பரிதாப சூழ்நிலை. இந்த நிலையானது, சற்று நேரத்திலேயே (ஒரு வினாடியில் பத்துக் கோடி அளவு மிகச்சொற்ப நேரம்) தன் பழைய நிலைக்கு திரும்பும்போது, தான் உறிஞ்சிய ஆற்றலை, ஒளியாகவோ / வெப்பமாகவோ வெளியிடும். இதனை 'உமிழ்வு (Emission)' என்கிறோம். இது போன்ற ஆற்றல் உறிஞ்சல் மற்றும் உமிழ்தல் அடிப்படையில்தான் டியூப் லைட்டுகள், நியான் விளக்குகள் போன்றவை இயங்-குகின்றன.

539) ஏற்கனவே ஆற்றலை உறிஞ்சியதால் மேல் நிலையில் இருக்கும் எலெக்ட்ரான், கீழ் மட்டத்திற்கு வருமுன் மீண்டுமொரு ஒளியினை உறிஞ்சினால், அந்த எலெக்ட்ரான் கீழ் நிலைக்கு வரும்போது தன் ஆற்றல் இரட்டிப்பாகி அதிக சக்தியுள்ள 'ஒளியான்களாக (Photons)' மாறும். இதனை 'தூண்டல் உமிழ்வு (Stimulated Emission)' என்கிறார்கள். இப்போது, இந்த ஒளியான்-களின் அலை நீளம் (Wavelength), தளவாக்கம் (Polarization), திசை (Direction) மற்றும் அலைமுகம் (Phase) என எல்லாமே ஒத்ததாக இருக்கும். இதனை ஒத்தினக்கம் (Coherence) என்கிறார்கள். இதனால் அதன் அலைவீச்சு (Amplitude) அதிகரிக்கிறது. இதனை அலைப்பெருக்கம் (Amplification) என்கிறோம். இதனால் ஒளியின் செறிவானது (Intensity) அலைவீச்சின் ஸ்கொ-யர் மடங்கு அதிகரிக்கிறது.

540) மழைத்துளிகளின் ஊடாக சூரிய ஒளிக்கதிர்கள் செல்லும்போது 'முழு அக எதிரொளிப்பு (Total internal reflection)' காரணமாக ஒளியானது பிரி-

கையடைந்து சிவப்பு, ஆரஞ்சு, மஞ்சள், பச்சை, நீலம், கருநீலம், மற்றும் ஊதா என ஏழு நிறங்களாக பிரிகையடைந்து வானில் அரைவட்ட அற்புதமாய் தெரிவதே வானவில். இந்த ஏழு நிறங்களையும் 'VIBGYOR' என்று சுறுக்கமாய் அழைக்-கலாம்.

541) பொதுவாக 'வானவில் (Rainbow)'லானது காலை மற்றும் மாலை நேரங்களில் தோன்றுகிறது. நம் கண்களுக்குத் தெரிவதுபோல் வானவில் அரை வட்டமாக இருக்காது. எப்போதும் முழு வட்டமாகத்தான் தோன்றும். அடிவானத்-தின் கீழ்ப்பகுதியில் அரை வட்டம் மறைந்து காணப்படும்.

542) வானவில் தோன்றும்போது நீங்கள் விமானத்தில் பறந்து கொண்டிருந்-தால், அதை முழு வட்டமாகப் பார்த்து ரசிக்கலாம்.

543) வானவில் தோன்ற மழை மட்டுமே காரணம் அல்ல. பனிமூட்டம், காற்-றில் மிதக்கும் கண்ணுக்குப் புலப்படாத சின்னச் சின்ன தூசுகள் மற்றும் காற்றில் நிறைந்திருக்கும் நீர்த்துளிகள் போன்றவைகளும் வானவில் ஏற்பட காரணமாகி, சிலரைக் கவிஞராக்குகிறது.

544) வானவில்லானது, மழைக்கு முன்னும் பின்னும் தோன்றும். காலையில் மேற்கிலும், மாலையில் கிழக்கிலும் தோன்றும். வானவில் தோன்ற சூரியன் அடி-வானத்திலிருந்து 40 டிகிரிக்கு குறைவான கோணத்தில் இருக்க வேண்டும்.

545) உலகில் அதிகம் வானவில் தோன்றும் இடம் ஹவாய் தீவுகளாகும். இயற்கையின் அற்புதமான வானவில் ஓர் அதிசியமாகும்.

546) வானம் பெரும்பாலும் நீல நிறமாகத் தெரிய காரணம், அலை நீளம் குறைந்த நீல நிறம் காற்றில் அதிகமாக சிதறடிக்கப்படுவதுதான்.

547) 'வெயில்' என்பது உயிர்களுக்கு பெரும் அருட்கொடையாகும். மற்-றெல்லா காலங்களை விட வெயிற்காலமே சிறந்தது. வெயில் நமது உடலில் படும்-போதுதான் அதன் சக்தியை கிரகித்து எலும்புகள் பலம் பெருகிறது. மூட்டு வலி உள்ளவர்களுக்கு வெயில் ஒரு அருமருந்தாகும்.

548) வெயிலில் தொற்று நோய் அதிகம் பரவுவதில்லை. வெயிற்காலத்தில்-தான் இரத்த ஓட்டம் நம் உடலில் அதிக தூரம் சுற்றுகிறதாம். மரங்கள் கூட மழைக் காலத்தைவிட வெயிற்காலத்தில்தான் வேகமாக வளர்கிறது. வியர்வை-யெனும் உடற்கழிவு வெயிற்காலத்தில்தான் அதிகம் வெளியேறுகிறது. வெயிலை போற்றுவோம்.

549) கோடை காலத்தில் வெயிலானது மிகவும் உக்கிரமாக இருக்கும் காலத்தை, 'அக்கினி நட்சத்திரம்' என்பார்கள். இதை கத்தரி வெயில் அல்லது அக்கினி நாள் என்றும் சொல்வார்கள். வெயிலின் கொடுமையால் (Heat stroke) சில முதியவர்கள் இறப்பதுமுண்டு. கிராமங்களில் கோழி முட்டையைக் கூட குஞ்சு பொரிப்பதற்காக அடைகாக்க வைக்க மாட்டார்களாம். கடுமையான

வெயிலால் முட்டை கூழாகி விடுமாம்.

550) 'வெப்பம் (Heat)' மற்றும் 'வெப்ப நிலைக்கும் (Temperature)' இடையே நிறைய வேறுபாடுகள் உள்ளன. வெப்ப நிலை என்பது ஒரு இடம் அல்லது ஒரு பொருள் எவ்வளவு குளிராக அல்லது எவ்வளவு சூடாக இருக்கிறது என்பதைக் குறிக்கும் வடிவமாகும். இதனை டிகிரி செல்சியஸ் (degree centigrade) மற்றும் டிகிரி ஃபாரன்ஹீட் (Degree Fahrenheit) என்ற அளவு-களால் அளக்கிறார்கள். ஆனால் வெப்பம் என்பது, ஒருவகை ஆற்றலாகும். இதை 'ஜூல் (Joule)' என்ற அளவால் அளவிடலாம்.

551) இந்த பிரபஞ்சத்தில் எல்லா வஸ்துகளும் அணுக்களாலும் மூலக்கூ-றுகளாலும் ஆனது. இவை எப்போதும் இயங்கிக் கொண்டும் ஒன்றோடொன்று சதா மோதிக்கொண்டும் அதிர்ந்துகொண்டும் இருக்கின்றன. அவைகள் அதிகமாக அதிர்ந்தால் அதிக வெப்ப சக்தியுடனும் (Heat energy), குறைவாக அதிர்ந்தால் குறைந்த வெப்ப சக்தியுடனும் இருக்கின்றன என்று பொருள்.

552) ஒரு கிராம் சுத்தமான நீரை 1 டிகிரி செல்சியஸால் அதிகரிக்க 4.19 ஜூல் சக்தி (Jules energy) தேவைப்படும்.

553) நிலையான வளிமண்டல அழுத்தத்தில் (Standard temperature and pressure-STP), 'செல்சியஸ்' வெப்ப நிலை என்பது, நீரின் உறை நிலையை 0 டிகிரி செல்சியஸ் என்றும், அதன் கொதி நிலையை 100 டிகிரி செல்சியஸ் என்றும் வைத்துக் கொண்டு, அவற்றுக்கிடையேயுள்ள அளவை 100 பாகங்களாகப் பிரித்து அளவிடும் முறையாகும்.

554) நிலையான வளிமண்டல அழுத்தத்தில், 'ஃபாரன்ஹீட்' என்பது வெப்ப இயக்கவியலின் அளவீடாகும். நீரின் உறை நிலையை 32 டிகிரி ஃபாரன்ஹீட்டாக-வும், கொதி நிலையை 212 டிகிரி ஃபாரன்ஹீட்டாகவும் வைத்துக்கொண்டு அவற்-றுக்கிடையேயுள்ள அளவை 180 பாகங்களாக பிரித்து அளவிடும் முறையாகும். இதன்படி, -273.15 டிகிரி ஃபார்ஹீட் வெப்ப நிலையை 'தனிப்பூஜ்யம் (Absolute zero)' என்கிறார்கள்.

555) செல்சியஸ் வெப்பநிலைக்கும் ஃபாரன்ஹீட் வெப்ப நிலைக்கும் உள்ள தொடர்பானது: டிகிரி $C = (F - 32) / 1.8$ என்றும், டிகிரி $F = 1.8C + 32$ என்றும் சொல்லலாம். இவைகளைப் பயன்படுத்தி ஒரு முறையிலிருந்து இன்-னொரு முறைக்கு மாற்றிக் கொள்ளலாம். உதாரணமாக, 100 டிகிரி ஃபாரன்ஹீட் என்பது, $(100 - 32) / 1.8 = 37.7$ டிகிரி C ஆகும். மேலும், 36 டிகிரி செல்சியஸ் என்பது $1.8 \times 36 + 32 = 96.8$ டிகிரி ஃபாரன்ஹீட் ஆகும்.

556) உங்களிடம் ஒரு கேள்வி, -40 டிகிரி செல்சியஸ் அல்லது -40 டிகிரி ஃபாரன்ஹீட் வெப்ப நிலையில் எது அதிக கூல்? -40 ஃபாரன் ஹீட் $= (-40 - 32) / 1.8 = -40$ செல்சியஸ். அதாவது இரண்டு வெப்ப நிலைகளும்

ஒரே அளவு கூலாகத்தான் இருக்கும்.

557) 'கெல்வின்' என்பது, SI யூனிட் (Standard Institution) வெப்ப நிலை அலகாகும். இதன்படி 0 கெல்வின் வெப்பநிலை என்பது, ஒரு பொருளின் 'சலனமற்ற நிலையாகும் (Absolute zero)'. அதாவது இந்த வெப்ப நிலையில் எல்லா பொருள்களின் அணுக்களும் மூலக்கூறுகளும் அதிர்வதை முழுமையாக நிறுத்திக்கொள்ளும். எல்லாம் ஆடி அடங்கிய நிலை என்பார்களே, அதுதான்.

558) வெப்ப நிலை இடைவெளிகளில் 1 டிகிரி செல்சியஸும், ஒரு டிகிரி கெல்வினும் சம அளவாகும். K = டிகிரி C + 273.15. அதாவது, 0 டிகிரி கெல்வின் = -273.15 டிகிரி செல்சியஸாகும். இவ்வளவு கூலான டெம்பெரேச்சரை உலகில் இதுவரை எங்கும் எட்டவில்லை. அதை நீங்கள் காண்பித்து ப்ரூவ் செய்-தால் நோபல் பரிசு காத்திருக்கிறது.

559) 'ரேன்க்கைன் (Rankine)' என்பதும் ஒரு வெப்பநிலை அளவீட்டு முறையாகும். 1 ரேன்க்கைன் இடைவெளி என்பது 1 டிகிரி ஃபார் ஹீட் இடை-வெளிக்கு சமமாகும். மேலும் 0 டிகிரி செல்சியஸ் என்பது 491.67 ரேன்கைன்க-ளாகும்.

560) ஒருவருக்கு காய்ச்சல் இருக்கிறதா? எவ்வளவு இருக்கிறது என்பதை அளந்து சொல்வது தெர்மா மீட்டராகும். ஒருவருக்கு 98.4 டிகிரி ஃபாரன்ஹீட் அளவுக்கு மேல் உடல் வெப்ப நிலை இருந்தால் அவருக்கு காய்ச்சல் அடிக்கிறது என்று சொல்லலாம். தெர்மாமீட்டரை நம்ம 'கலிலியோதான்' முதலில் கண்டுபிடித்-தார். இதற்கு 'தெர்மிஸ்ட்டர்' என்று பெயர் வைத்தார்.

561) ஜெர்மானிய டாக்டர் 'கார்ல் உண்டர்லிச்' என்பவர்தான் முதலில் கிளி-னிக்கல் தெர்மாமீட்டரை உருவாக்கினார். தெர்மாமீட்டர் என்பது சிறு குழாய் வடிவ கண்ணாடி குமிழாகும். ஒரு முனையில் சிறிய பல்பு போன்ற பகுதியில் பாதரசம், சிறு உருண்டையாக நிரப்பப்பட்டிருக்கும். அது உட்குழாயுடன் இணைக்கப்பட்டி-ருக்கும். வெளிக்குழாயில் அளவீடுகள் போடப்பட்டிருக்கும். நோயாளியின் வாயில் தெர்மோமீட்டரை வைத்தவுடன் அவரின் உடல் சூட்டினை கிரகித்துக் கொண்டு பாதரசமானது விரிவடையும். அதனால் வெள்ளி போல் பளிச்சென்ற கோடு நீள்-வதைப் பார்க்கலாம். அதன் முனையானது உடல் சூட்டைக் காண்பிக்கும்.

562) கிளினிக்கல் தெர்மாமீட்டரின் அளவீடுகள் 95 டிகிரி F முதல் 110 டிகிரி F வரை இருக்கும். மனித உடலின் சராசரி வெப்ப நிலை 98.6 டிகிரி ஃபாரன்-ஹீட் ஆகும்.

563) உலகில் வாழும் உயிரனங்களை அவற்றின் உடல் வெப்ப நிலையைக் கொண்டு இரண்டு வகையாகப் பிரிக்கிறார்கள். பறவைகள் மற்றும் பாலூட்டிகளின் உடல் வெப்ப நிலை ஒரேயளவாகப் பராமரிக்கப்படுகின்றன. சுற்றுப்புறமானது, குளிராக/சூடாக இருந்தாலும் அவற்றின் உடலின் உள்வெப்ப நிலை ஒரே மாதி-

ரியாகத்தான் இருக்கும். இவைகளை 'மாறா வெப்ப நிலை உயிரனங்கள்' அல்-லது 'வெப்ப இரத்த (Hot blooded) உயிரினங்கள்' என்று அழைக்கிறார்கள். ஊர்வன மற்றும் நீர்நில வாழ் உயிரனகளின் உடல் உள் வெப்ப நிலையானது சுற்றுப்புறத்தைப் பொருத்து மாறிக்கொண்டே இருக்கும். இவ்வகை உயிரனங்கள், 'குளிர் இரத்த (Cold blooded)' உயிரனங்கள் எனப்படும்.

564) 'கம்ப்யூட்டர் (Computer)' என்பது நாம் தரும் செய்திகளை பெற்று அதனை செயல்படுத்தியதற்கு இணையான வெளியீடுகளை அவுட்புட்டாக தரும் ஒரு மின்னணு சாதனமாகும். உதாரணமாக, நாம் டைப் செய்த பல பெயர்களை அகர வரிசையில் வெளிப்படுத்து என்று ஆணையிட்டால் அதை மிகச் சொற்ப நேரத்தில் செய்து முடிக்கும் மிகவும் நேர்த்தியான வேலைக்காரன்.

565) கம்ப்யூட்டரின் சில முக்கிய பாகங்களாவன: கீ போர்டு, மௌஸ், டச் பேட் போன்ற இன்புட் டிவைஸஸ், சென்ட்ரல் ப்ராசஸிங் என்கிற மைய செயற்-பாட்டு பகுதி, ரேம் என்கிற நினைவகம், மதர் போர்டு என்கிற கம்ப்யூட்டருக்கு தாய், அவுட்புட் என்கிற வெளியீட்டு சாதனம், மற்றும் கணினிக்கு இதயம் போன்ற ஆப்பரேட்டிங் சிஸ்டம் போன்றவைகளாகும்.

566) உங்கள் கம்ப்யூட்டரை, வைரஸிலிருந்து பாதுகாப்பது மிக முக்கியம். பல ஆண்ட்டி வைரஸ்கள் மார்க்கெட்டில் அதிகம் கிடைத்தாலும், அதையும் மீறி அதிக சக்தியுள்ள வைரஸ்கள், நம் கம்ப்யூட்டர் மற்றும் லேப்டாப்புகளை அழிக்கும் பல சக்தி வாய்ந்த வைரஸ்களும் இருக்கின்றன. இதை தடுக்கும் ஒரே வழி, கம்ப்-யூட்டரை 'ஃபார்மேட்டிங் (Formatting)' செய்வதுதான். சாதாரணமாக டேட்-டாக்களை டெலிட் செய்திருந்தாலும், அவைகளை ஹார்ட் டிஸ்கிலிருந்து மீட்டெ-டுக்க முடியும். ஆகவே உங்கள் யூஸ்டு கம்ப்யூட்டரை விற்பனை செய்யும்போது, அவசியம் ஃபார்மேட் செய்தபின் கொடுக்கவும்.

567) உங்கள் முக்கிய டேட்டாக்களை ஃபார்மேட் செய்வதற்கு முன், அவை-களை ஸ்டோரேஜ் சாதனங்களில் ரீஸ்டோர் செய்து கொள்வது நல்லது. இதற்காக சில 'எக்ஸ்டர்னல் ட்ரைவ் (External drive)' சாதனங்கள் கிடைக்கின்றன.

568) 'விண்டோஸ்' லேப்டாப்புகளை ஃபார்மேட் செய்வது எப்படி? லேப்டாப்-பில் மெனு ஆப்சனுக்குச் சென்று, 'ரெகவரி (Recovery)' எனும் சமாச்சாரத்தை ஓப்பன் செய்து 'ரீஸ்டோர்' செய்யலாம். அதன்பிறகு, 'Remove everything and reinstall Windows' என்பதை க்ளிக் செய்தால் கம்ப்யூட்டரிலுள்ள அனைத்தும் 'ரீஸ்டோர்' ஆகிவிடும். இதன் பின்னர், உங்கள் கம்ப்யூட்டரில் இருந்த எந்த டேட்டாக்களையும் மீண்டும் பெற முடியாது என்பதை நினைவில் கொள்ளவும்.

569) 'ஆண்ட்ராய்டு (Android)' என்பது, 'விகனஸ் கெர்னலலில்' இயங்கக்-கூடிய டச் ஸ்க்ரீன்களுடன் கூடிய மொபைல் ஃபோன்களுக்காக உருவாக்கப்பட்ட

ஒருவகை ஆப்பரேட்டிங் சிஸ்டமாகும். ஆரம்பத்தில் இது ஆண்ட்ராய்டு நிறு-வனத்தால் உருவாக்கப்பட்டு பின்ன கூகுல் நிறுவனத்தால் வாங்கப்பட்டு உபயோ-கத்தில் உள்ளது. இந்த ஆப்பரேட்டிங் சிஸ்டமானது நல்ல 'யூசர் ஃப்ரெண்ட்லி' என்கிற அளவிற்கு நல்ல பயனுள்ள நன்பனாக இருக்கிறது.

570) 'டச் ஸ்க்ரீன் (Touch screen)' என்பது, சாதாரண ஸ்க்ரீனிற்கு அடி-யில் ஏதோ ஸ்பெஷல் எலெக்ட்ரானிக் மசாலா சமாச்சாரங்கள் தடவிய ஒரு தகடு. அது சின்னச் சின்ன மின்சார வயர்களால் மேலும் கீழும் ஒரு வலை போல் பின்-ணப்பட்ட ஒரு அமைப்பாகும். இந்த வயர்கள் சாதாரணமாக நம் கண்களுக்கெல்-லாம் தெரியாது. தலை முடியைவிட திக்னஸ் குறைவு. அதற்குள்ளே சிறிதளவு மின்சாரம் எப்போதும் பாய்ந்து கொண்டிருக்கும். மின்சாரம் ஒழுங்காகப் பாய்கிறதா அல்லது ஏதும் மாற்றம் ஏற்படுகிறதா என்பதை கவனிக்க வாட்ச்மேன் போன்ற எலெக்ட்ரானிக் சாதனம் இருக்கும். இப்போது உங்கள் விரல் ஸ்க்ரீனில் எங்கு தொட்டதோ அந்த இடத்திற்கு கீழேயுள்ள வயர்களில் மட்டும் ஒரு சின்ன மாற்றம் உண்டாகும். இப்படியொரு சின்ன ஸ்பரிசத்தையும் உணர்ந்து கொண்டு அதற்கேற்ற வகையில் மற்ற சாதனங்களை இயக்கி நாம் தேடியதை ஸ்க்ரீனில் காட்டுகிறது.

571) நவீன டச் ஸ்க்ரீன்களை இரண்டு வகைகளாகப் பிரிக்கிறார்கள். ஒன்று 'கெப்பாசிட்டிவ் டச் ஸ்க்ரீன் (Capacitive touch screen)', மற்றொன்று 'ரெசிஸ்டிவ் டச் ஸ்க்ரீன் (Resistive touch screen)'. இதில் முதல் வகை, விலை அதிகமானாலும் பிரமாதமாய் வேலை செய்யும். லேசாய் ஸ்பரிசித்தாலே போதும். இதனோடு ஒப்பிடும்போது ரெசிஸ்டிவ் டச் ஸ்க்ரீன் விலை குறைவாக இருந்தாலும் வேலை செய்வதில் கொஞ்சம் மந்தம்தான்.

572) 'இணையம் (Internet)' என்பது உலக அளவில் பல கம்ப்யூட்டர்களின் வலை தளங்களின் கூட்டிணைப்பான பெரும் வலையமைப்பிணை குறிக்கும். 'International Network' என்பதன் சுறுக்கமே 'Internet' ஆகியது. இண்-டெர்நெட் மனிதர்களின் உற்ற தோழனாய் மாறிவிட்ட போதும், சில நேரங்களில் அதை தவறுதலாய் பயன்படுத்துவதால், பரம விரோதியாகவும் மாறிப்போகிறது.

573) 'மின்னஞ்சல் (email), வலைதளங்கள் (web pages), வலைப்பூக்கள் (blogs), தேடுபொறிகள் (search engines), சமூக வலைதளங்கள் (social network), வலை திரைகள் (video sharing). ட்விட்டர், ஃபேஸ்புக், லின்க-டின், வாட்சப், யூடியூப், விக்கிபீடியா போன்ற எண்ணற்ற வழிகளில் இண்டெர்நெட் பயன்படுகிறது. மேலும் கல்வி, தொழில்துறை, விளையாட்டு, மருத்துவம், அறிவி-யல், பொருளாதாரம், சமூகம் மற்றும் சினிமா போன்ற துறைகளிலும் இண்டெர்-நெட் பெறும் பங்கு வகிக்கிறது.

574) இணைய தளத்தினால் எண்ணற்ற நன்மைகள் இருந்தாலும், பல வகை-யான கெடுதல்களும் இதனால் ஏற்படத்தான் செய்கிறது. செய்திகளின் நம்பகத்தன்-

மையில் குறைபாடுகளும் இருக்கும். சிலரின் மானங்கள் இதன் மூலம் பறிபோய், விலை பேசப்படும். இணைய தளத்தின் மூலம் இணையத் திருடர்கள் நிமிஷங்களில் லட்சங்களை திருடி விடுகிறார்கள்.

575) ஓர் அறை அல்லது அலுவலகத்திலிருக்கும் கம்ப்யூட்டர்களை இணைத்து இணைய செயல்பாடுகளை நிகழ்த்துவதற்கு 'குவி இணையம் (LAN-Local Area Network)' என்கிறார்கள். மாறாக, வெவ்வேறு இடங்களில் உள்ள ஒரு நிறுவனத்தின் கிளைகளை ஒரு சென்ட்ரல் கம்ப்யூட்டருடன் இணைத்து செயல்படுவதை 'விரி இணையம் (WAN-Wide Area Network)' என்கிறார்கள்.

576) இண்டெர்நெட் உதவியுடன் நடைபெறும் வியாபாரத்திற்கு 'மின் வணிகம் (e-commerce')' என்று பெயர். இதில் விளம்பர வசதிகள் இருப்பதோடு, குறிப்பிட்ட இணைய தளத்தை வாடகைக்கு விட்டோ அல்லது வாடகைக்கு எடுத்தோ பயன்படுத்திக் கொள்ளும் வசதிகள் உண்டு. வினாடிகளில் லட்சங்கள் புரளும் சமாச்சாரம்.

577) வான்வெளியில் விமானம் பல்வேறு பகுதிகளில் பயணம் செய்யும்போது, விமானத்தின் ரிசீவர் ஆண்டென்னாவானது, அதன் அருகில் எந்த செல் டவர் இருக்கிறதோ, அதனுடன் இணைந்துகொண்டு WIFI வேலை செய்கிறது. செல்·்போன் டவர்கள் இல்லாத நீண்ட கடல் மேற்பரப்பில் பயணம் செய்யும்போது, WIFIஇல் தடை ஏற்படும்.

578) ·்பிளைட்டில் பறக்கும்போது தடையில்லாமல் WIFI கனெக்சன் பெறுவதற்கு, தரையில் பொருத்தப்பட்டிருக்கும் ட்ரான்ஸ்மிட்டர் டவர்கள் அனுப்பும் ரேடியோ அலைகளை, சுமார் 35,756 கிலோமீட்டர் உயரத்தில் சுற்றிவரும் ஸ்டேஷனரி செயற்கை கோள்களானது சிக்னல்களை பெற்று அதை விமானத்தின் மேற்புறத்தில் பொருத்தப்பட்டிருக்கும் ஒரு ரிசீவர் ஆண்டென்னாவிற்கு அனுப்புகிறது. அதை வந்தடையும் சிக்னல்கள் விமானத்தில் இருக்கும் ரொவ்ட்டர்களுக்கு அனுப்பப்பட்டு WIFI கனெக்சன் கிடைக்கிறது. பெரும்பாலான விமான சேவைகளில் WIFI இல்லாததற்குக் காரணம். அதன் செலவு அதிகமென்பதால்தான்.

579) இண்டெர்நெட் முழுவதுமாக அழியுமா என்கிற கேள்விக்கு, நிச்சயமாக இல்லை என்றே பதில் சொல்லலாம். இண்டெர்நெட் என்பது ஒரு வொயர் கனக்ஷன், பிளாக் ஸ்விட்சுடன் இயங்கும் சாதாரண ஒரு மின் இணைப்பு சாதனம்மல்ல. இணையம் என்பது பல கம்ப்யூட்டர்களின் நெட்வொர்க்குகளினால் பிணைப்பட்ட அதிசய வலையாகும். கண்டங்களைத் தாண்டி, கடல்களுக்கு ஊடாக, வின்வெளி சாட்டிலைட்டுகளை ஸ்பரிசித்து இயங்கும் ஒரு அற்புத கூட்டு முயற்சி. ஒரு பாதையில் தடங்கல் ஏற்பட்டாலும், வேறு பாதைகளை தானாகவே அமைத்துக் கொண்டு தொடர்ந்து இயங்கும் வல்லமை கொண்டது. இணையம் முற்றிலும்

அழியாது என நம்பலாம்.

580) இண்டெர்நெட் இல்லா வாழ்க்கையை நினைத்துக்கூட பார்க்க முடியவில்லை. அது இல்லையெனில், ஃபேஸ்புக், ட்விட்டர், வாட்ஸப் போன்றவைகளெல்லாம் பழங்கதையாகிவிடும். ஒரு வேலைக்காக அப்ளிகேஷன் வாங்க, அப்ளை செய்ய ரோடுகளில் நீண்ட க்யூ வரிசைகளை காணலாம். என் இதையத்து இனியவளே எப்படி இருக்க?, அன்புள்ள அப்பா நலமா?, குட்டி பாப்பா எப்படி இருக்கா?, அம்மா மருந்து சாப்பிட்டாங்களா? என்று மீண்டும் கடிதம் எழுதி காத்திருக்க வேண்டியதுதான்.

581) 'வாட்ஸ்அப் (WhatsApp)' என்கிற சொல் நம் எல்லோருக்கும் பரிட்சயம். வாட்ஸ் அப் என்பது, ஸ்மார்ட் ஃபோன்களில் இயங்கும் ஒரு செய்தி பரிமாற்ற செயலி ஆகும். இதற்கு நிகரான தமிழ்ச்சொல், 'புலனம்' அல்லது 'கட்செவி' எனலாம். இதன் மூலம் குறுஞ்செய்திகள், பேச்சுக்கள், படம், நிழற்படம், வீடியோ மற்றும் இருப்பிடத்தை சுலபமாகவும், இலவசமாகவும் பரிமாறிக்கொள்ளலாம்.

582) வாட்ஸப் செயலியானது, 2009ஆம் ஆண்டு, பிரையன் ஆக்டன், ஜேன் கோம் ஆகியோரால் நிறுவப்பட்டு, வெறும் 55 ஒர்க்கர்களைக் கொண்டு உருவாக்கப்பட்டு, மிக வேகமாய் வளர்ந்து, 2015 ஆம் ஆண்டு வாக்கில் சுமார் 90 கோடி மக்கள் பயன்படுத்தும் அளவிற்கு முன்னேறி இருக்கிறது. வாட்ஸப் நிறுவனத்தை சுமார் 193 கோடி அமெரிக்க டாலர் விலை கொடுத்து ஃபேஸ்புக் நிறுவனத்தினர் வாங்கியுள்ளனர்.

583) 'சூப்பர் கம்ப்யூட்டர் (Supercomputer)' என்பது, அதிநவீன கம்ப்யூட்டர்களைவிட பல மடங்கு சக்தியும் வேகமும் கொண்டது. இவை மிக அதிக டேட்டா பேஸ்களைக் கொண்டுள்ளதால் அறிவியல், தொழில் நுட்பம், மிலிட்டரி, உயிர் தொழில் நுட்பம், சுற்றுச் சூழல், வானிலை போன்றவைகளின் வளர்ச்சிக்கு பெரிதும் உதவுகிறது.

584) FLOPS -Floating Point Operations per Second இது சூப்பர் கம்ப்யூட்டரின் பெர்ஃபாமன்ஸ் மற்றும் வேகத்தைக் குறிக்கும் சொல்லாகும். அதாவது ஒரு வினாடியில் எத்தனை கணக்கீடுகளைச் செய்ய முடியும் என்கிற விஷயத்தைக் குறிக்கும்.

585) Deep Blue என்ற IBM இன் சூப்பர் கம்ப்யூட்டரே உலகில் தயாரிக்கப்பட்ட முதல் சூப்பர் கம்ப்யூட்டராகும். 'கேரி கஸ்பரோ' என்ற ரஷ்ய செஸ் சாம்பியனை, செஸ் விளையாட்டில் தோற்கடிப்பதற்காக செய்யப்பட்டது. இதன் ப்ராஸசர் 11.38 Gigaflops ஸ்பீட் கொண்டதாகும். இதனால் செஸ் போர்டில் ஒரு வினாடியில் சுமார் 200 மில்லியன் மூவ்மெண்ட்ஸ்களை நகர்த்த முடியுமாம். அப்படியிருந்தும் முதல் முறையாக வேர்ல்ட் சாம்பியனிடம் பரிதாபமாய் தோற்றுப்போ

னது. அதில் பல அப்கிரேடுகளைச் செய்தார்கள். அதன்பின் அதே சாம்பியனை முதல் முறையாகத் தோற்கடித்தது.

586) ஜப்பானின் ஃபிஜூட்சு நிறுவனம் 'k-computer' எனும் புதிய சூப்பர் கம்ப்யூட்டரை வடிவமைத்துள்ளது. இதுதான் உலகின் அதிவேக சூப்பர் கம்ப்யூட்டர் என்று சொல்கிறார்கள். இதன் வேகம், 8.162 Petaflops. அதாவது வினாடிக்கு 8.162 க்வாட்ரில்லியன் கணக்கீடுகளை செய்ய வல்லது. ஒரு க்வாட்ரில்லியன் என்பது, 1 க்கு பிறகு 15 சைஃப்ர்களைப் போட்டு வாசித்துப்பாருங்கள். அதாவது 1000 ட்ரில்லியன்.

587) நன்றாக இருக்கும் கம்ப்யூட்டரை நாசமாக்கும் வைரஸ்களும் இருக்கிறது. நம் அனுமதியின்றி நமது கம்ப்யூட்டரில் உள்நுழைந்து ரகசியமாக கம்ப்யூட்டரின் செயல்பாடுகளை தடுப்பது, ப்ரோகிராம் ஃபைல்களை அழிப்பது போன்ற நாச வேலைகளை செய்கின்றன. இவற்றுக்கெல்லாம் காரணம், கம்ப்யூட்டரில் உள்ள தொழில்நுட்ப கோளாறுகள்தான் என்கிறார்கள். தரமான கம்ப்யூட்டர்களில் அவை எளிதில் நுழைவதில்லை.

588) கம்ப்யூட்டர் வைரஸ்களை உருவாக்குபவர்களை சாதாரணமாக நினைக்-காதீர்கள். அவர்கள் அந்த தொழில் நுட்பத்தில் பயங்கர கில்லாடிகள். எவனை-யாவது கெடுத்து எப்படியாவது பணத்தை சம்பாதிச்சுடணும் என்கிற ஈனப்புத்திதான் காரணம். சில நிறுவனங்கள் கெடுதலையும் செய்துவிட்டு அதன் மூலம் ஆண்ட்-டிவைரஸ் என்கிற சாஃப்ட்வேர்களையும் தயாரித்து விற்பனையும் செய்கின்றனர். பிள்ளையை கிள்ளி விட்டு தொட்டிலை ஆட்டிவிட்ட கதைதான்.

589) 'ஸ்பைவேர்' என்கிற கம்ப்யூட்டர் வைரஸானது ஒருவரிடமிருந்து தகவல்-களைத் திருடி, தேவையானவர்களுக்கு அனுப்பும். ஒருவரின் வங்கிக்கணக்கின் பாஸ்வேர்டுகளை திருடி பணத்தை ரொம்ப சுலபமாக தன் பெயருக்கு மாற்றி ஆட்டய போடுவதுதான் இவர்களின் வேலை.

590) இணையத்தின் மூலம் நடக்கும் குற்றச் செயல்களை 'சைபர் க்ரைம் (Cyber crime)' என்கிறார்கள். இணையத்தின் மூலம் பெண்கள் மற்றும் குழந்-தைகளிடம் அத்துமீறி நடப்பது, அவர்கள் விரும்பாதபோதும் சோஷியல் நெட்-வொர்க் மூலம் அவர்களை பின்தொடர்ந்து ஏமாற்றி அவர்களின் மான மரியா-தையை விலை பேசுவது போன்ற ஈனச் செயல்கள் இதன்மூலம் நடந்தேறுகின்றன.

591) சைபர் க்ரைம்களிலிருந்து எப்படி தப்பலாம்? நம்முடைய எந்த பாஸ்-வேர்டுகளையும் யாரிடமும் தேவையில்லமல் கொடுக்கக்கூடாது. நம் ஈமெயில் ஹேக் செய்யப்படுவதாக சந்தேகப்பட்டால், சேவை நிறுவனத்தினரிடமோ, போலீ-ஸுக்கோ தெரியப்படுத்தி உதவி கோரலாம். எந்த விதத்திலும் மற்ற ஹேக்கர்களின் உதவியை நாட வேண்டாம். அது சிக்கலை மேலும் அதிகப் படுத்திவிடலாம்.

592) நட்சத்திரங்கள், கோள்கள் போன்ற மிகத் தொலைவில் இருக்கும் பொருட்களை மிகத் தெளிவாகப் பார்க்க உதவும் கருவி, 'தொலை நோக்கி (Telescope)' ஆகும். 'கலிலியோ கலிலி' எனும் வானியல் மேதை, தான் மேம்படுத்திய தொலை நோக்கியை பயன்படுத்தி வானியல் நிகழ்வுகளை ஆராய்ச்சி செய்து சூரிய மையக் கோட்பாட்டை அறிவியல் ரீதியாக நிறுவினார்.

593) ஒளியியல் தொலை நோக்கிகள் பெரும்பாலும் கண்ணுக்குப் புலப்படும் மின்காந்த அலைகளான ஒளியை பெற்று குவியச் செய்வதன் மூலம், தொலைவில் இருக்கும் பொருட்களின் பிம்பத்தை உருவாக்கி அதன் தோற்றக் கோணத்தை அதிகரிகத்து அதன் ஒளிர்வைக் கூட்டுவதன் மூலம் நம் கண்களுக்கு புலப்படும் வகையில் செயல்படுகிறது. மேலும் நாம் காணும் பிம்பத்தை ஃபோட்டோ பதிவு செய்யவோ, தகவல்களை கம்ப்யூட்டருக்கு அனுப்பி ஆய்வு செய்யவோ முடியும்.

594) பூமியிலுள்ள தொலை நோக்கிகள் மூலம் பரந்த விண்வெளி அண்டங்களை ஆராயும்போது, வாயு மண்டலங்களும், மேகக்கூட்டங்களும் இடையூறாக இருப்பதால், ஒளியியல் தொலை நோக்கிகளைக் கொண்டு சரியான முடிவுகளைக் காண முடியவில்லை. அதனால் அண்டவெளித் தொலை நோக்கிகள் (Orbiting Telescopes) வான்வெளியில் மிதந்து சுழன்று கொண்டு வேலை செய்யும் வகையில் தொலை நோக்கிகள் கண்டுபிடிக்கப்பட்டன. அவைகளில் 'ஹப்பிள் தொலை-நோக்கி' மற்றும் 'கெப்ளர் தொலை நோக்கிகள்' போன்றவை நம் அண்டவெளி அதிசியங்களை அள்ளித் தருவதில் முக்கிய இடத்தில் உள்ளன.

595) நமது சூரிய குடும்பம், பால்வெளி மண்டலத்தில் (Milky Way galaxy) இருக்கிறது. இந்த பால்வெளி மண்டலம் பேரண்டத்தின் (Universe) ஒரு அங்கம். எனவே 'பேரண்டம்' என்பது அனைத்தையும் உள்ளடக்கியதாகும். முழுமையாக சொல்வதென்றால் நாம் அனைவருமே இப்பேரண்டத்தின் ஒரு மிக-மிகச் சிறிய பகுதியாகும்.

596) நமது சூரியக் குடும்பம் (Solar system) ரொம்ப பெரியது. சூரியனுக்-கும் அதைச் சுற்றி வரும் பொருட்களுக்கும் இடையேயுள்ள ஈர்ப்பு விசையின் பிணைப்பால் உருவான ஒரு அமைப்புதான் இந்த சூரியக் குடும்பம்.

597) சூரியக் குடும்பத்தில், எட்டு கோள்களும், பல துணைக்கோள்களும் மற்-றும் சிறு கதிரவ அமைப்புப் பொருட்களும், சூரியனை மையமாக வைத்து சதா ஒரு குறிப்பிட்ட வேகத்தில் நீள்வட்டப் பாதைகளில் சதா சுற்றி வருகின்றன. இதில் புதன், வெள்ளி, புவி, செவ்வாய் மற்றும் வியாழன் போன்ற ஐந்து உட்கோள்க-ளும், சனி, யுரேனஸ் மற்றும் நெப்டியூன் போன்ற வெளிக்கோள்களும் அடங்கும்.

598) ஒரு கோளின் ஈர்ப்பு விசையால் அக்கோளைச் சுற்றி வரும், இயற்கை-யில் அமைந்த பொருளுக்குத் துணைக்கோள் அல்லது நிலா என்று பெயர். நமது சூரிய குடும்பத்தில் 173 இயற்கைத் துணைக் கோள்கள் உள்ளன. நமது பூமியின்

ஒரே துணைக்கோள் 'சந்திரன்' ஆகும்.

599) நமது 'பால்வீதி மண்டலத்தின் (Milky way galaxy)' விட்டம் 1,20,000 ஒளியாண்டுகள். இதில் சுமார் 10,000 கோடியிலிருந்து 40,000 கோடிவரை விண்மீன்கள் இருக்கலாம் என்று கருதப்படுகிறது. அவற்றிலுள்ள ஒரு சிறிய விண்மீன்தான் நமது சூரியன். இவ்வளவு பிரமாண்ட எண்ணிக்கையில் விண்மீன்களைக் கொண்டிருந்தாலும், அவை அனைத்தும் நமது பால்வீதி மண்ட-லத்தின் மொத்த நிறையில் 10% மட்டுமே. மீதி 90% நிறையானது 'கரும்பொருள் (Dark matter)' என்றழைக்கப்படுகிறது.

600) 'டார்க் மேட்டர்' எனப்படுவது நம் பிரபஞ்சத்தின் மிகப்பெரிய புதிர்களில் ஒன்றாய் இருக்கிறது. பிரபஞ்சத்தின் கட்டமைப்பில் பெரும்பங்கு வகிப்பது இந்த டார்க் மேட்டர் என்கிற சமாச்சரம்தான். டார்க் மேட்டரில், புரியாத புதிராய் இருப்-பது, 'டார்க் எனர்ஜி' என்கிற சங்கதிதான். அவற்றை என்னவென்று கண்டுபிடித்து விடுவோம் என்கிறார்கள் விஞ்ஞானிகள். பொருத்துத்தான் பார்ப்போமே.

601) சுமார் 4.6 பில்லியன் (46 கோடி) வருடங்களுக்கு முன்பு ஒரு மிகப்பெ-ரிய மூலக்கூறு மேகத்தில் ஏற்பட்ட ஈர்ப்பு விசையின் சுருக்கம் காரணமாகவே நம் சூரிய குடும்பம் உருவானது. இக்குடும்பத்தின் மொத்த நிறையின் பெரும்பகுதியை சூரியனே கொண்டுள்ளது. மொத்த நிறையில் 99% நிறை சூரியனுடையதாகும். மற்றவை வெறும் 1% தான்.

602) கோள்கள் எதனால் சூரியனை வட்டப் பாதைகளில் சுற்றி வராமல் நீள்வட்டப் பதையில் சுற்றி வருகின்றன?. சூரியனை ஒரேயொரு கோள் மட்டும் சுற்றி வந்தால், அதன் பாதை வட்டமாக இருக்கலாம். ஆனால், வேறுபட்ட நிறைகளுடைய நிறைய கோள்களும் மற்றைய பொருட்களும் சுற்றி வருவதால், அவைகளுக்கிடையே ஒரு 'இழுபறி (Tug of war)' போட்டி நடைபெறுவதால், அவை சுற்றி வரும் பாதைகள் நீள் வட்டங்களாக அமைந்துள்ளன. இவ்வுண்-மையை கெப்ளரின், 'கோள்களுக்கான சுற்றுப்பாதை விதிகள் (Kepler's law of planetary motion)' விவரிக்கின்றன.

603) சூரியன் நமது சோலார் சிஸ்டத்தின் மையப்பகுதியில் இருக்கும் கிட்-டத்தட்ட கோள வடிவில் இருக்கும் ஒரு தீப்பந்தாகும். இது பூமியை விட 209 மடங்கு பெரியது. அதன் நிறை பூமியின் நிறையை விட 3,30,000 மடங்கு அதி-கம். சுமார் 1.39 மில்லியன் கிலோமீட்டர் விட்டம் கொண்டது. சுமார் 13 லட்சம் பூமியை சூரியனில் வைக்கலாம். அந்த அளவு பெரிய சைஸ்.

604) சூரியனின் நிறம் மஞ்சள் நிறத்தைவிட வெள்ளை நிறத்துக்கே நெருக்க-மானது. சூரியன் கிட்டத்தட்ட அதன் நடுத்தர வயதில் இருக்கிறது. இன்னும் ஐந்து மில்லியன் ஆண்டுகள் வரை இருக்குமாம்.

605) சூரியனில் ஒவ்வொரு வினாடியும் மிக அதிக ஆற்றல் மாற்றங்கள் தொடர்ந்து நடைபெற்றுக் கொண்டே இருக்கிறது. வினாடிக்கு 600 மில்லியன் டன் ஹைட்ரஜனை இணைத்து ஹீலியமாக மாற்றிக் கொண்டிருப்பதன் மூலம், வினாடிக்கு 4 மில்லியன் டன்கள் கொண்ட பருப்பொருளை ஆற்றலாக மாற்றிக் கொண்டிருக்கின்றது. பூமிக்கு எந்நேரமும் சக்தி வழங்கும் ஆதாரப் பொக்கிஷம் சூரியனே.

606) சூரியனுக்கும் பூமிக்கு இடையேயுள்ள தூரத்தை ஒரு வானியல் அலகு (Astronomical unit — AU) என்கிறார்கள். இது சராசரியாக 150 மில்லியன் கிலோ மீட்டர்களாகும்.

607) வானியலில் கோள்கள், நட்சத்திரங்கள் மற்றும் எண்ணற்ற வான் பொருட்களுக்கிடையே உள்ள தூரங்களை மீட்டர், கிலோமீட்டர் போன்ற அளவு-களைக் கொண்டெல்லாம் சொல்வதில்லை. அவைகளுக்கிடையே உள்ள தூரங்-களை 'ஒளியாண்டு (Light year)' என்கிற நீள அலகைக் கொண்டு அளக்கி-றார்கள். ஒரு வினாடி நேரத்தில் சுமார் 3 லட்சம் கிலோமீட்டர் தூரத்தை கடந்து செல்லக்கூடிய ஒளியானது, ஒரு வருடத்தில் கடந்து செல்லும் தூரமான 9 லட்-சத்து 46 ஆயிரம் கோடி கிலோமீட்டர் தூரமே ஒரு ஒளியாண்டு எனப்படும் (1 ஒளியாண்டு = 9.461 X 10 12 கிலோமீட்டர்).

608) சூரிய ஒளியானது பூமிக்கு 8 நிமிடம் 19 வினாடிகளில் வந்தடைகிறது. பூமியில் அனைத்து உயிரனங்களுக்கும் சக்தி உண்டாக்கும் ஒளிச்சேர்க்கைக்கு சூரிய ஒளியே உதவுகிறது.

609) கெப்ளரின் விதிப்படி, சூரியனுக்கு நெருக்கமான கோள்கள், தூரமாக இருக்கும் கோள்களைவிட அதை வேகமாக சுற்றி வருகின்றன. உதாரணமாக, செவ்வாய் கிரகமானது, சனி கிரகத்தைவிட சூரியனுக்கு நெருக்கத்தில் உள்ளது. இதன்படி செவ்வாய் கிரகமானது, சனி கிரகத்தைவிட சூரியனை வேகமாக சுற்றி வருகின்றது.

610) பூமியிலிருந்து, நட்சத்திரங்கள் எவ்வளவு தூரங்களில் உள்ளன என்பதை 'பேரலாக்ஸ் (Parallax)' என்கிற முறையை பயன்படுத்தி அவைகள் பூமியிலி-ருந்து எவ்வளவு தூரத்தில் இருக்கின்றன என்பதை அளக்கிறார்கள். 'பேரலாக்ஸ்' என்பது, ஒரு பொருளை நாம் பார்க்கும் கோணத்திற்குத் தக்கவாறு அதன் தூரம் மாறுபட்டுத் தெரிவதாகும். அதன்படி பூமியில் வெவ்வேறு இடங்களிலிருந்து ஒரு குறிப்பிட்ட நட்சத்திரத்தை பார்க்கும்போது ஏற்படும் கோண வித்தியாசத்தை கணக்-கிட்டு அதன் தூரத்தை கணக்கிடுகிறார்கள்.

611) பூமியின் சுற்றளவு சுமார் 40,075 கிலோமீட்டர். அதன் நிறை 5.9722 X 10^24 கிலோகிராம். பூமி தன்னைத்தானே ஒருமுறை சுற்ற 23 மணி நேரம் 56 நிமிடம் 4.09 வினாடிகள் ஆகின்றன. அதேபோல் சூரியனை ஒரு மணி

நேரத்தில் சுமார் 1,08,000 கிலோமீட்டர் அதாவது 1 வினாடிக்கு 30 கிலோமீட்டர் வேகத்தில் சுற்றி வருகிறது.

612) பூமியில் வாழும் மொத்த உயிர்களின் 'உயிரி நிறையை (Biomass)' கணக்கிட்டால் அவற்றில் மனிதர்களின் எடையானது ரொம்பக் குறைவுதான். அதாவது, ஆயிரத்தில் இரண்டு மடங்குதான் என்கிறார்கள். மேலும் மனித இனத்-தின் எடைதான் குறைவாக இருக்கிறதே தவிர, அது சக உயிரினங்கள் மீது ஏற்-படுத்தும் தாக்கம் மிக அதிகமாகும்.

613) மலைகள் படைக்கப்பட்டதே, பூமியின் எடையானது எல்லா பகுதிகளிலும் பேலன்ஸாக இருக்கத்தான். மணிக்கு சுமார் 1000 கிலோமீட்டர் வேகத்தில் இந்த பூமியானது தன்னைததானே சுற்றி வருகிறது. அது ஸ்மூத்தாக சுற்றுவதற்கு அதன் எடை எல்லா இடங்களிலும் பேலன்ஸாக இருப்பது அவசியம். இந்த வெயிட் பேலன்ஸிற்கு அங்கங்கே மலைகள் இருப்பது ரொம்ப அவசியமாகிறது.

614) பூமியின் நிலப்பரப்பில் பெரும்பகுதி மலைகளே. உலக மக்களின் பாதிப்-பேர் அதன் வளங்களையே நம்பியுள்ளனர். கோடிக்கணக்கான மக்களின் வீடுகளே மலைகளில்தான்.

615) உலகின் பெரும்பாலான ஆறுகளுக்கான மூல உற்பத்தி ஸ்தலமாக மலைகளில் பொழியும் பனிப்பொழிவானது, சமதள மக்களுக்கு ஆற்று நீரைக் கோடையில் வழங்குகின்றன. மனித குலத்தில் பாதிக்கு மேலான மக்கள் ஆற்று நீருக்காக மலைகளையே நம்பியுள்ளனர்.

616) பூமிக்கடியில் சுமார் 100 கிலோமீட்டர் தொலைவில் பாறை அடுக்குக-ளில் ஏற்படும் அழுத்தத்தால், வெப்ப நிலை உயர்ந்து எரிமலைகள் ஏற்படுகின்றன. இதில் பாறைகள் உருகி கூழ்போல் ஆகிறது. இது தனது அதிவெப்பத்தினால் மேலெழுந்து பூமியின் மேற்பரப்பை அடைகிறது. சில சமயும் பூமியின் மேற்பரப்-பைக் கிழித்துக் கொண்டு, உருகிய பாறைக் குழம்பை எரிமலையாய் வெளியே தள்ளுகிறது. ஜப்பானிலுள்ள ஃபியூஜி எரிமலை ஒரு சான்றாகும்.

617) 'சூரிய மாறிலி (Solar constant)' என்பது, ஒரு குறிப்பிட்ட பரப்ப-ளவில் சூரிய ஒளியின் காரணமாக கிடைக்கும் ஆற்றலை (Energy) குறிக்கும். இதன் தோராய அளவு 1368 வாட்ஸ்/சதுர மீட்டர். அதாவது, 1 மீட்டர் X 1 மீட்டர் அளவுள்ள ஒரு பெர்ஃபெக்ட் சோலார் பேனலானது, தரும் மின்னாற்றலில் ஒரு அயன்பாக்ஸை இயக்கலாம்.

618) சூரியனிலிருந்து வரும் புறஊதாக் கதிர்களானது ஒரு நுண்ணுயிர் கொல்லியாகும். இதன்மூலம் வைட்டமின் D எனும் உயிர்சத்து கிடைக்கிறது. புற ஊதாக்கதிர்கள் சில தீய விளைவுகளையும் உருவாக்குகிறது. மனிதரின் மாறுபட்ட தோல் நிறத்துக்கும் இக்கதிர்கள் காரணமாக அமைகிறது. புவியைச் சூழ்ந்துள்ள ஓசோன் மண்டலம், இக்கதிர்களின் தீய விளைவுகளை கட்டுப்படுத்துகிறது.

619) சூரியனின் உள் வெப்பநிலை சுமார் 15.7 மில்லியன் கெல்வின்களாகவும், வெளிப்புற வெப்பநிலை சுமார் 5,800 கெல்வின்களாகவும் உள்ளது. மிக அதிக வெப்ப நிலையின் காரணமாக சூரியன், திட திரவ வாயு நிலையில் இல்லாமல், முழுவதுமே பசைமம் (Plasma) நிலையிலேயே இருக்கிறது.

620) சூரிய கதிர்களும் வெப்பமும் விண்வெளியின் ஊடாக நம்மை வந்தடையும்போது அது விண்வெளியை சூடாக்குவதில்லை. ஏனெனில் விண்வெளியில் அதை சூடாக்குவதற்குத் தேவையான எந்தப் பொருளும் இல்லை. அதனால் விண்வெளி குளிராக இருக்கிறது. ஆனால் பூமியைச் சுற்றியுள்ள வளிமண்டலத்தில் வாயு மூலக்கூறுகள் இருப்பதால் அதை சூரிய கதிர்கள் சூடாக்குகிறது.

621) சூரியன் தன்னைத்தானே சுழல்கிறது. அதன் பெரும்பான்மையான நிறை அதன் மையத்தின் அருகே இருப்பதாலும் அது ப்ளாஸ்மா நிலையிலுள்ள கோளமாக இருப்பதாலும் மெதுவாக சுழல்கிறது. அதாவது மணிக்கு சுமார் 7190 கிலோமீட்டர் வேகத்தில் தன்னைத்தானே சுழல்கிறது.

622) 'சூரிய கிரகணம் (Solar eclipse)' என்பது, சந்திரனின் நிழல் புவியின் மீது விழும்போது ஏற்படும் வானியல் நிகழ்வாகும். இது சூரியன் மற்றும் புவிக்கு இடையே சந்திரன் சரியாக ஒரே நேர்கோட்டில் வருவதால் ஏற்படுகிறது. புது நிலவு நாளில் மட்டுமே சூரிய கிரகணம் ஏற்படும். சூரிய வெளிச்சத்தை சந்திரன் முழுமையாக மறைக்கும்போது முழுமையான சந்திர கிரகனமும் (Full solar eclipse), பகுதி அளவு மறைத்தால் அதை பகுதி சூரிய கிரகணம் (Partial solar eclipse) என்றும் அழைப்பர்.

623) சூரிய கிரகணத்தின்போது, அதை நேரிடையாக வெறும் கண்ணால் பார்ப்பது, கண்களுக்குப் பாதிப்பை ஏற்படுத்துமாம். அதனால் கண்களுக்கு உரிய பாதுகாப்பு கருவிகளைக் கொண்டு பார்ப்பதுதான் நல்லது என்கிறார்கள்.

624) 'சந்திர கிரகணம் (Lunar eclipse)' என்பது, சூரிய ஒளியால் ஏற்படும் புவியின் நிழலுக்குள் சந்திரன் கடந்து செல்லும்போது நிகழ்கிறது. இது சூரியன், புவி மற்றும் நிலவு ஆகிய மூன்றும் ஒரே நேற்கோட்டில் வரும்போது உண்டாகிறது. முழு நிலவு (Full moon) நாளில் மட்டுமே இது ஏற்படுகிறது. சந்திரனின் இடம் மற்றும் அதன் சுற்றுப்பாதையைப் பொருத்து, அது நீடிக்கும் நேர அளவு நிர்ணயிக்கப்படுகிறது. சந்திர கிரகணத்தை எந்தவொரு பாதுகாப்பு கருவிகளின்றி வெறும் கண்ணால் காணலாம்.

625) முழுமையான சந்திர கிரகணத்தின்போது (Full moon eclipse), அதில் விழும் சூரிய ஒளியை பூமியானது முற்றிலுமாகத் தடுக்கின்றது. அப்போது அதன் சிறிய ஒளியானது, வளிமண்டலத்திலுள்ள தூசியால் சிதறடிக்கப்படுகிறது. இதனால் சந்திரன் சிவப்பு நிற ஒளியில் தோற்றமளிக்கும். இதற்கு 'இரத்தச் சந்திரன் (Blood moon)' என்று பெயர்.

626) ஒரு நட்சத்திரம் தனது அந்திமக் காலத்திற்குப்பின் 'கருந்துளையாக (Black hole)' மாற்றமடையும். அப்போது அதன் ஈர்ப்பு விசை மிக மிக அதிக-மாகி, சுற்றியுள்ள பொருட்களைத் தன்னுள்ளே ஈர்க்கும். கருந்துளையினுள் சென்ற ஒளிகூட தப்ப முடியாமல் மாட்டிக்கொள்ளும்.

627) கருந்துளை என்றால் அது கருப்பாக பயங்கரமாக இருக்கும் என்றெல்-லாம் நினைக்காதீர்கள். கருந்துளை மிகப் பிரகாசமாகத்தான் இருக்கும். தற்போது வானியலாளர்கள், சுமார் 12 பில்லியன் ஒளி ஆண்டுகள் தொலைவில் இருக்கும் ஒரு புதிய கருந்துளையை கண்டறிந்துள்ளார்கள். இரண்டு நாட்களுக்கு ஒருமுறை நமது சூரியன் அளவு நிறை கொண்ட பொருளை ஈர்த்துக்கொள்கிறது. சப்போஸ் நம்ம சூரியன் அதற்கு அருகில் இருந்தால்கூட இரண்டே நாளில் விழுங்கி இருக்-கும். நமது சூரியனைவிட சுமார் 20 பில்லியன் மடங்கு நிறையும், அதிக ஒளியும் கொண்ட மிகப்பிரமாண்டமான கருந்துளயாக இது கருதப்படுகிறது.

628) கருந்துளைகள் சதா உருவாகிக் கொண்டேதான் இருக்கின்றன. அதே வேகத்தில் நமது ஸ்பேஸூம் விரிவடைந்து கொண்டே இருக்கிறது. கருந்துளைக-ளைச் சுற்றியே அண்டங்கள் நகருகிறதாம்.

629) முதல் முறையாக விஞ்ஞானிகள் கருந்துளைகளையை நிழற்படம் எடுத்-துள்ளனர். இந்த கருந்துளைக்கு 'போவேஹி (Powehi) எனறு பெயர். 'முடிவற்ற பொருளின் உருவாக்கம்' என இதற்கு பொருள்.

630) கருந்துளைகள் மீது ஒளி சென்றால்கூட அது திரும்பாது. அப்படியிருந்-தும் அதை எப்படி படம் எடுத்தார்கள்?. கருந்துளைக்குள் செல்லும் முன் துக-ளானது (Particle) ஒரு குறிப்பிட்ட பகுதி வரை தெரியும். அந்த பகுதிதான் அந்த துகளுக்கு நிகழ்வெல்லை (Event Horizon). இந்தப் பகுதியை சுற்றி-வரும் துகள்கள் பில்லியன் டிகிரிக்குமேல் சூடாகி கதிர்வீச்சை வெளிப்படுத்தும். இந்த கதிர்வீச்சைத்தான் விஞ்ஞானிகள், 'நிகழ்வெல்லை தொலைநோக்கி (Event Horizon Telescope)' மூலம் கிடைத்த தரவுகளை (Data) வைத்து படமாக்கி-யுள்ளனர். இதுதான் அந்த கருந்துளையின் நிழற்படமாகும். விண்வெளி வரலாற்-றில் இதுவொரு மைல்கல்.

631) பூமியின் மேற்புறத்திலிருந்து ஒரு குறிப்பிட்ட எல்லை வரை விரிந்திருக்-கும் அனைத்தையும் உள்ளடக்கிய பரந்த 'வெளி' யே வானமாகும். இந்த வான வெளியில்தான் சூரியன், சந்திரன், விண்மீன்கள் மற்றும் கோள்களின் அசைவு-களை அவதானிக்க முடிகிறது. வானத்தில் வியாபித்திருக்கும் ஒளியானது, அதன் அலை நீளங்களுக்கு ஏற்றவாறு சிதறடிக்கப்படுவதால் அதன் நிறம் பல நேரங்க-ளில் பலவாறாக காட்சி தருகிறது.

632) பகல் நேரங்களில் மேகங்கள் இல்லாதிருக்கும்போது, சூரியன் தெளிவா-கத் தெரியும். அப்போது வானம் பெரும்பாலும் நீல நிறமாகத் தெரியும். இதற்குக்

காரணம், வளி மண்டலத்திலிருக்கும் வாயுக்களானது, நீல நிற ஒளியை அதிகம் சிதறடிப்பதால் அது நீல நிறமாகத் தோன்றுகிறது.

633) அந்தி மற்றும் அதிகாலை நேரங்களில், சூரியனானது மிகவும் தூரமாக-வும், ஒரு சாய்விலும் இருப்பதாலும், சிதறடிக்கப்பட்ட நீல நிற ஒளியானது வேறு திசைக்குச் சென்றுவிடுவதால், வானமானது மஞ்சள் அல்லது செம்மஞ்சள் நிறத்-தில் இருக்கும்.

634) இரவு நேரத்தில் நமது பார்வையில் பிரகாசமான சூரிய ஒளியின் குறுக்-கீடுகள் இல்லாமல், அது விண்மீன்கள், கோள்கள் மற்றும் நிலாவில் பட்டுத் தெறிப்பதால், நம்மால் அவைகளைப் பார்க்க முடிகிறது.

635) புவியின் வளி மண்டலம் என்பது, பூமியின் ஈர்ப்பு சக்தியின் விளைவால் அதனைச் சூழ்ந்திருக்கும் வாயுக்களின் படலமேயாகும். இதில் சுமார் 80% நைட்-ரஜனும், 20% ஆக்ஸிஜனும் , மிகச்சிறிய அளவில் மற்ற சில வாயுக்களும் அடங்கியுள்ளது.

636) சூரியக் கதிவீச்சிலிருந்து சதா வெளியாகிக் கொண்டிருக்கும் புற ஊதாக் கதிர்களை உறிஞ்சிக் கொள்வதன் மூலம், பகல் இரவு நேரங்களுக்கிடையேயான வெப்பநிலை வேறுபாடுகளைக் குறைப்பதன் மூலம் பூமியில் வாழும் உயிர்களுக்கு தீங்கு செய்யும் கதிர்வீச்சிலிருந்து புவியின் வளி மண்டலம் நம்மைக் காக்கிறது.

637) இவ்வுலகில் நம்மை உயிர்ப்புடன் வைத்திருப்பது, 'நேரம்தான் (Time)'. நேரம் என்ற ஒன்றில்லாததை நம்மால் கற்பனை செய்ய முடியவில்லை. நேரம்தான் நம்மை ஆள்கிறது. அதை நம்மால் முழுமையாக ஆளவே முடியாது. நீங்கள் கடி-காரத்தை பார்க்காமலேயே இருந்தாலும், நேரம் நம்மை விட்டு ஓடிக்கொண்டுதான் இருக்கும்.

638) நியூட்டன் மற்றும் கலிலியோ போன்ற விஞ்ஞானிகள், நேரம் என்பது பூமியில் இருக்கும் அனைவருக்கும் ஒன்றுதான். அது ஒரே மாதிரிதான் தோன்றும் என்று நம்பினர். நாமும் அப்படித்தான். ஆனால் ஐன்ஸ்டீனின் 'ரிலேட்டிவிட்டி கோட்பாட்டின்படி (Relativity theory)', நேரமென்பது நாம் நகரும் வேகத்தை பொருத்து மாறுபடும் என்றார். தற்போதைய 'காலக்கோட்பாடு' என்பது, அவரின் ரிலேட்டிவிட்டி கோட்பாட்டின் படிதான் கட்டமைக்கப்பட்டுள்ளது.

639) சுமார் 13.8 பில்லியன் (1380 கோடி) ஆண்டுகளுக்கு முன்பு 'பெரு-வெடிப்பு (Bigbang)' என்ற நிகழ்வு நிகழ்ந்த அக்கனமே ஏதோ ஒரு புள்ளியி-லிருந்து இப்பிரபஞ்சமும் அதனுடன் சேர்ந்து நேரமும் இரட்டைக் குழந்தைகளாய் தோன்றின. அப்போதிருந்தே இப்பிரபஞ்சமானது சுழன்று விரிந்து எங்கோ ஓடிக்-கொண்டிருக்கிறது. அதனோடு 'நேரம்' என்கிற சங்கதியும் ஓடிக்கொண்டிருக்கிறது.

640) அன்றிலிருந்து இன்றுவரை நடந்த செயல்களை ஒரு அமைப்பாக கோர்த்துக் கொள்ளவும், பின்னர் நடக்கவிருக்கும் செயல்களை அதே வரிசையில்

அடுக்கவும் நமக்கு நேரம் என்கிற கான்செப்ட் தேவைப்படுகிறது. நேரம் என்பது மாற்றம் என்ற ஒன்றோடு தொடர்புடைது. செயல் ஒன்று நடக்காமல் நேரம் என்கிற ஒன்றை நம்மால் சொல்ல முடியாது.

641) தற்போது நமக்கு நேரத்தின் அடிப்படையாக இருப்பது கோள்களின் சுழற்சிதான். பூமி சூரியனைச் சுற்ற ஒரு வருடம் என்றும், அதை பல கூறுகளாகப் பிரித்து, பூமி தன்னைத்தானே ஒருமுறை சுழல ஒரு நாள் என்றும், பகல் மற்றும் இரவுகளைப் பிரித்து மணிகளாகவும், அதையும் பிரித்து நிமிடங்களாகவும், நொடி-களாகவும் கருதுகிறோம்.

642) நேரம் நிற்காமல் ஓடிக்கொண்டிருக்கிறது. அதை நாம்தான் காலண்ட-ரையும் கடிகாரங்களையும் பிடித்துக்கொண்டு துரத்துகிறோம். நேரம் என்பது ஒரே திசையில் நம்மை திரும்பிப் பார்க்காமல் பயணித்துக் கொண்டே இருக்கிறது. நம்-மையெல்லாம் அது ஒரு பொருட்டாக மதிப்பதே இல்லை. நாம்தான் அதை மதித்து நடக்க வேண்டும்.

643) பூமி தன் சுழற்சியை நிறுத்திக் கொண்டாலும், அது ரிவர்சாக சுற்றத் தொடங்கினாலும், நேரம் எப்போதும் முன்னோக்கியே பயணிக்கும்.

644) பூமியிலுள்ள அனைத்துமே 'சுழற்சி' அன்ற அடிப்படை கான்செப்டில்-தான் இயங்குகிறது. இரவானால் தூக்கம், பின் விழிப்பு, உணவு உண்ணுதல், உடலுறவு கொள்ளுதல் மற்றும் நமக்கான அனைத்து செயல்களும் என எல்லாமே நமது ஜீன்களில் பதிந்துபோன விஷயங்களாய்த் தொடர்கிறது. இதை நம் உடலின் 'உயிர்க்கடிகாரம் (Biological clock)' என்றுகூட சொல்லலாம்.

645) ஐந்தறிவுள்ள மிருகங்கள், நேரம் என்ற ஒன்றைப் புரிந்துகொள்ள முடி-யாது. இருப்பினும் எப்போது உணவு தேடி அதை உண்ண வேண்டும். எப்போ-தெல்லாம் இனப்பெருக்கம் செய்ய வேண்டும் என்பதெல்லாம் தவறாமல் நடந்து-கொண்டுதான் இருக்கிறது. இது மிருகத்திற்கு மிருகம் மாறுபட்டாலும் செயல்கள் தொடர்ச்சியாக நடந்து கொண்டேதான் இருக்கிறது.

646) பூமியின் சுழற்சியைக் கொண்டு நேரத்தை அளப்பதை விட, 'அணுக் கடிகாரங்களைக் (Atomic clock)' கொண்டு நேரத்தை அளப்பது மிக மிக துல்லியமான அளவீடாகும். அணுக்கடிகாரங்களானது அணுக்கள் மற்றும், மூலக்-கூறுகள் ஆகியவற்றின் அதிர்வுகளின் (Vibration) கால அளவைக் கொண்டு இயங்குகிறது. சீசியம் க்ளாக் என்கிற அணுக்கடிகாரம் இதில் ஒரு வகையாகும். 300 வருடங்களில் ஒரு வினாடி அதிகமாகவோ அல்லது குறைவாகவோ நேரம் காட்டும் துல்லியம் கொண்டது.

647) தற்போதைய அணுக்கடிகாரங்கள், பழைய சீசியம் கடிகாரத்தை விட பல மடங்கு துல்லியமானவை. சுமார் 60 மில்லியன் வருடத்திற்கு ஒரு வினாடி வித்தியாசம் காட்டும் மிகத்துல்லியமான அணுக்கடிகாரங்களும் இருக்கின்றன.

648) Dictionary யில் second என்பதற்கு வினாடி அல்லது நொடி என்று அர்த்தம் இருக்கும். ஆனால் வினாடியும், நொடியும் ஒன்றல்ல. ஒரு நொடி என்பது கண் சிமிட்டும் நேரம். அதாவது கண்ணை மூடி திறப்பதற்குள்ள நேரம். ஆதலால் கண் சிமிட்டும் நேரம் = 1 நொடி. 1 வினாடி = 14.4 நொடிகள். 1 நாழிகை = 60 வினாடி = 24 நிமிஷம். 1 நாள் = 60 நாழிகை. ஆகையால் 1 நாள் = 60 X 60 X 14.4 = 51840 நொடிகள். இவை பழந்தமிழர்களின் ஒரு நாளைக்கான நேரக்கணக்கு.

649) நகரும் கடிகாரம் மெதுவாக இயங்கும். இதுதான் ஜன்ஸ்டீனின் 'பொது சார்பியல் கோட்பாடு (General relativity theory)'. அதாவது நாம் பயணம் செய்து கொண்டிருக்கும்போது நமது வாட்ச், வீட்டில் ஜாலியா படுத்திருப்பவரின் வாட்சைவிட மெதுவாக ஓடுமாம். இந்தவித நேர வேறுபாடுகளெல்லாம் நேனோ செகண்டுகளில் இருக்கலாம். அதனால் நேர வேறுபாடுகளை சாதாரணமாக உணரமுடியாது. ஏனெனில் நாம் நகரும் வேகம் அவ்வளவு அதிகமல்ல.

650) எந்த அளவு நாம் ஒளியின் வேகத்தை (ஒளியின் வேகம் வினாடிக்கு சுமார் 3 லட்சம் கிலோமீட்டர்) நெருங்குகிறோமோ அந்த அளவுக்கு நமது கடிகாரம் ஸ்லோவாகிறது. ஒளியின் வேகத்தை நெருங்கிவிட்டால் நமக்கான நேரமும் நின்றுவிடும். அதாவது உங்கள் வயது ஏறாமல் அப்படியே நின்றுவிடும். ஒளியின் வேகத்தைவிட உங்கள் வேகம் மிஞ்சுமானால் நமது வயது குறையத் தொடங்கும்.

651) உலகில் எப்பொருளும் ஒளியின் வேகத்தை மிஞ்ச முடியாது. ஜன்ஸ்டீனின் கருத்துப்படி, ஒரு பொருளின் வேகம் அதிகரிக்க அதிகரிக்க, அதன் நிறை கூடிக்கொண்டே போகும். ஒளியின் வேகத்தை அடைந்துவிட்டால் அதன் நிறை 'முடிவிலி (Infinity)' அளவிற்கு அதிகரித்துவிடும். அதனால் எப்பொருளும் ஒளியின் வேகத்தை அடைய முடியாது.

652) ஒரு பொருளின் வேகம், அது எறியப்பட்ட இடத்தின் சூழலைப் பொருத்து மாறுபடும். உதாரணமாக, நின்றுகொண்டு துப்பாக்கியால் சுடும்போது, புல்லட்டின் வேகம் ஒருவிதமாகவும், ஓடும் காரில் இருந்துகொண்டு அது ஓடும் திசையிலேயே சுடும்போது புல்லட்டின் வேகம் அதிகமாகவும், எதிர்திசையில் சுடும்போது அதன் வேகம் மெதுவாகவும் இருக்கும். நீங்கள் இருக்கும் கார்தான் புல்லட்டிற்கான 'ஃப்ரேம் ஆஃப் ரெஃபரன்ஸ் (Frame of reference)' என்பார்கள்.

653) நீங்கள் ஜாலியாய் நேர் ரோட்டில் ஸ்கூட்டரை ஓட்டிக்கொண்டு போகிநீர்கள், அப்போது எதிர் திசையிலும் ஒருவர் பைக்கில் வருகிறார். உங்களுக்கு அவர் வலதுபுறமா அல்லது நீங்கள் அவருக்கு வலது புறமா. இதில் யார் சரி? இடது வலது என்பதெல்லாம் இருவரின் சார்பு பார்வையைப் பொருத்ததுதான். நிற்கும் பஸ் நகரும்போது ஜன்னல் வழியே பார்த்தால் நம் பக்கத்தில் உள்ள பஸ்

நகர்கிறதா அல்லது நாம் நகர்கிறோமா என்கிற சிறு மயக்க நிலையை உணர்ந்தி-ருப்பீர்கள். நம்மைச்சுற்றி நகரும் எல்லாமே ஒன்றையொன்று சார்புடையவை என்-பதை அறியலாம்.

654) இயற்பியலில் காலம் (Time) என்பது அனைத்துத் தளங்களுக்கும் பொதுவானது என நம்பப்பட்டது. ஆனால் இரண்டு நிகழ்வுகளுக்கிடையே கால 'இடைவெளியானது (Time difference)', அளப்பவரின் வேகத்தைப் பொறுத்து அமையும். அதனால் காலமும் சார்புத்தன்மையுடையது என்கிறார் ஜன்ஸ்டீன்.

655) இரட்டையரில் ஒருவர், வினாடிக்கு 2,40,000 கிலோமீட்டர் வேகத்தில் (அதாவது 80% ஒளியின் வேகத்தில்) விண்வெளியில் பத்து ஆண்டுகள் தொடர்ச்சியாய் பயணித்து, திரும்பியும் அதே வேகத்தில் புறப்பட்ட இடத்துக்கே வந்து சேர்கிறார் என்று வைத்துக் கொள்ளுங்கள். இப்போது பூமியில் இருக்கும் அவரின் சகோதரரின் வயது பத்து ஆண்டுகள் கூடி இருக்கும். ஆனால் பயணித்து வந்தவரின் வயதோ வெறும் ஆறு ஆண்டுகள்தான் ஏறி இருக்கும். எனவே நான்கு வயது இளமையாக இருப்பார். பயணம் செய்தவரின் கடிகாரம் மற்றும் உயிர்க்கடிகாரம் (Biological clock) எல்லாமே பூமியை ஒப்பிடும்போது மெது-வாகத்தான் காலம் ஓடியிருக்கும்.

656) ஒளியின் வேகம் எந்த விதத்திலும் மாறா இயல்புடையது. அதாவது, ஃப்ரேம் ரெஃபெரன்ஸுக்கெல்லாம் ஒளியின் வேகம் கட்டுப்படாது என்கிறார் ஜன்ஸ்டீன்.

657) நீளம், அகலம் மற்றும் உயரம் என்கிற 'மூன்று பரிமாணங்கள் (Three dimensional)' என்பது நமக்குத் தெரியும். நான்காவது பரிமாணம் ஒன்று உள்-ளது. அதுதான் நேரம் (Time). ஒரு பொருள் எங்கே இருக்கிறது என்றால், அது இருக்கும் இடத்தை சொல்லி விடலாம். ஆனால் அது எந்த நேரத்தில் அங்கே இருக்கிறது என்பதை சேர்த்துச் சொல்வதுதான் முழுமையான பதிலாக இருக்கும். இதைத்தான் 'கால-வெளி (Space-time)' என்கிறார்கள்.

658) ஜன்ஸ்டீனின் பொது சார்பியல் கொள்கையின்படி, இந்த பிரபஞ்சமே ஒரு நான்கு பரிமாணம் கொண்ட கால-வெளி (Space-time) அமைப்பாகும். அதிக நிறையுள்ள பொருட்கள், இந்த கால-வெளி அமைப்பை வளைத்து அவற்-றின் நிறைகளுக்கு ஏற்ப பள்ளங்களை ஏற்படுத்துகின்றன. அதுவே 'ஈர்ப்புப்புலமாக (Gravitational field)' காட்சிப்படுகிறது.

659) ஒளி எப்போதும் நேர்கோட்டில்தான் செல்லும். மின் மற்றும் காந்த விசைகள் ஒளியை வளைக்க முடியாது என்பதை நாம் படித்திருப்போம். ஆனால் பெரும் நிறையுள்ள பொருட்களின் அருகே கால-வெளி அமைப்பு வளைவதன் காரணமாக ஒளியும் வளையும் என்கிறார் ஜன்ஸ்டீன். சூரியனுக்கு அருகே செல்-லும் ஒளியானது வளையும். அதனால் சூரியன் அதன் இயல்பு நிலையிலிருந்து

விலகி உள்ளது போன்ற தோற்ற மயக்கத்தை ஏற்படுத்துகிறது.

660) ஐன்ஸ்டீனின் பொதுச் சார்பியல் தத்துவத்தை பயன்படுத்தித்தான் நவீன GPS கருவிகள் இயங்குகிறதாம்.

661) GMT (Greenwich Mean Time) என்பது, உலகின் ஸ்டேண்டர்ட் நேரமாகக் கருதப்படுகிறது. லண்டனில் உள்ள 'கிரின்விச்' என்ற இடத்தின் ராயல் ஆய்வுக் கூடத்தின் வழியாகவே பூஜ்ய டிகிரி தீர்க்க ரேகைக் கோடு செல்வதாக கற்பனையாக வைத்துக் கொண்டு, அதன் அடிப்படையில் உலகின் பல பகுதிகளின் நேரங்கள் கணிக்கப்படுகின்றன. கிரீன்விச் என்ற பகுதியில் ஒரு குறிப்பிட்ட அந்த இடத்தில் செப்புப்பட்டை ஒன்று புதைக்கப்பட்டுள்ளது. அதுவே பூஜ்ய டிகிரி தீர்க்க ரேகை என்கிறார்கள்.

662) பூமிப்பரப்பின் மேல் ஒரு இடத்தினை சுட்டிக் காட்டுவதற்காக, அதன்மீது கிழக்கு மேற்காக அதாவது கிடைமட்டமாக (Horizontal) கற்பனையாக செல்லும் 360 கோடுகளை 'அட்ச ரேகைகள் (Latitude)' என்று அழைக்கிறார்கள். இக்கோடுகள் ஒன்றுக்கொன்று இணையாகவும், சற்றேறக்குறைய சம இடைவெளியுடனும் அமைந்துள்ளன. அட்ச ரேகை என்பது, புவியின் மையத்திலிருந்து புவி பரப்பின் மேல் ஒரு குறிப்பிட்ட இடம் அமைந்துள்ள கோணத் தூரமாகும்.

663) புவியை இரு சமமாகப் பிரிக்கும் அட்ச ரேகையை, 'பூமத்திய ரேகை (Equator)' என்கிறோம். 90 டிகிரி வட அட்ச ரேகையில் உள்ள புள்ளியை 'வட துருவம் (Arctic)' என்றும், 90 டிகிரி தென் அட்ச ரேகையில் உள்ள புள்ளியை 'தென் துருவம் (Antarctic)' என்றும் அழைப்பர்.

664) பூமத்திய ரேகையின் நீளம் சுமார் 40,075 கிலோமீட்டராகும். ஒவ்வோர் அட்ச ரேகைக்கும் இடைப்பட்ட தூரம் சுமார் 111 (40,075 / 360 = 111) கிலோமீட்டராகும். ஒரு இடத்தின் அட்ச ரேகை என்னவென்று தெரிந்தால், அந்த இடம் பூமத்திய ரேகையிலிருந்து எவ்வளவு தூரத்தில் உள்ளது என்பதைத் துல்லியமாக கணக்கிடலாம்.

665) அட்ச ரேகைகளைச் செங்கோணத்தில் வெட்டிக்கொண்டு இரு துருவத்தையும் இணைத்தபடி, வடக்கு தெற்காக வரையப்படும் 360 கற்பனைக் கோடுகளை 'தீர்க்க ரேகைகள் (Longitude)' என்பர். ஒரு தீர்க்க ரேகையில் அமைந்த எல்லா ஊர்களிலும் ஒரே நேரத்தில் நண்பகல் ஏற்படும்.

666) கிழக்கே செல்லச் செல்ல, 'தள நேரம் (Base Time)' ஒவ்வொரு 15 தீர்க்க ரேகைகளுக்கும் 1 மணி நேரம் அதிகரித்தும், மேற்கே செல்லச் செல்ல, தள நேரம், ஒவ்வொரு 15 டிகிரி தீர்க்க ரேகைக்கும் 1 மணி நேரம் குறைந்து கொண்டும் செல்கிறது. பெரிய நாடுகளில் பல தள நேரங்கள் இருப்பதால், அந்த நாடுகள் ஒரு குறிப்பிட்ட ஒரே நேரத்தை (Standard Time) வசதிக்காகப் பயன்படுத்துகிறார்கள். உதாரணத்திற்கு, இந்தியா 82.5 டிகிரி தீர்க்க ரேகையை மையமாகக்

கொண்டு இந்திய திட்ட நேரத்தை (Indian Standard Time) பயன்படுத்துகி றது. அதாவது, கிரீன்விச் நேரத்தைவிட ஐந்தரை மணி நேரம் அதிகமாக இருக்கும் (+5.5 GMT).

667) நான்கால் மீதியின்றி வகுபடும் ஆண்டுகளே 'லீப் வருடம் (Leap Year)' என்பதை நாமெல்லாம் அறிந்து வைத்திருக்கிறோம். உதாரணமாக 1996, 2000 என்பவை நான்கால் மீதியின்றி வகுபடும். ஆதலால் இவை லீப் வருடங்கள் என்கிறோம். பூமி சூரியனை முழுமையாக ஒருமுறை சுற்றிவர 365.25 நாட்கள் (365 நாட்கள் 6 மணி நேரம், இதனை அஸ்ட்ரநாமிக்கள் இயர் என்கிறார்கள்) ஆகின்றன என வைத்துக் கொண்டால், நான்கு ஆண்டுகளுக்கு ஒரு நாள் என்கிற விதத்தில் அதிகமாகிறது. ஆதலால் ஒவ்வொரு நான்கு வருடத்திற்கு ஒருமுறை பிப்ரவரி மாதத்தில் 29 நாட்கள் என்று கணக்கிட்டு மீதி ஒரு நாளை சரி செய்கிறோம்.

668) லீப் வருடம் பற்றி மேலும் ஸ்வாரஸ்யங்கள் இருக்கின்றன. பூமி சூரி யனை ஒருமுறை சுற்றிவர 365.24 நாட்கள் ஆகின்றன என்று வைத்துக்கொண் டால், ஒவ்வொரு 100 வருடங்களுக்கு ஒருமுறை லீப் வருடம் வரும். ஆனால் பூமி சூரியனைச் சுற்றிவர துல்லியமாக, 365.2422 நாட்கள் (365 நாட்கள், 5 மணி, 48 நிமிடம், 56 வினாடி) ஆகின்றன. கிரிகோரியன் காலண்டர் கணக்கின் படி 2140 வருடங்களுக்கு ஒரு முறைதான் லீப் இயர் வரவேண்டும். இதன்படி, 1700, 1900 ஆண்டுகள் கூட லீப் இயர் இல்லை. கிரிகோரியன் காலண்டரில் குழப்பம் நிறைய இருக்கிறது.

669) 'GPS (Global Positioning System)' என்பது தரையிலுள்ள ஒரு பொருளின் அமைவிடத்தை செயற்கை கோள்களின் உதவியுடன் கண்டறிந்து அதற்கான வழியையும் காட்டும் சிறந்த தொழில் நுட்பமாகும். ஆரம்பத்தில் அமெ ரிக்காவில் ராணுவத்தில் மட்டும் பயன்படத்தப்பட்டு பின்னர் ஏகபோகமாய் எல்லா இடங்களிலும் பயன்படுகிறது.

670) பூமியிலிருந்து சுமார் 19,300 கிலோமீட்டர் உயரத்தில் விண்வெளியில் ஏவப்பட்டு மணிக்கு 7,000 கிலோமீட்டர் வேகத்தில் பூமியை ஒரு நாளைக்கு இரண்டு முறை என்கிற கணக்கில் சுற்றி வரும் 24 செயற்கை கோள்களின் உதவியுடன் தரையிலுள்ள ஒரு பொருளின் பொசிசனை கண்டறிய உதவுகிறது. இவ்வகை செயற்கை கோள்கள் ஒவ்வொன்றும் தமக்கிடையே சம தூரத்தில் விலகி சுற்றி வருவதால், பூமியின் எப்பாகத்திலிருந்தும் குறைந்தது நான்கு செயற்கை கோள்களை ஒரே நேரத்தில் தொடர்புகொள்ள முடிகிறது.

671) ஒவ்வொரு GPS செயற்கை கோள்களும் அவைகளின் சுற்றுப்பாதை களின் தற்போதைய அமைவிடம், சுழற்சி மற்றும் நேரம் போன்ற தகவல்களை எந்நேரமும் பூமியிலுள்ள GPS receiver களுக்கு அனுப்பிக்கொண்டே இருக்கி-

ரது. அவைகள் அனுப்பும் சிக்னல்களை ஒன்றிணைத்து பொருளின் தற்போதைய அமைவிடத்தை மிகத்துல்லியமாக கணிக்கின்றன. இந்த டெக்னிக்கிற்கு, 'Triangulation' என்று பெயர்.

672) 'அதிர்வு (Vibration)' என்பது ஒரு மெக்கானிக்கல் நிகழ்வாகும். உதாரணமாக நீளும் தன்மையுடைய ஒரு ஸ்ப்ரிங்கின் மீது ஒரு விசை செயல்படும்போது அல்லது நிறுத்தப்படும்போது அதற்கு ஏற்படும் சமநிலை. அதாவது ஒரு ஸ்ப்ரிங்கை இழுத்து விடும்போது அது மேலும் கீழும் ஒரு சமநிலைப் புள்ளியிலிருந்து அலைவதே அதிர்வாகும். உலகில் உள்ள எல்லாப் பொருள்களும் ஒரு குறிப்பிட்ட அதிர்வெண்ணில் அதிர்கின்றன.

673) நகராமல் ஒரு பொருளை நீங்கள் பார்க்கிறீர்கள் என்றால், அது தன்னுள்ளே நகர்ந்து கொண்டிருக்கிறது. அதாவது தனக்குள்ளே அதிர்ந்து கொண்டுதான் இருக்கின்றன. இதற்கு 'நேச்சுரல் வைப்ரேஷன் (Natural Vibration)' என்று பெயர்.

674) 'அதிர்வு காலம் (Time period)' என்பது அடுத்தடுத்த இரண்டு அதிர்வுகளுக்கு இடைப்பட்ட கால இடைவெளி. அதாவது ஒரு ஸ்ப்ரிங்கை இழுத்து விடும்போது அதன் ஒரு முனை கீழிருந்து மேல் நோக்கி சென்று பிறகு கீழ்நோக்கி வருவதை 'ஒரு அதிர்வு' என்கிறோம். அதற்காக எடுத்துக் கொள்ளும் நேரமே அதிர்வு காலம் (Time period) எனப்படும். இதனை 'நொடி' அலகால் அளக்கிறார்கள். ஒரு பொருள் தொடர்ந்து ஒரே விதமாய் அதிர்ந்து கொண்டிருக்கும்போது அதன் அதிர்வு காலம் ஒரே மாதிரியாகவே இருக்கும். ஒரு முழுமையான அதிர்வே ஒரு 'அதிர்வு சுழற்சி (Vibration cycle)' எனப்படும்.

675) 'அதிர்வெண் (Frequency)' என்பது, ஒரு நொடியில் ஏற்படும் சுழற்சியின் எண்ணிக்கை அளவு. இதனை 'ஹெர்ட்ஸ் (Hz)' என்னும் அலகால் அளக்கலாம். ஒலியின் அதிர்வெண் 20 முதல் 20,000 ஹெர்ட்ஸ் வரைக்குள் இருந்தால்தான், அதை நம்மால் கேட்க முடியும்.

676) 'அலை நீளம் (Wavelength)' என்பது, ஓர் அலையின் மீது ஒத்த கட்டத்தில் (Same position) உள்ள அடுத்தடுத்த இரு துகள்களுக்கு இடைப்பட்ட தூரமாகும். இதை 'மீட்டர்' என்ற அலகால் அளக்கலாம். நம் காதுகளால் கேட்க முடியும் ஒளியின் அலை நீளம் சுமார் 17 மீட்டர்.

677) 'அலை வீச்சு (Amplitude)' என்பது ஓர் அலையின் நேர்மறை அதிக பட்ச அதிர்வுக்கும் (முகடு), எதிர்மறை அதிக பட்ச அதிர்வுக்கும் (அகடு) இடையேயான தூரமாகும். அதாவது ஒரு துகள் மேலும் கீழும் அதிரும்போது, அது கடக்கும் அதிக பட்ச உயரத்திற்கும் அதிக பட்ச தாழ்விற்கும் இடைப்பட்ட தூரமாகும். ஓர் அலையின் 'அலை வேகம் (Wave speed) = அதிர்வெண் X அலை நீளம்'.

678) ஒரு பொருளின் நேச்சுரல் வைப்ரேஷனும், அது வெளிப்புற விசை-களால் தூண்டப்படும்போது ஏற்படும் ஆர்டிஃபிஷியல் வைப்ரேஷனும் சமமாகும்-போது, அதாவது இரண்டின் ஃப்ரீக்வென்சிகளும் சமமாகும்போது, அதன் ஆம்ப்-ளிட்யூட் (Amplitude) அதாவது அதன் 'வீச்சு' மிக மிக அதிகமாகி அதனால் ஏற்படும் நிகழ்வை 'ஒத்ததிர்வு (Resonance)' என்கிறார்கள்.

679) ஒரு காலியான ஒயின் கிளாசை உங்களுக்கு முன்னால் வாய்க்கு நேராக பிடித்துக்கொண்டு, அந்த கிளாசின் நேச்சுரல் ஃப்ரீக்வென்சியுடன் மேட்-சாகுமாறு சப்தம் எழுப்பினால், கிளாசானது தெரித்து உடைந்து விடும். நீங்கள் பலமுறை ட்ரை செய்து பார்த்தால் நிச்சயம் உடைக்கலாம்.

680) ஒத்ததிர்வினால் (Resonance) வேண்டத்தகாத நிகழ்வுகள் அப்பொ-ருளுக்கு ஏற்படலாம். அதாவது அப்பொருளில் க்ராக்குகள் விழலாம் அல்லது வெடித்து விடலாம். நில நடுக்கத்தின்போது ஏற்படும் அதிர்வெண்ணுக்கு சமமாக, கட்டிடங்களின் இயற்கை அதிர்வெண்ணுக்கு (Natural Frequency) சமமாகும்-போது, பெரும் வீச்சுடன் கட்டிடங்கள் சிதைய நேரிடும்.

681) வாஷிங்டனில் 1940ஆம் ஆண்டு உலகத்திலேயே மூன்றாவது பெரிய தொங்கு பாலமாக இருந்த 'Tacoma Narrows'வின் ஆயுட்காலம் வெறும் நான்கு மாதங்களே. ஏன் அவ்வளவு தரம் குறைந்ததாக கட்டப்பட்டதா? இல்லை, திடிரென்று சுமார் மணிக்கு 64 கிலோமீட்டர் வேகத்தில் வீசிய காற்றினால் ஒத்-ததிர்வு ஏற்பட்டு, தொங்கு பாலத்தின் இயற்கை அதிர்வெண்ணோடு மேட்ச்சாகி, படிப்படியாக ஆடத்தொடங்கி அதன் வீச்சு உச்ச நிலையை அடைந்து, பாலம் முறிந்து பரிதாபமாய் ஆற்றுக்குள் விழுந்தது. ஒத்ததிர்வை தவிர்ப்பதற்கு 'Dampers' எனும் சாதனங்களை பயன்படுத்துகிறார்கள்.

682) தொங்கு பாலங்களில் ராணுவ வீரர்கள் அணிவகுத்து நடக்கும்போது ஒரே சீரான ஸ்டெப்ஸ்களின்றி மாறும் 'சந்தங்களுடன் (Steps)' நடப்பார்கள். ஏனெனில், ஒரே சீராக நடக்கும்போது ஏற்படும் ஃப்ரீக்வென்சியானது பாலத்தின் இயற்கை ஃப்ரீக்வென்சியுடன் சில சமயம் ஒத்துப்போய், 'ரிசோனன்ஸ்' எனும் சங்-கதி ஏற்பட்டு, மிகப்பெரும் அதிர்வீச்சினால் பாலங்கள் தெரித்து உடையலாம்.

683) ஒரு ஃப்ளைட் எஞ்சினின் சுற்றும் வேகம் ஒரு குறிப்பிட்ட அளவுக்கு நெருங்கும்போது, அதனால் ஏற்படும் ஃப்ரீக்வென்சியும், அந்த எஞ்சினின் சுழலும் பாகத்தின் இயற்கை அதிர்வெண்ணும் மேட்சானால், ஒத்ததிர்வு நிலையை உண்-டாக்கி, வானத்திலேயே அந்த ஃப்ளைட் வெடித்துச் சிதறி விடலாம். இந்நிகழ்வு சில சமயம் ஏற்பட்டிருக்கிறதாம். இதைத் தவிர்க்க, இஞ்சினின் வேகத்தை ஒரு குறிப்பிட்ட ஸ்பீடை (உதாரணமாக 5500 rpm முதல் 6,000 rpm) எட்டுவதை தவிர்ப்பார்கள் அதற்கு அதிகமாகவோ குறைவாகவோ இயக்கலாம்.

684) இசை அமைப்பாளர்கள், இசை அமைக்கும்போது, அவர்களின் இசை-யில் 'ஒத்ததிர்வு' நிலை ஏற்படாமல் பார்த்துக்கொள்ள வேண்டும். அப்படி ஏற்ப-டுமானால், இசை அரங்கம் சிதைந்து விடலாம், கேட்பவர்களின் காதுகளை பதம் பார்த்து விடலாம். ஆகையால், அவர்கள் 'ஒத்ததிர்வு' எனும் தத்துவத்தை சரியாப் புரிந்து வைத்திருக்க வேண்டும்.

685) அலைகளானது, 'பொறிமுறை அலைகள் (Mechanical waves)' என்றும், 'மின்காந்த அலைகள் (Electromagnetic wave)' என்றும் இரு வகைப்படும். ஒலி அலைகள் (Sound Waves) பொறிமுறை அலைகளாகும். ஒளி அலைகள் (Light Waves) மின்காந்த அலைகளாகும்.

686) 'நெட்டலை (Longitudinal wave)' என்பது, அலை செல்லும் திசைக்கு ஏற்ப அதன் துணிக்கைகள் அதிரும். நாம் பேசும்போது ஏற்படும் ஒலி அலைகளால், காற்றின் மூலக்கூறுகள் அதிர்கின்றன. அப்போது மூலக்கூறுகள் அதன் திசையிலேயே அழுத்தப்பட்டும் தளர்த்தப்பட்டும் பயணிக்கின்றன. அதன் மூலம் ஒலியை மற்றவர்கள் கேட்க முடிகிறது. ஒலி அலைகளை பொறி அலைகள் (Mechanical wave) என்கிறோம். வெற்றிடத்தில் ஒலி அலை பரவாது.

687) 'குறுக்கலை (Transverse wave)' என்பது அலை செல்லும் திசைக்கு செங்குத்தாக துணிக்கைகள் அதிரும். இவ்வலைகள் பரவ, மீடியம் தேவையில்லை. வெற்றிடத்திலும் மிக வேகமாகப் பரவும். மின்காந்த அலைகள் (Electromagnetic wave) குறுக்கலையாகும். ஒளி அலைகள் இதற்கு உதார-ணம். சூரிய ஒளி வெற்றிடத்தில் அதிவேகமாகப் பரவி நம்மை வந்தடைகிறது.

688) நம் காதுகளால் கேட்டு உணரக்கூடிய அதிர்வகளையே ஒலி (Sound) என்கிறோம். ஒலியானது ஒரு இடத்திலிருந்து மற்றொரு இடத்திற்கு பரவ காற்று, நீர் மற்றும் திட ஊடகங்கள் (Medium) தேவை. ஊடகத்தை பொறுத்து ஒலி பரவும் வேகம் மாறுபடும். வெற்றிடத்தில் ஒலி பரவாது.

689) ஒலியை, 'டெசிபெல் (dB)' என்ற அலகு முறையில் அளக்கிறார்கள். ஆரோக்கியமான ஒருவரின் காதால் கேட்க முடிந்த மிகக் குறைந்த ஒலியை 0 டெசிபெல் எனலாம். அதைவிட 10 மடங்கு அதிக சப்தம் 10 டெசிபெல் என்றும், 100 மடங்கு அதிக சப்தம் 20 டெசிபெல் என்றும் 1000 மடங்கு அதிக சப்தம் 30 டெசிபெல் என்றும் குறிக்கிறார்கள்.

690) சில சப்தங்களின் டெசிபெல் அளவு: அமைதியான மனித சுவாசம்:- 10 டெசிபெல், சாதாரண முணுமுணுப்பு:- 20 டெசிபெல், ஆபீஸ் சப்தம்:- 30 டெசிபெல், சாதாரண உரையாடல்:- 60 டெசிபெல், ரயில் சப்தம்:- 80 டெசி-பெல், இடி சப்தம்:- 120 டெசிபெல், ஜெட் இஞ்சினின் இயக்கம்:- 140 டெசிபெல். ஹெட்ஃபோன் மாட்டிக் கொண்டு கேட்கும் ஸ்டிரியோ ஒலி:- 112 டெசிபெல் வரை போகலாம்.

691) 'இரைச்சல் (Noise)' என்பது அதிக சப்தம் கொண்ட, கேட்க சகிக்காத மற்றும் விருப்பத்தகாத தேவையற்ற ஒலி ஆகும். ஒலி உண்டாகும்போது இரைச்-சலை முழுவதுமாக தவிர்க்க முடியாது. அன்றாட வாழ்வில் தீங்கிழைத்து எரிச்ச-லூட்டி இடையூறு செய்யும் இரைச்சலை 'ஒலி மாசுறுதல் (Noise pollution)' என்கிறோம்.

692) இந்தியாவில் பத்து பேரில் ஒருவருக்கு காது கேளாமை கோளாறு உள்-ளதாக புள்ளி விபரங்கள் சொல்கிறது. வாகன இறைச்சல், நீண்ட நேரம் அதிக சப்தத்துடன் டி.வி. பார்ப்பது, இசை கேட்பது, அதிக சப்தத்துடன் பட்டாசு வெடிச்-சப்தம் வருவது போன்ற காரணங்களால் இக்குறைபாடுகள் அதிகரிக்கும் வாய்ப்பு-கள் உள்ளது. பொதுவாக 80 டெசிபல் சப்தம் வரை கேட்பது ஆபத்தில்லை.

693) ஒலியின் அதிர்வு எண்ணிக்கைகள் அதிகமானால் சப்தம் குறைவாகவும், அதிர்வுகள் குறைந்தால் சப்தம் அதிகமாகவும் இருக்கும். காற்றில் ஒலியின் வேகம் வினாடிக்கு 330 மீட்டர்.

694) ஒலி எழும்பும்போது அதன் ஒலி அலைகள் நமது செவிக்குழல் வழியாக நுழைந்து செவிப்பறையில் மோதும்போது அது அதிரும். இந்த அதிர்வுகள் செவிப்-பறையை ஒட்டியுள்ள 'ஹேம்மர்', 'பட்டை' மற்றும் 'அங்கவடி எலும்புகள்' மூலம் உட்காதுக்குள் நுழையும். இந்த எலும்புகள் அதிரும். 'காக்ளியா'வில் உள்ள 'பெரி-லிம்ப்' மற்றும் 'எண்டோலிம்ப்' போன்ற திரவங்கள்மீது அதிர்வுகள் கடத்தப்பட்டு செவி நரம்புகள் மூலம் மூளைக்கு எடுத்துச் செல்லப்பட்டு, ஒலியானது இனம் பிரிக்கப்படுகிறது.

695) நம் காதின் உட்புறத்தில் 'காக்லியா (Cochlea)' எனும் சிறிய எலும்புக் கூட்டில், நத்தைக்கூடு மாதிரி ஒரு வஸ்து இருக்கும். இதில் 'எண்டோலிம்ஃப் (Endolymph)' என்கிற ஸ்பெஷலான ஒரு திரவம் நிரப்பப்பட்டிருக்கும். இந்த அமைப்பு, மூளைச் செயற்பாட்டுடன் சேர்ந்து ஒரு ரசமட்டம் போல் செயல்பட்டு, நாம் ஸ்டெடியாக நிற்பதற்கும், பேலன்ஸுடன் நடப்பதற்கும் ஏதுவாகிறது. காது, கேட்பதற்கு மட்டுமல்ல, ஸ்டெடியாய் நடப்பதற்கும் உதவுகிறது.

696) 140 டெசிபெல்லுக்கு அதிகமான ஒலியானது மனித செவிப்பறையை தாக்குவதோடு, அதிலிருந்து மூளைக்குச் செல்லும் அதி நுட்பமான ஒலி உணர் நரம்புகளை பாதித்துப் படிப்படியாக ஒலி உணர்திறன் குறைவதோடு இரத்த அழுத்-தம், படபடப்பு, 'இன்சோம்னியா' என்ற தூக்கமின்மை, குடல் அழற்சி, நரம்புத் தளர்ச்சி போன்ற உடல் பாதிப்புகளை ஏற்படுத்துகிறது. சவுண்ட் பொல்யூசனை தவிர்ப்போம்.

697) காது கேளாமை, மரபு வழியாகவும், தாய்வழி 'ரூபெல்லா' தொற்று அல்லது பிறப்பின் போது ஏற்படும் சிக்கல், மூளைக்காய்ச்சல் போன்ற தொற்று நோய்கள், காதுகேள் திறனை பாதிக்கும். மேலும் நச்சு மருந்துகள், மிகை ஒலி,

மூப்பு போன்ற காரணங்களாலும் உண்டாகலாம்.

698) 'காக்ளியர் இன்ப்ளாண்ட் (Cochlear implant)' என்ற எலெக்ட்ரிக் சாதனமானது, ஒலியில் வரும் எலெக்ட்ரிக் சிக்னல்களை காதிலுள்ள நரம்புகள் வழியாக ஒலி அலைகளை கேட்க உதவும் கருவியாகும். பேச்சைப் புரிந்து கொள்வதற்கும், பேசுவதற்கும் இக்கருவி பேருதவி செய்கிறது.

699) காடுகளில் வாழும் உயிரினங்கள் செயற்கையான ஒலியை முற்றிலும் வெறுக்கின்றனவாம். அவை மிக நுட்பமான ஒலியையும், அதிர்வுகளையும் உணரும் ஆற்றல் பெற்றவை. சுனாமி ஏற்படுவதற்கு சற்று முன்பாகவே அதனை உணர்ந்து, அவை பாதுகாப்பான இடங்களுக்கு சென்றுவிட்டன. ஆனால் அதனை முன்னதே உணர்ந்திட எந்தவித நவீன கருவியும் இன்றி பல்லாயிரக்கணக்கான மக்கள் மடிந்தனர்.

700) 20,000 ஹெர்ட்ஸ்களுக்கும் மேற்பட்ட அதிர்வுகளைக் கொண்ட ஒலியானது 'அல்ட்ராசானிக் ஒலி (Ultrasonic sound)' எனப்படும். இதை மனிதர்கள் கேட்க முடியாது. இதன் அதிர்வுகள் பல கிகா ஹெர்ட்ஸ்கள் வரை இருக்கலாம்.

701) நோயாளிகளுக்கு கதிரியக்க முறையில் சிகிச்சை அளிக்கும்போது பல வேண்டாத பக்க விளைவுகள் வருவதுண்டு. ஆனால், 'அல்ட்ரா சவுண்ட் (Ultrasound machine)' முறையில் எத்தனை முறை பரிசோதனை செய்தாலும் எந்த வித பாதிப்பும் ஏற்படாது. அல்ட்ராசானிக் ஒலிகளை வயிற்றுக்குள் செலுத்தினால், அது எதிரொலித்துத் திரும்பும். அந்த ஒலிகளை இமேஜ்களாக மாற்றினால் உடல் உறுப்புகளின் தன்மையை அப்படியே படம் பிடித்துக் காட்டிவிடும்.

702) கருவுற்றிருக்கும் தாய்மார்களின் வயிற்றிலுள்ள குழந்தைகளின் உடல் வளர்ச்சியை பரிசோதித்து சிகிச்சை அளிக்க, அல்ட்ரா சவுண்ட் சிஸ்டம் ரொம்பவும் பயன்படுகிறது. உங்கள் குழந்தை வயிற்றுக்குள் உதைக்கும் காட்சியைக்கூட கண்டு ரசிக்கலாம். அதை ரிக்கார்ட் செய்து, "பாருங்க நம்ம புள்ள எப்படி உதைக்கிறான்" என்று உங்கள் வாழ்க்கைத் தோழனை அழைத்தும் காண்பிக்கலாம். மேலும் வயிறு, குடல், கல்லீரல், பித்தப்பை, கணையம், மண்ணீரல், சிறுநீரகம், சிறுநீர்ப்பை ஆகிய உடலின் அனைத்து பாகங்களில் ஏற்படும் பிரச்சினைகளையும் கண்டுபிடிக்க முடியும்.

703) நீங்கள் சாலையின் ஓரத்தில் நின்று கொண்டிருக்கும்போது, போலீஸ் வாகனமோ, ஃபயர் சர்வீஸ் வண்டியோ உங்களை நோக்கி வரும்போது, சைரன் ஒலியானது அதிகரித்துக் கொண்டே கேட்பதும், உங்களைக் கடந்து செல்லும்போது, சைரன் ஒலியானது குறைந்து கொண்டே போவதையும் கவனித்திருப்பீர்கள். உண்மையில் ஒலி உண்டாகும் இடத்தில், அதாவது சைரனில் உண்டாகும் ஒலியில் எந்த மாற்றமும் ஏற்படவில்லை. ஆனால் கேட்பவருக்குத்தான் மாற்றம்

தெரிகிறது. இந்த விளைவிற்கு 'டாப்ளர் எஃபக்ட் (Doppler Effect)' என்று பெயர்.

704) வாகனம் நம்மை நோக்கி ஒலி எழுப்பிக் கொண்டே வரும்போது, ஒலியின் அதிர்வெண் (Frequency) கேட்பவருக்கு அதிகமாகிறது. கேட்பவரை விட்டு விலகும்போது ஒலியின் அதிர்வெண் குறைந்து கொண்டே போவதால், ஒலியில் ஏற்படும் மாறுபாட்டை உணர்கிறார். இப்போது நீங்கள் அந்த வாகனம் செல்லும் வேகத்திலேயே அதே திசையில் சென்றால் அந்த ஒலியின் மாறுபாட்டை உணர முடியாது. சைரன் எழுப்பும் வண்டிக்குள் இருந்தாலும் இந்த மாறுபாட்டை உணர முடியாது.

705) ஒளி போன்ற மின்காந்த அலைகளுக்கான டாப்ளர் விளைவானது வானியலில் பெரிதும் பயன்படுகிறது. வானில் ஏற்படும் 'சிவப்பு பெயர்ச்சி (Red Shift)' மற்றும் 'ஊதாப்பெயர்ச்சி (Blue Shift)' என்கிற விளைவுகளை உண்-டாக்குகிறது. இதன்மூலம் நட்சத்திரங்கள் நம்மை விட்டு விலகும்/அணுகும் வேகத்தை கணக்கிடுகிறார்கள்.

706) ஒரு லிமிட்டுக்கு மேல் உங்கள் காரை ரோட்டில் ஓட்டினால், 'ரேடார் (Radar)' கருவியானது உங்கள் காரை அப்படியே பளிச்சென்று ஃபோட்டோ எடுத்து அதற்குரியவரிடம் சேர்த்து, உங்கள் பர்ஸை பதம் பார்த்துவிடும். இதற்-கெல்லாம் உங்கள் வண்டியின் திசை வேகத்தை கனகச்சிதமாக கண்டுபிடித்து ஃபோட்டோ எடுப்பதற்கு, இந்த பாழாய்ப்போன ரேடாருக்கு உதவி செய்வது நம்ம 'டாப்ளர் எஃபக்ட்' தான். ஃபைன் கட்டியே மாதச் சம்பளத்தில் பெரும் பகுதியை இழந்தவர்கள் நம்மில் பலர் உண்டு.

707) 'டாப்ளர் ஸ்கேன் (Doppler scan)' பரிசோதனையில், நம் உடலில் அசைகின்ற/நகர்கின்ற திசுக்களை படம் பிடித்துக் காண்பிப்பதன் மூலம் அவற்றின் தன்மைகளை உணர்ந்து மருத்துவம் செய்ய உதவுகிறது. குறிப்பாக ரத்த ஓட்டத்தின் நிலவரத்தை கண்டறிய உதவுகிறது.

708) நோயாளியின் உடலில் எந்தப் பகுதியின் ரத்த ஓட்டத்தை பரிசோதிக்க வேண்டுமோ அந்தப்பகுதியில் பசை போன்ற ஒரு வஸ்துவை தடவி, அல்ட்ரா சவுண்ட் ப்ரோபை (Ultrasound probe) அழுத்தமாக வைத்து அதன்மூலம் 'கேளா ஒளிகளை (Ultrasound)' அனுப்புகிறார்கள். அவ்வொலியானது நகரும் இரத்த செல்களின்மீது பட்டு எதிரொலிக்கும். அலைகளை கம்ப்யூட்டருக்கு அனுப்பி, அவற்றின் சுருதி வேகம், அடர்த்தி, திசை வேகம் போன்ற விபரங்களை அலசி ஆராய்ந்து, அவற்றை வீடியோ படங்களாகவோ, ஃபோட்டோக்களாகவோ தருகிறது. இவையெல்லாம் 'டாப்ளர் எஃபக்டின்' பயன்பாடுகளாகும்.

709) ஒரு அடி நீளம் x ஒரு அடி அகலம் x ஒரு அடி உயரம் கொண்ட ஒரு பாத்திரத்தின் கொள்ளளவு ஒரு கன அடியாகும். ஒரு கன அடி என்பது

28.31 லிட்டர்களாகும்.

710) ஒரு 'TMC- Thousand Million Cubic feet' தண்ணீர் அளவு என்பது, ஆயிரம் மில்லியன் கன அடியாகும். அதாவது, 1000 X 10,00,000 X 28.31 = 2831,00,00,000 லிட்டர். அதாவது 2831 கோடி லிட்டர்களாகும்.

711) ஒரு மில்லி மீட்டர் மழை என்பது, 24 மணி நேரத்தில் ஒரு சதுர மீட்டர் பரப்பளவில் எத்தனை லிட்டர் தண்ணீர் மழையாக பெய்திருக்கிறது என்பதை குறிக்கும் அளவாகும். இதை மழை மானியைக் கொண்டு அளக்கிறார்கள். உதாரணத்திற்கு அதிராம்பட்டிணம் என்ற ஊரின் பரப்பளவு சுமார் 10 ஸ்கொயர் கிலோமீட்டர், (10 X 1000 X 1000 = 1,00,00,000 = ஒரு கோடி சதுர மீட்-டர்களாகும்). உதாரணத்திற்கு ஒரு நாளில் 5 மில்லிமீட்டர் மழை பெய்தால், 5 கோடி லிட்டர்கள் தண்ணீர் கிடைக்கும். அந்த ஊரின் மக்கள் தொகை 50,000 என்றால், வீணாக்காமல் அனைத்தையும் சேமித்தால் ஒவ்வொரு நபருக்கும் 1000 லிட்டர் தண்ணீர் கிடைக்குமே.

712) சூரியனின் வெப்பம் தாங்காமல் நிலம், கடல், குளம், குட்டை, ஆறு ஆகியவற்றில் இருக்கும் தண்ணீர் மற்றும் மரம், செடி, கொடிகள் போன்றவை வெளியிடும் தண்ணீர் எல்லாம் சேர்ந்து ஆவியாகி விடுகின்றன. அவற்றில் சில பாகம் விண்ணோக்கி பயணப்படுகின்றன. அவை உயரே செல்லச் செல்ல, குளிர்ந்து சிறு சிறு நீர்த்துளிகளாகவும், உறைந்த சிறு பனிக்கட்டித் துகள்களாகவும் ஆகி விடுகின்றன. அவை காற்றில் மிதந்து கொண்டிருக்கும் தூசி படலத்தில் ஒட்-டிக் கொண்டு மேகங்களாய் உருமாறுகின்றன.

713) மேகங்களுக்கு உண்மையில் நிறமில்லை. ஆனால் நம் கண்ணுக்கு வெள்ளை, கருப்பு மற்றும் சாம்பல் நிறத்தில் காட்சி தருகிறது. மேகங்கள் அடிக்கடி தன் உருவத்தை மாற்றிக் கொண்டே இருக்கின்றன. வெப்பக்காற்று மேலெழும்பி மேகங்களின் சில பகுதிகளை சூடாக்கி ஆவியாக்கி விடுவதால் ஓரங்கள் கிழிந்து போய் உருவங்கள் மாறுகின்றன.

714) நீரானது, நீர் நிலைகளிலிருந்து ஆவியாகி மேல் நோக்கிச்சென்று மேக-மாக மாறுகிறது. இம்மேகங்களில் குறிப்பிட்ட தூசுகள் கலக்கும்போது, குளிர் காற்-றால் குறிப்பிட்ட அளவிற்குக் குளிர்விக்கப் படும்போது, மழைத் துளிகளாய் மண்-ணில் விழுகிறது. மழை விழும்போது, பல நேரங்களில் மொத்த நீரும் நிலத்தை அடைவதில்லை. அதில் சில பகுதி நீராவியாகி விடுகிறது. சில நேரங்களில் பால-வனங்களில் பெய்யும் மழையின் மொத்த நீரும் ஆவியாகி விடுவதுண்டு.

715) மழையானது வானிலிருந்து பனிக்கட்டியாக பொழிவதை, 'ஆலங்கட்டி மழை (Hail)' என்று அழைக்கிறார்கள். வானில் சூடாக்கப்பட்ட காற்றானது மேல் நோக்கிச் செல்ல முனைகிறது. அவ்வாறு சூடாக்கப்பட்ட காற்றானது, மேலும் கீழு-மாக பல தடவை செல்கிறது. அவ்வாறு மேலே சென்ற காற்று அதிக உயரத்தை

அடைகிறது. அங்கே உறை வெப்பநிலை நிலவுவதால், சிறு பனிக்கட்டிப் படிவங்-
களாக மாறுகிறது. மேலும் அதில் பல பனிப்படிவங்கள் படிந்து அதன் அளவு
பெரிதாகி, ஐஸ் கட்டிகளாய் பொழிகிறது. ஆலங்கட்டி மழை சில நேரங்களில் நம்
கபாலத்தைப் பதம் பார்த்து விடும் ஜாக்கிரதை.

716) மழைத் துளியின் பொதுவான வடிவம் கோளமாக (Spherical shape)
இருப்பதற்கு காரணம் என்ன? மழைத்துளி எவ்வித பிடிப்புமின்றி அந்தரத்தில்
விழும்பொழுது, நீர் மூலக்கூறுகளுக்கு இடையேயான 'பரப்பு இழுவிசையின்
(Surface tension)' காரணமாக வெளிப்புறம் வளைந்து, குறைந்த அளவு புறப்-
பரப்புள்ள (Surface area) உருண்டை உருவமாக மாறுகிறது.

717) 'செயற்கை மழை (Artificial rainfall)' என்பது, செயற்கையாக
மேகங்களை உருவாக்கி மழை பெய்யச் செய்யும் முறையல்ல. அப்படி செய்யவும்
முடியாது. வளிமண்டலத்தில் இருக்கும் மேகங்கள், நாம் மழை பெய்ய வேண்டு-
மென்று நினைக்கின்ற இடத்திற்கு நேர்மேலே வருபோது சில வேதிப் பொருட்க-
ளைத் தூவி மழை மேகங்களாக்கி மழை பெய்யச் செய்வதாகும்.

718) செயற்கை மழை பெய்யச் செய்வதில் மூன்று படித்தர நிலைகள்
உள்ளன. முதல் நிலையில், கால்சியம் கார்பைடு, கால்சியம் ஆக்ஸைடு, உப்பும்
யூரியாவும் கலந்த கலவை அல்லது யூரியாவும் அம்மோனியம் நைட்ரேட்டும்
கலந்த கலவையை மேகங்களில் தூவினால், அவை காற்றிலுள்ள ஈரத்தன்மையை
உறிஞ்சி காற்றழுத்தத்தை ஏற்படுத்தி மழை மேகங்களை ஒன்றுகூடச் செய்யப்படு-
கிறது. இரண்டாவது நிலையில், சமையல் உப்பு, யூரியா, அமோனியம் நைட்ரேட்
மற்றும் உலர்பனி (Dry ice- கார்பண்டை ஆக்சைடை அமுக்கிச் சுருக்கப்பட்ட
பனிக்கட்டிப் பொடி) ஆகியற்றை மேகங்களில் தூவி, மேகங்களை ஒன்றுகூடச்
செய்யப்படுகிறது. மூன்றாவது நிலையில், வெள்ளி அயோடைடு மற்றும் உலர் பனி
ஆகியவற்றை மேகங்களில் தூவினால் அவை குளிர்ச்சியடைந்து நீர்த்துளிகளாய்
மழை பெய்யத் தொடங்குகிறது. இதற்கு 'Cloud seeding' என்று பெயர்.

719) சில நேரங்களில் மழை வரும் என்று நிச்சயமாக சொல்லுமளவுக்கு
மேகங்கள் கருத்து இருண்டிருக்கும். ஆனால் மழை வராது. இதை, மேகங்கள்
அதிகக் குளிர்வடைந்த நிலை என்பர். இதனால் மேகங்களிலுள்ள ஈரப்பதம் நீராக
மாற இயலாமல் தவிக்கும் நிலையாகும். இப்போது வெள்ளி அயோடைடு குச்சி-
களை சிறிய ஏவுகணைக் குண்டுகள் மூலம் இந்த மேகங்களின் நடுவில் வீசுவ-
தாலும், அல்லது வெள்ளி அயோடைடு மற்றும் உலர் பனியை சிறிய விமானங்-
களை அனுப்பி மேகங்களுக்கிடையே தூவினாலும் மழை பெய்யத் தொடங்கும்.
சில நேரங்களில் இவ்வித முயர்ச்சிகள் தோல்வியில் முடிவதுமுண்டு.

720) அற்பமாக நாம் நினைக்கும் ஒரு சொட்டு தண்ணீர், ஆனால் அதன்
பண்புகள் நம்மை ஆச்சரியப்படுத்தும். பூமியில் தண்ணீரைப் பற்றி தெரியாத மனி-

தனும் இல்லை, அதே சமயம் அதன் உட்புற மர்மங்கள் அனைத்தையும் தெரிந்-தவனும் இல்லை என்கிறார் ஓர் அறிவியலாளர். மனித உடலின் முக்கால்வாசி பாகத்தில் தண்ணீரே நிறைந்திருக்கிறது.

721) தண்ணீர் உறைந்தாலும், உறையாத மிச்ச தண்ணீரில் உறைந்த தண்ணீர், ஐஸ் கட்டிகளாய் மிதக்கும். அதனால் அப்பகுதியில் வாழும் மீன் போன்ற உயிரி-னங்கள் ஐஸ்க்கடியில் ஜாலியாய் வாழும்.

722) காற்றிலுள்ள மூலக்கூறுகளுடன் மேகங்கள் உராய்வதால் வானத்தில் மின்சாரம் உண்டாகிப் பூமியில் வளிமண்டலத்தினூடே பாயும்போது, மேகங்கள் கொண்டிருக்கும் மின்னூட்டங்கள் (Charge), டிஸ்ச்சார்ஜ் ஆகும்போது 'இடி (Thunder)' உண்டாகிறது.

723) மின்னல் உண்டாகும்போது ஏற்படும் அதிகப் படியான வெப்பமானது சுற்-றிலும் இருக்கும் காற்றை மிக அதிகமாகச் சூடாக்குகிறது. இந்த வெப்பமானது சூரியனின் மேற்பரப்பில் இருக்கும் வெப்பத்தைவிட சுமார் ஆறு மடங்கு இருக்-குமாம். இப்படிச் சூடான காற்று திடீரென குளிர்விக்கப் படும்போது உண்டாகும் ஆற்றல் மாற்றமானது, அதிர்வலைகளாக மாற்றப்பட்டு பெரும் சப்தத்துடன் இடி முழக்கம் உண்டாகிறது.

724) சில நேரங்களில் சூல்கொண்ட மேகங்கள் வானிலேயே நீர் நிறைந்து காணப்படும். அம்மேகங்கள் திடீரென வெடித்துச் சிதரும்போது, பனிக்கட்டிகளுடன் மழை பெய்வதை, 'நீர் இடி (Cloud burst)' என்கிறார்கள். அப்போது மழையா-னது ஆலங்கட்டி மழையாகப் பெய்கிறது. இது சிறிது நேரமே நீடிக்கும்.

725) சில நேரங்களில் திடீரென விழும் நீர் இடியால், மலைகளில் புதிதாக அருவி உருவாகுமாம். நீர் இடியால் மலைகளில் பெரும் பாறைகளைப் புரட்டிப் போட்டு பூகம்பம்போல் நில அதிர்வுகளின் நிகழ்வுகளும் நடைபெறுமாம்.

726) மழைக்காலங்களில் திரண்ட கார்மேகங்கள் ஒன்றோடு ஒன்று உரசி சேர்வதால், மின்னூட்டம் (Charged) பெற்ற மேகங்களின் மின்னூட்டமானது மின்னிறக்கம் (Discharge) ஆவதால் தீப்பொறி போன்ற மின்பொறிக் கீற்றானது கண்ணைப் பறிக்கும் ஒளிவீச்சோடு கோடுகளாய் வானில் கிளை பரப்பி நொடிப் பொழுதில் தோன்றி மறையும் நிகழ்ச்சிதான் 'மின்னல் (Lightning)'. இடி மின்-னலுடன் மழை பெய்யும்போது, அந்த மழை நீரில் நைட்ரேட் சத்துக்கள் நிறைந்-திருக்கும். அதனால் அது மரம், செடி, கொடிகளுக்கு நல்ல உரமாகிறது.

727) இடியும் மின்னலும் ஒரே நேரத்தில் உண்டானாலும், மின்னல் முதலில் நம் கண்ணுக்குத் தெரியும். சிறிது நேரம் கழித்து இடியொளியை கேட்கலாம். ஒளி-யின் வேகம், ஒலியின் வேகத்தைவிட பல மடங்கு அதிகமாக இருப்பதே இதற்குக் காரணம்.

728) மழைக்காலத்தில் இடி, மின்னல் ஏற்படும்போது, திறந்த வெளியில் நிற்-கக் கூடாது, கான்கிரீட் கூரையின் அடியில் செல்வது நல்லது. மரத்தின் அடியில், பேருந்து நிழற்குடையிலோ நிற்கக் கூடாது. டி.வி., மிக்ஸி, கம்ப்யூட்டர், செல்ஃ-போன் போன்ற எலெக்ட்ரிக்கள் சாதனங்களை பயன்படுத்தக் கூடாது. இடி, மின்-னல் ஏற்படும்போது பலமான மின்சாரம் வளிமண்டலத்தில் பாய்வதால் அதனுள் டிஸ்சார்ஜ் ஆகிவிடும். சில சமயம் மீதமுள்ள மின்சாரம் நம்மைத் தாக்கலாம். அதற்குத்தான் இந்த பாதுகாப்பு ஏற்பாடுகள் செய்து கொள்ள வேண்டும்.

729) சாதாரண மழை நீரின் அமில கார அளவு (pH value) 5-6 அளவில் இருக்கும். இதன் அளவு குறையும்போது மழை நீர் அமிலத் தன்மையாக மாறி அழகிய மழை, 'அமில மழையாக (Acid rain)' மாறுகிறது. அமில மழை-யில் சல்ஃப்யூரிக் அமிலமும், நைட்ரிக் அமிலமும் அதிக அளவில் கலந்திருக்கும். அதிகமாக காற்றை மாசுபடுத்தக் கூடிய சல்ஃபர் டை ஆக்ஸைடு மற்றும் நைட்-ரஜன் ஆக்ஸைடு போன்றவற்றின் அதீத தாக்கத்தால் உருவாகிறது.

730) நவீன யுகத்தில் ஏராளமான, எஃகு தொழிர்சாலைகள், நிலக்கரியை எரிக்கும் தொழிற்சாலைகள், மிகுதியான வாகனங்கள் வெளியிடும் சல்ஃபர் டை ஆக்ஸைடு மற்றும் நைட்ரஜன் ஆக்ஸைடு போன்ற வாயுக்களை வரம்புக்கு அதி-கமாக வெளியிட்டு, அவ்வாயுக்கள் காற்று மண்டலத்திலுள்ள தண்ணீர் மற்றும் ஆக்ஸிஜனுடன் கலந்து அதனால் ரசாயன மாற்றம் ஏற்பட்டு, அமிலங்களாய் மாறி, நல்ல மேகங்களுடன் விழுந்து அமில மழை ஏற்படக் காரணமாகின்றன.

731) அமில மழையால் நீரின் கார அமிலத்தன்மை 5க்குக் கீழ் குறைந்தால் அலுமினியம் போன்ற அலோக அயனிகளின் சேர்க்கை நீரில் அதிகமாகிறது. இது நீர்வாழ் உயிரினங்களின் வாழ்க்கையைப் பாதிக்கிறது. அமில மழையால் மண்-ணின் சிறப்புத் தன்மை குறைகிறது. மண்ணில் அமிலங்கள் சேர்வதால், சிலவகை பேக்டீரியாக்களைக் கொன்று குவிக்கிறது. அதனால் மண்ணின் மைந்தர்களான பாக்ட்டீரியாக்கள் செய்யும் நல் உதவிகளைத் தடுத்து மண் வளத்தை வெகுவாகப் பாதித்து, விளைச்சலைக் குறைக்கிறது. மேலும், காடுகள் கட்டிடங்கள் கூட பாதிப்-படைகின்றன. 'அழகிய அற்புதம்' தாஜ் மஹாலின் பளிச்சிடும் பலிங்குக் கற்களில் அமில மாசுகள் படிவதும் இதனால்தான்.

732) தொழிற்சாலைகள் வெளியிடும் புகைகளின் கந்தக சேர்க்கையை வெகு-வாக குறைப்பதன் மூலம், அதாவது சல்ஃபர் டை ஆக்ஸைடு வாயுவை கால்சியம் ஹைட்ராக்ஸைடு வாயுவின் வழியாக செலுத்தி, கால்சியம் சல்ஃபேட்டாக மாற்றி, புகையின் நச்சுத் தன்மையை குறைக்கலாம். வாகனங்கள் பயன்படுத்தும் பெட்-ரோல் மற்றும் டிசலிலுள்ள சல்ஃபரை நீக்கி, சல்ஃபர் ஃப்ரீ எரிபொருளாகப் பயன்-படுத்துவதால், அமில மழையைக் குறைக்கலாம்.

733) ஆண்களின் உடல் எடையில் 60 சதவிகிதமும், பெண்களின் உடல் எடையில் 55 சதவிகிதமும் தண்ணீர்தான் உள்ளது. நம் உடல் எடையில் 5 சதவிகிதம் நீர்ச்சத்து குறைந்தாலும் நமது வேலைத்திறன், அதாவது சக்தி 30 சதவிகித அளவுக்குக் குறையுமாம். உடலின் நீர்ச்சத்து குறைந்தால் மயக்கம், நினைவிழத்தல் போன்றவையும், மிகவும் குறையும்போது மரணமும் கூட ஏற்படலாம்.

734) நம் உடலின் கழிவு சிறுநீராக 1.5 லிட்டரும், மலத்துடன் 0.1 லிட்டரும், வியர்வையில் 0.2 லிட்டரும், ஏன் நாம் வெளியிடும் மூச்சுக்காற்றின் வழியாக 0.7 லிட்டரும் நீராக, ஒவ்வொரு நாளும் வெளியேற்றப்படுகிறது. அதாவது மொத்தத்தில் ஒரு நாளைக்கு இரண்டரை லிட்டர் நீரை வெளியேற்றுகிறோம். குறைந்தது இந்த அளவுக்காவது ஒரு நாளைக்கு நாம் தண்ணீர் அருந்த வேண்டும்.

735) நாம் வாழும் பூமியானது சுமார் 70 சதவிகிதம் நீர்ப்பரப்பாகும். அதில் 3 சதவிகிதம் மட்டுமே நண்ணீராகும். அந்த நண்ணீரில் மூன்றில் இரண்டு பங்கு பனிக்கட்டியாகவும், பனிப்பாறைகளாகவும் உறைந்துள்ளது.

736) உலகில் சுமார் 110 கோடி மக்கள், தண்ணீர் சரியாக கிடைக்காமல் அவதிப் படுகிறார்கள். 2025 ஆண்டு வாக்கில் உலக மக்களில் மூன்றில் இரண்டு பங்கினர் தண்ணீர் பற்றாக்குறையினால் அவதிப்படுவர் என்று அஞ்சப்படுகிறது.

737) கண்ணால் காண முடியாத, தொட்டு உணர முடியாத, நுகரக்கூட முடியாத மிக மிகச் சிறிய 'அணு (Atom)' எனும் துகள்களால்தான் மரம், செடி, கொடி நான், நீங்கள், நிலம், நீர் மற்றும் நம்மைத் தாங்கும் பூமி, இந்த மகா பிரபஞ்சம் என எல்லாமே ஆனவை. எனவே அணுவை ஒரு தனிமத்தின் (Element) அனைத்து வகை குணங்களையும் கொண்ட மிக மிகச் சிறிய துகள் என வரையறுக்கலாம்.

738) ஒரு பொருளை உடைத்துக் கொண்டே செல்லும்போது, ஒரு கட்டத்தில் அதற்குமேல் உடைத்தால் இனிமேலும் அந்த குறிப்பிட்ட பொருளின் குணங்களை இழக்கும் அந்த கடைசி நிலையிலுள்ள துகளை அணு என்கிறோம்.

739) ஓர் அணுவின் உட்கருவில் புரோட்டான்களும் (Positive charge) நியூட்ரான்களும் (No charge) இருக்கின்றன. புரோட்டானின் எண்ணிக்கைக்குச் சமமான எலெக்ட்ரான்கள் (Negative charge) அணுக்கருவைச் சுற்றி வருகின்றன. சாதாரண நிலையில் ஒரு அணுவானது எந்தவித Charge ம் இல்லாமல் Neutral ஆக இருக்கும்.

740) 'அணு எண் (Atomic number)' என்பது, ஓர் அணுவின் உட்கருவிலுள்ள புரோட்டான்களின் எண்ணிக்கை அல்லது அந்த அணுவைச் சுற்றி வரும் எலெக்ட்ரான்களின் எண்ணிக்கையாகும்.

741) 'அணு நிறை (Atomic mass)' என்பது ஒரு தனிமத்தின் ஓர் அணுவின் நிறைக்கும், 1/12 பங்கு கார்பன்-12 என்கிற கார்பனின் ஐசோடோப்பின்

நிறைக்குமுள்ள விகிதமாகும்.

742) ஒரு மிகச்சிறிய ஹைட்ரஜன் அணுவின் விட்டம் 5×10^{-8} மில்-லிமீட்டர். அதாவது 2 கோடி ஹைடர்ஜன் அணுக்களை வரிசையாக ஒரு நேர்-கோட்டில் வைத்தால் ஒரு மில்லிமீட்டர் அளவுக்கு வரும். அணுவானது அவ்வ-ளவு சிறியது. எலெக்ட்ரான்களின் சுழற்சிதான் அணுவுக்கு முட்டை ஓடு போன்ற ஒரு வெளிப்புற தோற்றத்தை கொடுக்கிறது. ஒரு புரிதலுக்காக, ஒரு ஹைட்ரஜன் அணுவின் விட்டம், 6 கிலோமீட்டர் என்று கற்பனை செய்து கொண்டால், அதன் மையத்தில் ஒரு டென்னிஸ் பந்தின் அளவுதான் அதன் உட்கருவின் சைஸ். அதாவது அணுவுக்குள் மிகப்பெரிய இடம் வெற்றிடமாகவே உள்ளது.

743) 'ஐசோடோப்புகள் (Isotopes)' என்பது, ஒத்த அணு எண்ணையும் வேறுபட்ட அணு நிறைகளையும் கொண்ட ஒரு தனிமத்தின் வெவ்வேறு அணுக்-களாகும். உதாரணத்திற்கு ப்ரோட்டியம், டியூட்ரியம் மற்றும் டிரிட்டியம் ஆகியவை ஹைட்ரஜனின் ஐசோடோப்புகளாகும்.

744) 'மூலக்கூறு (Molecule)' என்பது, இரண்டு அல்லது இரண்டுக்கு மேற்பட்ட ஒரே மாதிரியான அல்லது வேறுபட்ட அணுக்கள் வேதிப் பிணைப்-புகளால் ஒன்றாகப் பிணைக்கப்பட்டு 'மின்சுமை (Charge)' ஏதுமின்றி நடுநி-லையுடன் காணப்படும் தொகுதியாகும். உதாரணமாக நாம் பயன்படுத்தும் சமை-யல் உப்பானது (சோடியம் குளோரைடு- NaCl), ஒரு சோடியம் அணுவும் ஒரு குளோரின் அணுவும் வேதிப் பிணைப்பால் இணைந்து உண்டான மூலக்கூறாகும். ஒரே மாதிரியான இரண்டு ஹைட்ரஜன் அணுக்கள் வேதி வினையால் ஒன்றி-ணைந்து ஹைட்ரஜன் மூலக்கூறாக ஆகின்றது.

745) கார்பன் ஓர் அற்புதமான மூலப்பொருள். கார்பனைவிட நம் வாழ்க்-கைக்கு முக்கியமான மூலப்பொருள் வேறு எதுவும் இல்லை எனலாம். ஒரு கார்-பன் அணு மற்ற கார்பன் அணுவோடு இணைந்தோ மற்ற அணுக்களோடும் இணைந்தோ பல லட்சக்கணக்கான பொருட்கள் உண்டாகின்றன. ஒரே மாதிரி-யான மூன்று ஆக்ஸிஜன் அணுக்களானது வேதி வினையால் ஒன்று சேர்ந்து, ஓசோன் எனும் வாயு மூலக்கூறு உருவாகிறது.

746) கார்பன் அணுக்கள், பிரமிடு வடிவத்தில் ஒன்றிணைந்து அதிக உறு-தியும் கடினமும் கொண்ட, இயற்கையாகவே அதிக அழுத்தத்தில் அழுக்கப்பட்டு உருவாகும் பொருள்தான் 'வைரம் (Diamond)'. ஒரு சிறந்த வைரம் என்பது கார்பன் அணுக்களின் ஒரே வகையான மூலக்கூறால் உருவானது.

747) 'கிராஃபைட் (Graphite)' என்பது, கார்பன் அணுக்கள் மிக நெருக்க-மாக ஷீட்டுகளின் வடிவத்தில் ஒன்றுக்குமேல் ஒன்றாக இணைக்கப்பட்டிருக்கிறது. ஆனால் அது நெருக்கமாக இல்லாமல் லேசாக அடுக்கப்பட்டிருக்கும். இந்தவித தன்மைகளால் உராய்வைத் தடுக்கும் எண்ணெயைப் போல் கிராஃபைட் செயல்ப-

டுகிறது. பென்சில் லெட்டுகள் தயாரிக்கவும் பயன்படுகிறது.

748) 'கிராஃபீன் (Graphene)' என்பது, கார்பன் அணுக்கள் ஒரே அடுக்கில் அறுங்கோண (Hexagonal) வடிவத்தில் வலைப் பின்ணலைப்போல் இணைக்கப்பட்டிருக்கிறது. கிராஃபீனுக்கு ஸ்டீலை விட மூன்று மடங்கு உறுதியும், பல மடங்கு அதிக வலையும் தன்மையும் உள்ளது.

749) 'கிராஃபீன் வடிகட்டி (Graphene Filter)' யானது, கோடிக் கணக்கானவர்களின் குடிநீர்த் தேவையை குறைந்த செலவில் அதுவும் சுற்றுச்சூழல் பாதிப்பின்றி தீர்க்க வல்லது என்கிறார்கள் விஞ்சானிகள். உலகின் மிக மெல்லிய பொருளாக கிராஃபீன் இருப்பதால் இதுபோன்ற ஃபில்டர்கள் தயாரிக்க ஏதுவாகிறது.

750) கிராஃபீனை ஒரேயொரு அணுவின் தடிமன் அளவுக்கு மெல்லிய தகடாக மாற்ற முடியுமாம். அதனால் இது ஒரு அதிசய பொருளாக வர்ணிக்கப்படுகிறது. 'நானோ டெக்னாலஜி'யின் வளர்ச்சிக்கு இந்த கிராஃபீன் முக்கிய பங்காற்றும்.

751) கிராஃபீன் துணை கொண்டு நீங்கள் உங்கள் ஆடையுடன் பேசலாம். கிராஃபீனின் உதவியால் 'மின்னணு துணியை (Electronic clothes)' ஆராய்ச்சியாளர்கள் உருவாக்கியுள்ளனர். நீங்கள் அணியக் கூடிய லேப்டாப், MP3 ப்ளேயர், டச் ஸ்க்ரீன் என ஏகப்பட்ட எலெக்ட்ரானிக்ஸ் சாதனங்கள் வர இருக்கிறது. ஆடைகளிலுள்ள இழைகளில் ஊடுருவக்கூடிய மற்றும் நெகிழ்வான கிராஃபீன் எலெக்ட்ரோடுகளை உள்ளே புதைக்கும் புதிய தொழில் நுட்பத்தைக் கொண்டு மின்னணு ஆடைகள் உருவாக்கப்படுகின்றன.

752) ஃபோடோ காப்பியர் (Photocopier or Xerox machine) மெஷினில் 'லைட் சென்சிடிவ் ஃபோட்டோ ரிசெப்ட்டார் ட்ரம் (Light sensitive photoreceptor drum) எனும் பெல்ட் போன்ற சாதனம் உள்ளது. அதில் செலினியம், சிலிகான் அல்லது ஜெர்மானியம் எனும் செமி கண்டக்டர் சமாச்சாரம் பூசப்பட்டிருக்கும். இதுவே முக்கிய பகுதியாகும். டோனர்(Toner) என்பது கலர் ட்ரை இன்குகளும் நெகடிவ் ச்சார்ஜ் பிளாஸ்டிக் துகள்களும் சேர்ந்த கலவையாகும். இதுதான் டுப்ளிகேட் இமேஜை பேப்பரில் பதிவு செய்ய உதவுகிறது. அதிக மின்னழுத்துமுள்ள 'கரோனா' வயர்களானது (Corona wires) பாசிடிவ் ச்சார்ஜ்களை ஃபோட்டோ ரிசெப்டார்களுக்கும் பேப்பருக்கும் வழங்குகிறது. பிரகாசமான ஒளிக் கற்றைகளை வெளியிடும் லைட் சோர்ஸ்களும் (Light source) லென்சும், காப்பி எடுக்க வேண்டிய பக்கத்தை ஃபோக்கஸ் செய்ய உதவுகிறது. ஃபியூசர் என்கிற சாதணமானது டோனரை மெல்ட் செய்து இமேஜை பேப்பரில் பதிவிட உதவுகிறது.

753) காப்பி எடுக்க வேண்டிய பக்கத்தை கீழ்நோக்கி இருக்கும்மாறு மெஷினின் கிளாசின் மேல் வைத்து வெளிச்சமான ஒளிகற்றையானது அந்த பக்கத்தை முழு-

வதுமாக ஸ்கேன் செய்யும். பேப்பரின் வெள்ளையான பகுதி அதிகமான ஒளியை எதிரொளிக்கும். கருப்பான பகுதிகள் ஒளி எதையும் பிரதிபலிக்காது. அதன் மூலம் மாஸ்டர் காப்பியின் மின்சார நிழலானது (Electrical shadow) ஃபோட்டோ கண்டக்டர் எனும் கன்வையர் பெல்ட் எனும் சாதனத்தில் விழும். இப்போது நெகட்டிவ் ச்சார்ஜ் செய்யப்பட்ட 'டோனர்' எனும் சாதனத்தில் பதியப்படும். அப்போது மெஷினின் வெளிப்பகத்திலிருந்து ப்ளைன் பேப்பர் செருகப்படும். அது மெதுவாக பெல்டை நோக்கி சென்று அங்கு இருக்கும் நெகட்டிவ் பார்ட்டிக்கிள்களை வேகமாக கிரகித்து பேப்பரில் பதிக்கிறது. இதன்படி நகலானது பேப்பரில் பதிவு செய்யப்படுகிறது.

754) 'நானோ தொழில்நுட்பம் (Nanotechnology)' அல்லது மிக நுண்ணிய தொழில்நுட்பம் என்பது, அணு அல்லது மூலக்கூறு அளவிற்கு பொருட்களை கையாளும் தொழிற் கலையாகும். (ஒரு அணுவின் அளவு 6 முதல் 8 நானோ மீட்டர் வரை இருக்கும்). அதாவது ஒரு பொருளை 1 முதல் 100 நானோ மீட்டர் அளவுக்கு மிகச்சிறிய அளவில் பயன்படுத்த முடியும். இந்த தொழில்நுட்பத்தின் மூலம் உங்கள் தலைமுடியின் குறுக்களவு அகலத்தில் ஆயிரத்திற்கும் மேற்பட்ட அளவில் ஸ்விட்சுகளை கம்ப்யூட்டரில் பொருத்தலாம்.

755) நானோ தொழில்நுட்பத்தின் மூலம் வருங்காலத்தில் உயிரியல் மண்டலங்களையும் செயற்கையாக உருவாக்க முடியும் என கூறப்படுகிறது. மருத்துவத் துறையில் பயன்படும் மிகச்சிறிய ரோபாட்டுகள், சென்சார்கள், கேமராக்கள் மற்றும் பல சாதனங்களைக் கண்டறிந்து அவற்றைப் பயன்படுத்த முடியும். உடலைத் துளையிடாமல் நோயாளியின் உட்புற உறுப்புகளுக்கு சிகிச்சை அளிப்பது சாத்தியமாகிவிடும். உடலின் தனிப்பட்ட ஒரு செல்லைக்கூட சிகிச்சையளித்து பாதுகாக்க முடியுமாம்.

756) நானோ தொழில்நுட்பம் மூலம் அதி நவீன திறன் மிக்க கம்ப்யூட்டர்களை உருவாக்க முடியும். இந்த தொழில்நுட்பத்தின் மூலம் தயாரிக்கப்படும் கருவிகளும் உபகரணங்களையும் தற்போதைய எடையைவிட 50 மடங்கு லேசாகவும், வலிமை மிக்கதாகவும் தயாரிக்க முடியும். நாம் உட்காரும் நாற்காலியை மடித்து நம் சட்டைப் பாக்கெட்டில் வைத்துக் கொள்ளலாம்.

757) மனித குலத்தின் மேம்பாட்டில் நானோ தொழில்நுட்பம் எவ்வளவுதான் உதவிகரமாக இருந்தாலும் அதன் மறுபக்கத்தில் இருக்கும் அபாயத்தையும் உணர வேண்டும். இதன்மூலம் ரொம்பவும் மலிவான அபாயகரமான ஆயுதங்களைக் கூட, உதாரணத்திற்கு பேனா சைசில் துப்பாக்கியை தயாரித்துவிட முடியும். எல்லாமே ஒரு வரம்பு தான்.

758) வியர்வை நாற்றம் வராத சாக்ஸ்களைக் கூட இந்த தொழில்நுட்பம் மூலம் தயாரிக்க முடியும். சாக்ஸைக்கூட கழுவ நினைக்காத சோம்பேறியாகி விடு-

வோம். இதில் சில்வர் நானோ பார்டிக்கிள் என்கிற பொருளானது, வியர்வை நாற்றத்தை உண்டாக்கும் பாக்டீரியாக்களை அழிப்பதோடு, சில நல்ல பாக்டீரியாக்களுக்கும் உலை வைப்பதால் சுற்றுப்புற சூழல் பாதிக்கப்படும் என்கிறார்கள்.

759) அணுவை மேலும் உடைக்கலாம். அல்லது ஒன்றுக்கு மேற்பட்ட அணுக்களை சேர்க்கலாம். அப்போது மிகப்பெரிய சக்தி வெளிப்படுகிறது. இதைத்தான் 'அணு சக்தி (Atomic energy)' என்பர். அணுவை உடைப்பதை Nuclear Fission என்றும், இணைப்பதை Nuclear Fusion என்றும் குறிப்பிடுவர்.

760) உலகில் கதிரியக்கமே தாக்காத இடமே இல்லை என்கிற அளவிற்கு இந்த இடுக்களிலெல்லாம் இந்த சாபம் பரவி இருக்கிறது. கதிரியக்கப் பிடியில் சிக்காத மாந்தர்களே உலகில் இல்லை. பார்க்க, நுகர, உணர முடியாத அளவிற்கு அறிந்தோ அறியாமலோ உடம்புக்குள் நுழைந்து, கறையான் போல உடம்பின் உறுப்புக்களை சிதைத்து அதன் பாதிப்புகள், நம் குரல்வளையை பலமாய் நெறிக்கும்போதுதான் அதனால் ஏற்படும் நோயின் வீரியத்தை அறிய முடிகிறது.

761) 'கதிரியக்கம் (Radioactivity)' என்பது சில அணுக்களிலிருந்து வெளியாகும் ஒரு வகையான ஆற்றல் மிகுந்த கதிர்வீச்சாகும். அணுக்கருவின் உள்ளே நேர் மின்னூட்டமுள்ள புரோட்டான்களும், மின்னூட்டமற்ற நியூட்ரான்களும் உள்ளன. உட்கருவின் எடை அதிகரிப்பால், தன் நிலைப்புத் தன்மையை இழந்து, சிறுகச் சிறுக அணு உட்துகள்களை (ஆல்ஃபா, பீட்டா, காமா கதிர்கள்) பிரசவிக்கிறது. இந்த தொடர் நிகழ்வுதான் கதிரியக்கம்.

762) சில யுரேனிய உப்புக்களை ஒர் ஒளிப்பட தகட்டின்மீது வைத்து, அதை கருப்புக் காகிதத்தில் சுருட்டி இருட்டறையில் வைக்கப்பட்டது. பின்னர் இத்தகட்டை எடுத்துக் கழுவி டெவலப் செய்து பார்த்தபோது, அது பாதிக்கப்பட்டிருப்பதை உணர்ந்தனர். வெவ்வேறு யுரேனியம் உப்புக்களினாலும் இதே விளைவு ஏற்பட்டதை உணர்ந்த ஹென்றி பெக்யூரல் எனும் ஃப்ரென்ச் விஞ்ஞானி, கதிரியக்கத்தைக் கண்டுபிடித்தார்.

763) மேரி க்யூரி மற்றும் பியரி க்யூரி ஆகியோர் கதிரியக்கம் பற்றி மேலும் ஆராய்ச்சிகளை டெவலப் செய்து, மருத்துவத் துறையில் கதிரியக்கத்தின் பயன்பாட்டினை கண்டுபிடித்தனர். மேலும் பொலோனியம் மற்றும் ரேடியம் போன்ற கதிரியக்கத் தனிமங்களை கண்டுபிடிக்க வித்திட்டனர். இவை புற்றுநோய் சிகிச்சைக்கு பயன்படுகிறது. அவர்களின் அன்புப் புதல்வி ஐரின் க்யூரியும் அவர்களின் ஆராய்ச்சியைத் தொடர்ந்து, 'செயற்கைக் கதிரியக்கத்தை (Artificial radiation)' கண்டுபிடித்தோர். அவர்களின் ஆராய்ச்சிக்கான நோபல் பரிசையும் பெற்றனர். தங்களின் காதல் வாழ்வைக் கூட ஆராய்ச்சிக் கூடத்திலேயே கழித்து, கதிரியக்கக் கதிர்களின் தாக்குதலாலேயே குறைந்த ஆயுளில் இறந்து போனார்கள்.

அவர்தம் புதல்வியும் அதிலேயே பலியானார்.

764) இயற்கையாகவே நம்மைச் சுற்றி, வாழும் இடத்திற்கு ஏற்றபடி, எட்டுத்-திசையும் தொட்டுத் தாக்கும் 'பின்புல கதிரியக்கம் (Background radiation)' எனும் எதிரி ஒரளவு நம்மை தாக்கியே வருகிறது. விண்வெளியிலிருந்து வரும் காஸ்மிக் கதிர்களும் இதில் அடக்கம். நாம் உண்ணும் உணவு, குடிக்கும் நீர், நுகரும் காற்று மற்றும் புகை, பார்க்கும் செடி கொடிகள், சுற்றித் திரியும் இடங்கள், குளுகுளு ஏ.சி அறைகள் என எல்லாவற்றிலிருந்தும் இவ்வகையான கதிர்வீச்சு-கள் சிறிதளவாவது வெளியேறுகின்றன.

765) ஒரு கதிரியக்க பொருளிலிருந்து ஒரு வினாடிக்கு ஒரு 'சிதைவு (Decay)' நிகழ்வு ஏற்படுமாயின், அது ஒரு பெக்யூரல் (1 Bq). இது கதிரியக்-கத்தின் மிகச்சிறிய அளவீடாகும். பொதுவாக கதிரியக்கமானது கிகா பெக்யூரல் (GBq) அளவுகளிலேயே நிகழ்கிறது.

766) அதிக அணு எடை கொண்ட அணுக்கள், அதிக 'பிணைப்பு விசையை (Binding energy)' கொண்டிருப்பதால், அவற்றை உடைக்கும்போது அதிகமான சக்தி பெறப்படுகிறது. இப்படி அதிக எடை கொண்ட அணுக்கள், கதிரியக்க தனி-மங்கள் எனப்படும். இவை யுரேனியம், தோரியம், புளுட்டோனியம் போன்ற தனி-மங்களாகும். இதனால் பெறப்படும் சக்தியானது 'அணு உலைகளில் (Atomic reactors)' பயன்படுகிறது.

767) அணுக்களைப் பிளந்து அதனால் உண்டாகும் சக்தியிலிருந்து மின்சாரம் உண்டாக்கும் இயந்திரம் 'அணுக்கரு உலை (Atomic reactor)' எனப்படும்.

768) யுரேனியம்-235, புளுட்டோனியம்-239 போன்ற தனிம ஐசோடோப்பு-களின் அணுக்கருவானது நியூட்ரானை உறிஞ்சினால், அவை பிளவு வினைக்கு உட்படும். அப்போது அந்த அணுக்கருக்கள் இரண்டு அல்லது அதற்கு மேற்பட்ட எடை குறைந்த மற்ற அணுக்கருக்களாக மாறுகின்றன. அப்போது, அதிலிருந்து காமாக் கதிர்களும் சில நியூட்ரான்களும் வெளியேறுகின்றன. அந்த நியூட்ரான்கள் மற்ற அணுக்கருக்களால் உறிஞ்சப்பட்டு, வினையானது தொடர்ச்சியாக நிகழ்-கின்றது. இவ்வித வினைக்கு, 'அணுக்கருத் தொடர்வினை (Nuclear chain reaction)' என்று பெயர்.

769) அணுக்கருத் தொடர்வினையில் அதிகப்படியான வெப்ப ஆற்றல் உண்-டாகிறது. இந்த ஆற்றல்தான் அணுக்கரு உலை இயங்க உதவுகிறது. ஒரு கிலோ யுரானியம்-235 வெளிப்படுத்தும் வெப்ப ஆற்றலானது, ஒரு கிலோ நிலக்கரியை எரிக்கும்போது வெளிப்படுத்தும் வெப்ப ஆற்றலைவிட, மூன்று மில்லியன் மடங்கு அதிகம்!.

770) 'அணுக்கழிவுகள் (Radioactive waste)' மிக பயங்கரமான பாதிப்பு-களை ஏற்படுத்துகின்றன. அணு வெடிப்பின் மூலம் கதிரியக்க தன்மை கொண்ட

அணுக்களின் வாழ்நாள் சில நாட்களிலிருந்து பல ஆயிரம் வருடங்கள் வரை இருக்குமாம்.

771) அயோடின் உப்பின் கதிரியக்கம் வெறும் எட்டு நாட்களில் வடியும். புளுட்டோனியம்-239 கழிவின் வாழ்நாள் ஆயிரம் வருடங்கள் வரை நீடிக்கும். சில கதிரியக்க கழிவுகளின் வாழ்நாள் பல நூறு மில்லியன் ஆண்டுகள் கூட நீடிக்குமாம்.

772) யுரேனியம் போன்ற அணுக்களிலிருந்து இடைவிடாமல் துகள்களும் கதிர்களும் வெளிப்பட்டுக் கொண்டே இருப்பதால் அவை தொடர்ச்சியாக சிதைந்து கொண்டே இருக்கும். இதை 'கதிரியக்கச் சிதைவு (Radioactive decay)' என்-பார்கள். ஒரு கதிரியக்க பொருளானது அதன் தொடக்க நிலையின் அளவிலி-ருந்து அதன் பாதி அளவு ஆவதற்கு எத்தனைக் காலம் ஆகும் என்பதே அந்தப் பொருளின் 'அரை ஆயுட்காலம் (Half life period)' எனப்படும்.

773) 'கதிர்வீச்சுக் கார்பன் வயதுக்கணிப்பு (Carbon dating)' என்பது, 14C (கார்பன்-14) ஐசோடோப்பின் அரை ஆயுட்காலத்தைப் பொறுத்து கரிமப் பொருட்களின் (Organic compound) வயதைக் கணக்கிடும் முறையாகும். எந்த பழமையான பொருளின் வயதைக் கணக்கிட வேண்டுமோ, அந்தப்பொருள் அப்போது வெளியிடும் கதிர்வீச்சின் அளவு மற்றும் வேகத்தைக் கணக்கிட்டு, அதனுடன் அந்தப்பொருளின் அரை ஆயுட்காலத்தையும் ஒப்பிட்டு அப்பொரு-ளின் வயதைக் கணக்கிடுகிறார்கள்.

774) கதிரியக்கக் கழிவுகளை சுத்தமாக தனிமைப்படுத்தி பல நூறு வருடங்கள் எப்படி வைத்திருக்க முடியும்? இதுவொரு பெரிய சவாலான விஷயம்தான். தேர்ந்த தொழில்நுட்பம் வேண்டும். இல்லையேல் நிறைய பாதிப்புக்களை சந்திக்க நேரிடும்.

775) நிலக்கரி மற்றும் TNT வெடிமருந்துகளிலிருந்து கிடைக்கும் சக்தியை-விட குறைந்தது 10 மில்லியன் மடங்கு சக்தியானது அணுவிலிருந்து கிடைக்கு-மாம்.

776) ஜப்பானில் ஹிரோஷிமாவில் அமெரிக்க ஏகாதிபத்திய திமிரால் போடப்-பட்ட அணுகுண்டில் இருந்த யுரேனியம்-235 அணுவின் அளவு 60 கிலோவாகும். இதில் 828 கிராம் தான் வெடித்தது. இதிலும் 6 கிராம் தான் சக்தியாக வெளிப்-பட்டதாம். ஆனால் இதிலிருந்து வெளிப்பட்ட சக்தியின் அளவானது சுமார் 13,000 கிலோ TNT- வெடிமருந்துகள் வெடித்ததற்கு இணையாக இருந்ததாம். முழு நகரத்தையும் கந்தலாக்கி கூண்டோடு அழித்தது.

777) நாகசாகியில் வெடித்த அணுகுண்டு உருவாக்கிய காளான் புகை சுமார் 18 கிலோமீட்டர் உயரம் வரை இருந்ததாம். அப்போது ஏற்பட்ட வெப்பம் சுமார் 3900 டிகிரி செல்சியஸ். இந்த வெப்ப நிலையில் இரும்பு கூட உருகி ஆறாய் ஓடும். வானில் பறந்த பறவைகளைக் கூட விட்டு வைத்திருக்காது. அமெரிக்க

'வெறிநாய்க்குதறல்'களினால் பல லட்சம் மக்கள் மாண்டு சாம்பலாய் போனார்கள். பல ஆண்டுகளைக் கடந்தும் அதன் கதிரியக்கத்தின் தீய விளைவுகள் இன்று வரை கூட தொடர்கின்றன.

778) 'தெர்மோ நியூக்ளியர் பாம் (Thermonuclear bomb)' என அழைக்கப்படும் ஹைட்ரஜன் குண்டுகள் (Hydrogen Bomb), அணுக்கள் இணைவு மூலம் (Nuclear fusion) கிடைக்கும் பிரமாண்ட சக்தியை கொண்டு இயங்கும் குண்டுகளாகும். ஹைட்ரஜன் குண்டுகள், அணுகுண்டுகளைவிட சக்தி வாய்ந்தவையாகும்.

779) அணுவின் உட்கருவிலுள்ள புரோட்டான் மற்றும் நியூட்ரான் போன்ற துகள்கள் அல்லாமல், மேலும் சிறிய துகள்கள் இருப்பது கண்டறியப்பட்டது. அத்தகைய துகள்களில் ஒன்றுதான் 'நியூட்ரினோ' என்பதாகும். இதனைக் கண்டுபிடித்தவர் 'உல்ப்கீங்க் பாலி' என்ற ஆஸ்திய விஞ்ஞானியாவார். இதற்காக நோபல் பரிசையும் பெற்றார்.

780) 'நியூட்ரினோ (Neutrino)' என்பது பிற பொருட்களோடு அவ்வளவாக வினை புரியாத, சிறிய மின்னூட்டமில்லா அடிப்படைத் துகளாகும். ஆதலால் இத்துகள்கள் சூரியனையும், பூமியையும் கூட எளிதில் ஊடுருவிச் சென்று விடும். சூரியனும் பிற நட்சத்திரங்களும் அணுக்கருச் சேர்க்கையின்போது நியூட்ரினோக்கள் உருவாகின்றன. சூரியன் ஒரு வினாடிக்கு டிரில்லியன் டிரில்லியன் டிரில்லியன் நியூட்ரினோக்களை உற்பத்தி செய்கிறதாம். நம் வாழ்நாளில் ஒன்றோ இரண்டோ நியூட்ரினோக்கள்தான் நம் உடலின் அணுக்களோடு வினை புரியுமாம். இப்போதுகூட உங்கள் கை கட்டைவிரல் வழியாக லட்சக்கணக்கான நியூட்ரினோக்கள் கடந்து சென்று கொண்டிருக்கலாம்.

781) நிலநடுக்கம், பூகம்பம் அல்லது 'பூமியதிர்ச்சி (Earthquake)' என்பது பூமிக்கடியில் அழுத்தம் அதிகமாகி அதனால் மிக அதிகமான சக்தி வெளியேறியதால், பூமியின் தளத்தட்டுகள் (Plates) நகர்வதால் ஏற்படும் அதிர்வாகும். இந்த அதிர்வுகளை 'சிஸ்மோமீட்டர் (Seismometer)' எனும் கருவியைக் கொண்டு 'ரிக்டர் அளவை (Richter scale)' மூலம் அளக்கிறார்கள்.

782) பூமியின் மேற்பரப்பானது பெரும் பிளேட்டுகளைக் கொண்ட பாலங்களாக அமைந்துள்ளது. இவை சுமார் 80 கிலோமீட்டர் தடிமன் கொண்டவையாக இருக்கும். இப்பிளேட்டுகளின் அடியில் பாறைகள் குழம்பாக கொதித்துக் கொண்டிருக்கும். பூமியின் சுழற்சி வேகத்தால் இந்த பாறைக் குழம்பு நகர்வதாலும், பிளேட்டுகள் ஒன்றுடன் ஒன்று உராய்வதாலும் நகர்ந்து செல்கின்றன. இதன் நகர்ச்சி ஒரு வருடத்திற்கு 1 முதல் 13 செண்டிமீட்டர் வரை இருக்கும். இது நமது உலக வேகத்தில் சொற்பத்திலும் சொற்பமாக இருந்தாலும், இந்த பிளேட்டுகளின் உராய்தலும் நகர்தலும் பெரும் பூகம்பத்தையும் எரிமலைகளையும் உண்டாக்கி பெருத்த

சேதத்தையும் ஏற்படுத்தும்.

783) மூன்று ரிக்டர் அளவுக்கும் குறைவான நிலநடுக்கங்களை நம்மால் உணர்வது கடினம். அதுவே 7 ரிக்டர் அளவிற்கும் கூடுதலாக இருந்தால் பலத்த சேதத்தை ஏற்படுத்தும்.

784) ரிக்டர் அளவு என்பது, தரையில் ஏற்படும் நில அதிர்வின் அலை உயரத்தை கணிக்கும் அளவீடாகும். இதன் ஓர் அலகு அதற்கு முந்தைய அலகைவிட 10 மடங்கு அதிகமாகும். உதாரணமாக ரிக்டர் அளவில் 5 என்ற அளவானது நான்கைவிட பத்து மடங்கு அதிகமாகும். இதை 'லாகரிதமிக் ஸ்கேல் (Logarithmic scale)' என்பார்கள்.

785) பூகம்பம் வந்தபிறகு, எவ்வளவு சேதம் ஏற்பட்டது, மீட்பு நடவடிக்கைகள் என்ன செய்யலாம் என்பதைத்தான் யோசிக்க முடியும்; தவிர அதனைத் தடுக்க மனிதனால் முடிவதில்லை. ஆனால் விலங்குகளும் பறவைகளும் நிலநடுக்கம் வருவதை முன்கூட்டியே உணர்ந்து கொள்கின்றன. இயற்கையோடு ஒன்றி வாழ்-வதால் அவைகளுக்கு முன்கூட்டியே அறியும் ஆற்றல் இருக்கலாம் என்கிறார்கள். இயற்கையோடு மனிதன் ஒன்றி வாழ்ந்திருந்தால் மனிதனும் பூகம்பம் வருவதை முன்கூட்டியே அறிய முடியும்.

786) நிலநடுக்கம் ஏற்படும்போது நிறைய பாதிப்புகள் உண்டாகின்றன. அதனு-டன் கூடி போனசாக கடும் புயல், சுனாமி, எரிமலை வெடிப்பு, மண்சரிவு, பனிப்பாறை உறுதித் தன்மை இழத்தல் மற்றும் காட்டுத்தீ போன்றவைகளும் சேர்ந்து கொண்டு மாந்தர்களையும் விலங்கினங்களையும் பாடாய்ப்படுத்தி கூண்-டோடு அழிக்கின்றன.

787) ஆழிப்பேரலை எனும் 'சுனாமி (Tsunami)' ஏற்பட முக்கிய காரணம், கடலில் ஒரு கணிசமான அளவு நீரானது இடப்பெயர்ச்சி ஆவதுதான். நிலநடுக்-கங்கள், நிலச்சரிவுகள், எரிமலை வெடிப்புகள் மற்றும் பனிப்பாறைகளின் உராய்-வுகள், சுனாமி ஏற்பட காரணமாகின்றன. மேலும் விண்கற்கள் மற்றும் அணுச் சோதனைகளாலும் சுனாமி ஏற்படலாம்.

788) விலங்குகளின் அன்றாட வாழ்வியல் நிகழ்வுகளான உண்பது, உறங்கு-வது எல்லாமே தரையில்தான். மேலும் விலங்குகள் பொதுவாக தன் காதை தரை-யில் வைத்து தூங்கும் இயல்புடையது. அதனாலேயே தரையில் ஏற்படும் மெல்-லிய அதிர்வு மாற்றங்களை அவற்றால் உணர்ந்துகொள்ள முடிகிறது. மனிதனோ இரைச்சல்களையும், அதிர்வுகளையும் தம் வாழ்நாளில் அதிகம் பழகிப்போனதால், பூகம்பத்தின் மெல்லிய அதிர்வுகளைக் கூட சரியாக உணர முடிவதில்லை.

789) 'சோலார் செல்லில் (Solar cell)' தாமிரம், இண்டியம், காலியம், செலெனியம் என்ற நான்கு வகைத் தனிமங்கள் சேர்ந்திருக்கும். சோலார் செல்-களை 'CIGS' என்கிறார்கள். இது சூரிய சக்தியை எலெக்ட்ரான் என்கிற மின்ன-

னுவாக மாற்றி, பயன்படும் மின்சாரமாக ஆக்குகிறது. சோலார் பேனல்கள் சுமார் 25 வருடம் உழைக்கக் கூடியது. சோலார் பேனல்கள் அமைப்பதில் அடிப்படைச் செலவினங்கள்தான் அதிகம். அதன் பிறகு செலவினங்களே இல்லை எனலாம்.

790) மோனோ கிரிஸ்டலின் தகடுகள் மூலம் முன்பெல்லாம் சோலார் பேனல்-கள் சிலிக்கன் செமிகண்டக்டர்களைக் கொண்டு தயாரிக்கப்பட்டன. இவற்றின் இயங்கு திறன் குறைவாகும். தற்காலத்தில் பெரும்பாலும் பாலி கிரிஸ்டலின் தகடு-களைக் கொண்டும், சிலிக்கனை அடிப்படையாகக் கொண்டும் தயாரிக்கப்படுகி-றது. இந்த பேனல்கள் 3 முதல் 245 வாட்ஸ் வரை மின்சாரம் வழங்கும் முறை-யில் ஒரே பேனலாக தயாரிக்கப்படுகின்றன. இவைகளை காமன் கிரிட் கொண்டு இணைத்து மொத்தமாக மின்சாரம் தயாரிக்கப்படுகிறது.

791) உலகின் முதல் சோலார் விமானம் 'சோலார் இம்பல்ஸ் (Solar impulse)' ஆனது எரிபொருளை பயன்படுத்தாமல் முழுக்க முழுக்க சூரிய சக்-தியை மட்டுமே பயன்படுத்தும் இந்த விமானம் வானில் பறந்து உலகம் முழுவ-தையும் சுற்றி வருகிறது. இது ஸ்விஸ் தயாரிப்பாகும். 28,000 அடி உயரத்தில் பறக்கும் இந்த விமானத்தின் வேகம் மணிக்கு 75 கிலோமீட்டர்தான். இது பயணி-கள் விமானம் அல்ல. சும்மா ஜாலியாக இரண்டு பேர் பறக்கலாம்.

792) நாம் ஏன் நம் பெற்றோரைப் போல அல்லது தாத்தா பாட்டி அல்லது ஏதோ நம் மூதாதையரில் ஒருவரைப் போல இருக்கிறோம்? ஒருவரின் முடி சுருட்-டையாகவோ, பொன்னிறமாகவோ இருக்கக் காரணம் என்ன? இது போன்ற கேள்-விகளுக்கெல்லாம் மரபியல் ஆராய்ச்சி பதில் சொல்கிறது. மனிதனின் கண் மற்றும் தோலின் நிறம், முக அமைப்பு போன்ற எல்லா விதமான இயற்பியல் பண்புகள் அனைத்தும் தன் மூதாதையர்களிடமிருந்து தொடராக கடத்தப்படுவதால் உண்டா-கின்றன.

793) 'மரபணு (Gene)' என்பது, (DNA- Deoxyribonucleic Acid) குரோமோசோம்களைக் கொண்ட ஒரு வகை அமிலமாகும். இது, நாம் எப்படி இருக்க வேண்டும் என முடிவு செய்கிறது. DNA இல் உள்ள 'Gene' எனும் ஒரு சிறப்பு அம்சமே நமது வம்சாவழி மற்றும் மூதாதையர்களை கண்டுபிடிக்க உதவுகிறது. நாம் வளர்வது, செயல்படுவது முதல் இனப்பெருக்கம் செய்வது என அனைத்தும் மரபணுவை பொறுத்ததே.

794) மனித உடலில் சுமார் 30,000 மரபணுக்கள் இருப்பதாக விஞ்ஞானிகள் வகைப்படுத்துகின்றனர். ஒரு மனிதனிடம் உள்ள மரபணுக்களை வரிசையாக வைத்தால், 600 முறை பூமியிலிருந்து சூரியனுக்கு சென்று திரும்பும் தூரம் அளவுக்கு இருக்குமாம்.

795) ஒரே மாதிரியான குணாதிசியங்களை பெரும்பாலும் கொண்ட இரட்டைப் பிறவிகளைத் தவிர, அனைத்து மக்களின் மரபணுவும் தனித்துவம் வாய்ந்தது.

உதாரணமாக ஒருவரின் கைரேகை மற்றவருடையதைப் போல் இருக்காது. இவ்வித காரணங்களால் குற்றவாளிகளைக் கண்டுபிடிப்பதற்கு மரபணு சோதனைகளை தடயவியல் நிபுணர்கள் பயன்படுத்துகின்றனர்.

796) பரம்பரைப் பண்புகள் எப்படி அடுத்த தலைமுறைகளுக்கு கடத்தப்-டுகின்றன என்பதில் மனித செல்களில் உள்ள 23 ஜோடிகளைக் கொண்ட 46 குரோமோசோம்களின் தன்மைகளே காரணமாகின்றன.

797) கருத்தரித்தலின் போது உங்கள் தந்தை மற்றும் தாயிடமிருந்து தலா 23 குரோமோசோம்களும் ஒன்று சேர்ந்து 23 ஜோடி குரோமோசோம்களை பெறுகி-நீர்கள். அதில் 23 ஆம் ஜோடியைத்தவிர மற்ற அனைத்து ஜோடிகளும் அச்சு அசலாக ஒரே மாதிரியாய் இருக்குமாம். 23 ஆம் ஜோடிதான் உங்களை ஆணா-கவோ அல்லது பெண்ணாகவோ ஆக்குகிறது. இதற்கு 'செக்ஸ் குரோமோசோம்-கள்' என்று பெயர்.

798) X குரோமோசோம் மற்றும் Y குரோமோசோம் என இரண்டு செக்ஸ் குரோமோசோம்கள் உள்ளன. பெண்களிடம் இரண்டு X குரோமோசோம்களின் பிரதிகள் இருக்கும். ஆண்களிடம் X குரோமோசோமின் பிரதியும், Y குரோமோ-சோமின் பிரதியும் இருக்கும். தாயிடமிருந்து அவளது X குரோமோசோம்களில் ஒன்று தனது குழந்தைக்குச் செல்லும். தந்தையிடமிருந்து X அல்லது Y குரோ-மோசோம் செல்லும். தந்தையிடமிருந்து X சென்றால் பெண் குழந்தையாகவும், Y சென்றால் ஆணாகவும் பிறக்கும். எனவே தன் பிள்ளையை ஆணா பெண்ணா என்பதை நிர்ணயிப்பது தந்தையின் குரோமோசோம்தான் (எது முந்துகிறதோ, அதுவாக இருக்கும்).

799) மனிதனின் குணாதிசியங்கள் மரபணுவோடு தொடர்புடையது என்றா-லும், நாம் வளரும் சுற்றுச்சூழல், உணவு மற்றும் குடிநீர், நம்மைச் சுற்றி நடக்-கும் நிறைய சம்பவங்கள் எல்லாம்கூட நம் குண நலன்களையும், மாற்றங்களையும், பாதிப்புகளையும் ஏற்படுத்தும். ஒருவன் தான் வாழும் இடத்தில் கிடைக்கும் குடி-நீருக்குகூட அவனது குணத்தை மாற்றலாம் என்கிறார்கள்.

800) ஒரு உயிரினத்தின் மொத்த DNA வரிசையை 'ஜீனோம் (Genome)' என்கிறார்கள். ஒரு மனிதனிடம் சுமார் 30 பில்லியன் (300 கோடி) மரபணு தகவல்கள் உள்ளதாம். அனைத்தையும் படித்துவிட முடியும் என்றும் சொல்கிறார்-கள் ஆராய்ச்சியாளர்கள். ஜீனோம் ஒரு சாமர்த்தியமான புத்தகம். ஏனெனில் சரி-யான சூழலில் அது தன்னையே அதனால் காப்பி எடுக்க முடியும். வாசிக்கவும் முடியும் என்கிறார் ஒரு புத்தக ஆசிரியர்.

801) இயற்கையாகவே விளைந்த உணவுப் பயிர்களின் DNA ஐ மாற்றம் செய்வதனால் மரபணு மாற்றப்பட்ட பயிர்கள் (Genetically modified crops) உருவாக்கப்பட்டு, அதிலிருந்து மரபணு மாற்றப்பட்ட உணவுகளை விளைச்சலாகப்

பெறுகின்றனர்.

802) மரபணு மாற்றப்பட்ட பயிர்களால் சில நன்மைகளும் உள்ளன. உணவு விரைவில் பழுதடைதல் குறைக்கப்படுகிறது. உதாரணமாக மரபணு மாற்றப்பட்ட ஆப்பிள் விரைவில் அழுகுவதில்லை. பயிர்களின் சக்தியை அதிகரிக்க முடியும். உதாரணமாக வரட்சி, கடும் குளிர் மற்றும் சில பற்றாக்குறைகளை தாங்கக்கூடிய பயிர்களை உருவாக்கலாம். பூச்சிகள் மற்றும் பேக்டீரியாக்கள் எளிதில் இந்த பயிர்-களை தாக்குவதில்லை.

803) மரபணு மாற்றம் செய்யப்பட்ட பயிர்களினால் பல கேடுகளும் உள்ளன. மரபணு மாற்றப்பட்ட விதைகளை உருவாக்கும் கார்ப்பரேட் கம்பெனிகள் இவற்றின் இரண்டாம் தர விதைகளையும் தயாரிக்கின்றன. இது மேலும் இனப்பெருக்கும் ஆற்றலை அழித்து விடுகின்றன. இதனால் சாதாரண வகை பயிர்களையும் நாசம் செய்து பெரும் நட்டத்தை உருவாக்கும். பூச்சி மற்றும் களை நாசினிகளைத் தாங்-கும் வகையில் பயிர்கள் உருவாக்கப்படுவதால் அவற்றின் விளைச்சலால் வரும் கேடுகள் பலவகை உயிர்களை பாதிக்கலாம் என்று கருதப்படுகிறது.

804) 'குளோனிங் (Cloning)' என்பது கலவியில்லா இனப்பெருக்கமாகும் (Asexual reproduction). அதாவது ஆண் மற்றும் பெண் மிருகங்கள் சேரா-மல் பிள்ளை பெறுவது. மிருகத்திலிருந்து இனப் பெருக்கத்திற்காக இரண்டு செல்-களை எடுப்பார்கள். அதில் ஒன்று முதிர்ந்த சோமாட்டிக் உயிரணு (Matured somatic cell), மற்றொன்று DNA கூறுகள் நீக்கப்பட்ட முட்டை செல் (DNA removed egg cell). இப்போது சோமாட்டிக் உயிரணுவில் உள்ள DNA கூறு-களை முட்டை செல்லுக்குள் செலுத்தி, மரபணுவில் ஒத்த தாயின் கருவரை-யில் செலுத்தி விடுவார்கள். அது உருவாக்கும் குட்டியானது, இரண்டு செல்களை தானமளித்த மிருகத்தைப் போன்றே இருக்கும். 'டோலி' என்னும் ஆடு இதற்கான உதாரணம்.

805) 'ஆர்கானிக் (Organic)' என்றால் இயற்கையானது என்று அர்த்தம். ஆர்கானிக் உணவுகளில் செல் சிதைவுகளைத் தடுக்கும் ஆண்ட்டி ஆக்ஸிடன்ஸ் அதிகம் இருக்கின்றன. இதனால் ஆயுளும் ஆரோக்கியமும் அதிகரிக்கலாம் என்-கிறார்கள் மருத்துவர்கள். ஆனால் ரசாயன உரங்கள் மற்றும் பூச்சிக்கொல்லி மருந்துகளைப் பயன்படுத்தி விளைவிக்கும் உணவுகள் இதற்கு நேர் எதிரான குணங்கள் கொண்டவை. உடலில் சத்துக்கள் சேர்வது குறைவாகும், இதனால் ஹார்மோன் பிரச்சினைகள் மற்றும் இதர வியாதிகள் வருவது ஏதுவாகின்றது.

806) இயற்கை முறையில் விளைவிக்கப்பட்ட பழம், காய்கறிகளின் வெளிப்-பகுதி அவ்வளவு பளபளப்பாக இருக்காது. அதன் ஷேப்பு ஒழுங்காக இருக்காது. வெளிப்பகுதியை பூச்சிகள் கூட கடித்திருக்கலாம். ஆனால் உள்ளே சதைப்பகுதி-யில் பாதுகாப்பு இருக்கும். ஆனால் மரபணு மாற்றப்பட்ட பழங்கள், பார்ப்பதற்கு

ரொம்பக் கவர்ச்சியாய் இருக்கும். பார்த்து ஏமாந்துடாதீங்க.

807) காலையில் பல் துலக்கும் பிரஷ்ஸிலிருந்து இரவு படுக்கும் பாய் வரை அத்தனையும் பிளாஸ்டிக் பொருட்களே. 'வார்க்கத்தக்க ஒரு பொருள்' என்கிற அர்த்தம் தரும் 'பிளாஸ்டிகோஸ்' என்ற கிரேக்கச் சொல்லிலிருந்து 'பிளாஸ்டிக் (Plastic)' என்ற பெயர் வந்தது. இது சுலபமாக நெகிழும் தன்மை கொண்டதால், 'நெகிழி' என்றும் இதற்கு பெயர் உண்டு. பெரும்பாலும் பிளாஸ்டிக்குகள் செயற்-கையாக வேதியியல் முறையில் பல்கிப் பெருகக்கூடிய ஒரு மூலக்கூறு வடிவிலான தொடர் சங்கிலி போல் தயாரிக்கப்பட்ட பொருளாகும். பெரும்பாலான பிளாஸ்டிக்-குகள், பெட்ரோலியம் பைப்ராடக்டுகளே.

808) 'பாலித்தீன் (Polythene)' என்ற செயற்கை பிளாஸ்டிக்குகள், எத்திலீன் என்ற கார்போஹைட்ரேட் மூலக்கூறின் சங்கிலி போன்ற தொடர்ச்சியாகும். பாலித்-தீன்களைப் பயன்படுத்தி பைகள், பாட்டில்கள், வாளி, நாற்காலி, பெட்டி, பைப்பு-கள் போன்ற ஏகப்பட்ட பொருட்கள் தயாரிக்கப்படுகின்றன.

809) 'பயோ பிளாஸ்டிக்' என்பது மக்கும் தன்மை கொண்ட வகை பிளாஸ்-டிக்காகும். பாக்டிரியாக்கள் மூலம் முழுமையாக மக்கும் 'பயோபோல்' எனப்படும் PHP-வகை பிளாஸ்டிக்கை ஆராய்ச்சியாளர்கள் உருவாக்கியுள்ளனர். அதன் விலை அதிகம் காரணமாக அவற்றின் உற்பத்தியில் அதிகம் முன்னேற்றம் இல்லை.

810) வீணாகும் உணவு பொருட்களை பிளாஸ்டிக் பைகளில் போட்டு குப்-பையில் தூக்கி எறிவதால், அவற்றை உண்ணும் விலங்குகளின் உணவுக்குழாய் மற்றும் குடல்களில் மாட்டிக்கொண்டு துன்புற்று மரணமடைய ஏதுவாகிறது. பல வருடங்கள் ஆகியும் மக்காத பிளாஸ்டிக்குகள், மண்ணின் உயிர் வேதியியல் தன்-மையை மிகவும் பாதிக்கின்றன. வேர்கள் மண்ணில் உள்ளே எளிதில் ஊடுருவ முடியாமல் தாவரங்களின் வளர்ச்சி வேகம் பாதிக்கின்றது.

811) "பிளாஸ்டிக்கையை ரோட்டில் போடாதீங்க, அதைக் கொண்டு ரோடு போடுங்க" என்று சொல்கிறார் நம் நாட்டு பேராசிரியர் ஒருவர். ரோடு போடும் கற்களைச் சுற்றி பிளாஸ்டிக் கோட்டிங் கொடுத்து, அதற்குமேல் தார் ஊற்றி ரோடு போடுவதால் மழைத்தண்ணீர் உள்ளே போகாமல் ரோடுகள் பல வருஷங்கள் வீணாகாமல் அப்படியே இருக்கின்றதாம். இந்த டெக்னாலஜியை பயன்படுத்துவ-தால் பிளாஸ்டிக் குப்பைகள் குறைந்து அதை நல்வழியில் பயன்படுத்தவும் முடி-கின்றது.

812) 'நைலான் (Nylon)' என்பது 'குறுக்க வினையினால் (Contraction reaction)' கிடைக்கப்பெறும் இணை பலபடியாகும். இவை, அமீன் மற்றும் கார்-பாக்சிலிக் அமிலம் ஆகிய இரண்டும் சம பங்கில் சேர்ந்து உருவாகும் வேதிப்பொ-ருளாகும்.

813) நைலான், அதிக அளவு வலிமை, உறுதித் தன்மை, வெப்பம் மற்றும் வேதிப் பொருட்களுக்கு எதிரான நிலைப்புத் தன்மை ஆகியவை தேவைப்படும் இடங்களில் பயன்படுகின்றது. மேலும் துணிகள் நெய்வதிலும், உறைகள், தூரி-கைகள் கயிறுகள் தயாரிப்பிலும், பொறியியல் சார்ந்த பொருட்களான ரெசின்கள், நைலான் கியர்கள் தயாரிப்பிலும் நைலான்கள் பயன்படுகின்றன.

814) 'இயற்கை ரப்பர் (Natural Rubber)' என்பது, சிலவகை மரங்களில் இருந்து கிடைக்கும் பாலைப் போன்ற ஒரு இழுவை தன்மை கொண்ட ஒருவகை திரவமாகும். அவற்றின் பாலை சேகரித்து அதனுடன் சில ஆர்கானிக் சேர்மங்கள் மற்றும் சிறிது தண்ணீர் சேர்த்து ப்ராசஸ் செய்து பல சிறப்பான உபயோகமுள்ள பொருட்கள் தயாரிக்கப்படுகின்றன. இயற்கை ரப்பரானது பாலி ஐசோப்ரீன் வகை-யைச் சார்ந்தது. இயற்கை ரப்பரை லேட்டக்ஸ் என்றும் அழைப்பார்கள்.

815) இயற்கை ரப்பரை உபயோகித்து பலூன்கள், மருத்துவத்தில் பயன்படும் குழாய்கள், ரப்பர் பேண்ட் மற்றும் ஒட்டும் பசைகள் தயாரிக்கப்படுகின்றன. வாகன டயர்கள் தயாரிப்பிலும் முக்கிய பங்காற்றுகின்றது.

816) இயற்கை ரப்பர் நச்சுத்தன்மையற்றது. அதன் துகள்கள் உடல் உள்ளே போனாலும் தீய விளைவுகள் உண்டாகாது. மறுசுழற்சிக்கு (Recycling) உரியது. சுற்றுச்சூழலை கெடுக்காது.

817) 'செயற்கை ரப்பர் (Synthetic rubber)' என்பது, பெட்ரோலியம் பை ப்ராடக்டாகும். தொழில் முறையில் இவ்வகை ரப்பர்கள் ரொம்பவும் பயன்படு-கின்றன. வாகன டயர்கள், ரப்பர் ஹோஸ்கள், பெல்ட்டுகள், பாய்கள் போன்ற ஏராளமான பொருட்கள், செயற்கை ரப்பர்களைக் கொண்டு தயாரிக்கப்படுகின்றன.

818) தூய 'தேனில் (Honey)' தண்ணீரோ சுவையூட்டும் வேறு செயற்கை பொருட்களோ கொஞ்சமும் கலந்திருக்காது. நீர்ம நிலையில் உள்ள தேன் கெட்-டுப்போகாது. தேனிலுள்ள மிதமிஞ்சிய இனிப்புச் சத்தானது அதில் நுண்ணுயிர் கிருமிகளை வளர விடாது. 18% க்கு மேல் தேனில் ஈரப்பதம் இருந்தால் அதில் நுண்ணுயிர் கிருமிகள் வளர ஆரம்பிக்கும்.

819) தேனில் குளுகோஸ் (31%), ஃப்ரக்டோஸ் (38.5%), நீர், என்சைம்கள் மற்றும் சிலவகை எண்ணெய்கள் கலந்துள்ளன. தேனீக்கள் சேகரிக்கும் மதுவில் இருப்பது 'சுக்ரோஸ்' எனும் கரும்புச் சர்க்கரையாகும். தேனீக்கள் மலர்களின் மது-வைக் குடித்து, தம் இரைப்பைகளில் பயன்படுத்தி சுக்ரோஸை ஃப்ரக்டோஸ் மற்றும் குளுக்கோஸாகவும் மாற்றி தம் வயிற்றுப் பகுதியிலிருந்து கழிப்பதுதான் தேனாகும்.

820) தேனானது, சத்து நிறைந்த உணவை எளிதில் செரிக்க வைக்கும். பித்த நீரை சுரந்து தொண்டை, இதயம் சம்மந்தமான நோய்களை குணமாக்கவும், சுவா-சக் கோளாறு, வயிற்றுக்கடுப்பு, மலச்சிக்கல், வாந்தி, பேதி, தீப்புண் போன்றவை-களுக்கு மருந்தாகவும் பயன்படுகின்றது. பசியைத் தூண்டி செரிமானத்திற்கு உதவு-

கிறது. பருத்த உடல் இளைக்க சுடு நீரிலும், இளைத்த உடல் பருக்க குளிர்ந்த நீரிலும் தேனைக் கலந்து குடித்தால் நல்ல பலன் கிடைக்கும். தேனை வெற்றிலை மற்றும் இஞ்சிச்சாறுடன் கலந்து குடித்தால் சளி, இருமல் போன்றவை நீங்கும். தேன்கூட்டு மெழுகிலும் பல பயன்கள் உள்ளன.

821) 'தேனீக்களானது (Honey Bee)' ஆறு கால்களை (Arthropods) உடையது. இவை பறக்கும் இன பூச்சியாகும். பல பூக்களிலிருந்து பூந்தேன் எனும் மதுவை (Nectar) உறிஞ்சி உட்கொள்கின்றன. பின்னர் மலரின் மகரந்தத்தை-யும் சேகரித்து தங்களின் கூட்டிற்குத் திரும்புகின்றன. மகரந்தத்தைக் கொண்டு தன் கூட்டிற்கு சீல் வைக்கின்றன. தேனை உண்டு, தம் வயிற்றுப் பகுதியில் சுரக்கும் ஒருவித திரவத்தை மகரந்தத்துடன் கலந்து அங்கிருக்கும் 'லார்வா'க் குஞ்சுகளுக்கு கொடுக்கின்றன. தேனடையில் (Honeycomb) தேனாகவும் சேகரித்து வைக்-கின்றன. தேனீக்கள் இளவேனிற் பருவத்தில் தேன் சேகரிக்கத் தொடங்குகின்றன.

822) தேனடைகள் ஆயிரக்கணக்கான அறுகோண (Hexagonal) அறைக-ளைக் கொண்ட கூடுகளாகும். அதில் தேனை சேகரித்து வாழ்கின்றன. இந்தக் கூடு-களானது, தேனீக்கள் தம் உள்ளுறுப்புகளில் ஒன்றான மெழுகு சுரப்பியிலிருந்து சுரக்கும் மெழுகால் ஆனவை. தேன் கூட்டில் தேன் சேர்ச்சேர அதன் எடை அதி-கமாகும்போது அதன் வலுவும் சைசும் அதிகரிக்கின்றது. இதனால் கீழே விழுந்து விடாமல் இருக்க அதன் தாங்கும் சக்தியும் அதிகரிக்கின்றது. நல்ல ஆரோக்கிய-மான ஒரு தேன் கூட்டில் சுமார் 80 ஆயிரம் முதல் 1 லட்சம் தேனீக்கள் வரை இருக்குமாம். சுமார் 3 மீட்டர் சுற்றளவு கொண்ட ஒரு கூட்டில் இத்தனை தேனீக்-கள் வாழ்ந்தும் அவற்றுக்கிடையே சண்டை சச்சரவுகளோ, நிர்வாகக் கோளாறு-களோ வருவதில்லையாம்!.

823) தேனீக்களுக்கு பல சிறப்புப் பண்புகள் உள்ளன. தேனீக்களின் கூட்டு வாழ்க்கை அற்புதமானது. சுறுசுறுப்புக்கு பெயர் போனது. ஒரு கூட்டுக்குள் கூட்ட-மாய் கட்டுக்கோப்பாய், தலைமைக்குக் கட்டுப்பட்டு வாழ்கின்றன. மணிக்கு சுமார் 40 கிலோமீட்டர் வேகத்தில் பறந்து, 1 லட்சம் கிலோமீட்டர் வரை பயணிக்கும் திறன் கொண்டது. தேனீக்கள் நடனமாடி தங்களுக்கிடையே கருத்துப் பரிமாற்றம் செய்து கொள்ளுமாம்.

824) ஒரு கூட்டத்திற்கு ஒரு பெண் தேனீதான் அரசியாக (Queen Bee) இருக்கின்றது. சைசில் பெரிதாகவும் இருக்கும். அவளைச் சுற்றி சுமார் 1000 ஆண் தேனீக்கள் இனப் பெருக்கத்திற்காக மோகங்கொண்டு காத்திருக்கின்றன. அவள் சுமார் 10 முதல் 18 ஆண் தேனீக்களுடன் கலவி கொள்கின்றது. ஆகா-யத்தில் சுமார் 100 அடி உயரத்தில் பறந்து கொண்டும் கலவி கொள்ளுமாம். 10 நாட்களுக்குப் பிறகு முட்டையிட ஆரம்பிக்கும். ஒரு இராணித் தேனீ ஒரு நாளைக்கு சுமார் 1500 முதல் 3000 வரையும், வருடத்திற்கு இரண்டு லட்சம்

வரையும் முட்டைகளை இட்டு லார்வாக்களை (Larva) உற்பத்தி செய்யும். ஒரு-முறை கலவியில் பெற்ற இன்பத்திலேயே சாகும் வரை மறுமுறை கலவி கொள்-ளாதாம்.

825) இராணித் தேனீயின் உணவுத் தேவையை பார்த்துக் கொள்வதற்கென்றே சுமார் 10 வேலைக்கார்த் தேனீக்கள் கொண்ட ஒரு தனியான டிப்பார்ட்மென்ட் ஒன்று எப்போதும் ரெடியாகவே இருக்குமாம். 20 முட்டைகள் இட்ட இடைவெ-ளிக்குப்பின் ஒருமுறை கலைப்புத்தீர அதற்கு உணவளிக்கப்படுகின்றது. இராணித் தேனீ தன் கிழவிப் பருவத்தை அடைந்து, முட்டையிடும் தகுதியை இழக்கின்றது. இதையறிந்த வேலைக்காரத் தேனீக்கள், தங்களின் புதிய தலைவியை தேர்ந்தெ-டுக்கும் முயற்சியில் துரிதமாக செயல்பட ஆரம்பிக்கின்றன. அவளுக்கான புதிய ரூமானது விரைவாக பழுது பார்க்கப்பட்டு தயாராகின்றது. கடைசியாக இடப்பட்ட முட்டைகளில் சில தேர்ந்தெடுக்கப்பட்டு, பழுது பார்க்கப்பட்ட புதிய அறையில் அந்த முட்டைகள் பத்திரமாக வைக்கப்பட்டு விரைவில் பொரிக்கப்பட்டு புதிய தலைவி வெளிவர முயற்சிகள் செய்யப்படுகின்றன. அவற்றில் சிறப்பான ஒன்று தலைவி ஆகின்றது.

826) ஆண் தேனீக்கள் பொதுவாக, செயலற்ற நிலையிலேயே பெரும்பகுதி நாட்களை கழிக்கின்றன. அவை ஒரு கூட்டில் நூற்றுக்கணக்கில் இருக்கும். தேன் சேகரிக்க வெளியில் செல்வதுமில்லை. எதிரிகள் வெளியிலிருந்து கூட்டுக்குள் வந்-தாலும் அவைகளை கடித்துத் துரத்தும் வகையில் அவைகளுக்கு கொடுக்கும் இல்லை. கலவி கொள்வதே தம் முழு நேரப்பணி என காத்திருந்து பின்னர் உயிர் விடுவதே இதன் செயலாகும். இதைத்தவிர தமக்கு வேறு எந்த தகுதியும் இல்-லையென உணர்ந்து எப்போதும் தம் உணவு மற்றும் பாதுகாப்புத் தேவைகளுக்கு வேலைக்காரத் (Workers Bee) தேனீக்களையே சார்ந்திருக்கும்.

827) ஆண் தேனீக்கள் தன் ஒரே துணையுடன் அந்தரத்தில் கலவி கொண்டு தன் சிறகுகளெல்லாம் உதிர்ந்து கீழே விழுந்து பரிதாபமாய் இறந்தும் விடுகின்றன. சில சமயம் கூட்டினுள் உணவுப் பற்றாக்குறை ஏற்பட்டால், பலவந்தமாக கூட்டை-விட்டு துரத்தப்பட்டு பட்டினியால் சாகடிக்கப்படுகின்றன.

828) முட்டையிட்டு தன் சந்ததிகளை பெருக்க முடியாத மலட்டுத் தேனீகளே வேறு வழியின்றி வேலைக்காரத் தேனீக்களாக ஆகின்றன. பின்னர் இவை பிர-மிக்கத்தக்க ஆற்றலை தகவமைப்பு மூலம் பெற்று சுறுசுறுப்பான வேலைக்காரத் தேனீக்களாகின்றன. இவைகள்தான் வெளியில் சென்று தேனை சேகரிக்கின்றன. தன் கூட்டிற்குள் வரும் எதிரிகளை கொடுக்கால் கொட்டி கூட்டை பாதுகாக்கின்-றது. ஒருமுறை தன் கொடுக்கால் கொட்டி எதிரியை சாகடித்து, தற்கொலைத் தாக்குதல் போல், தானும் இறந்துவிடுகின்றன. அவை கொட்டும்போது கொடுக்-கானது எதிரியின் உடலில் குத்தப்படும்போது அதனுடன் இணைந்துள்ள விஷப்-

பையும் சிதைந்து, விஷமானது, எதிரியின் உடலில் சென்று அவை இறக்கவும் நேரிடுகின்றது.

829) அண்மைக்காலங்களில் தேனீக்களின் பல இனங்கள் அழிந்து வருவதாக வல்லுனர்கள் கூறுகின்றார்கள். இதனால் பயிர்கள், பழங்கள் உற்பத்தியில் வீழ்ச்சி ஏற்படும் என்கிறார்கள்.

830) தேனீக்களில் மலைத்தேனீ, கொம்புத்தேனீ, அடுக்குத்தேனீ, கொசுத்-தேனீ, கிழக்குலகத் தேனீக்கள், மேற்குலகத் தேனீக்கள் என பல வகைகள் உள்ளன.

831) தேனீக்களின் இனத்தை, செயற்கையாக தயாரிக்கப்படும் கூடுகளில் வளர்த்து அவற்றை பராமரிக்கும் செயல் முறையை தேனீ வளர்ப்பு என்கிறார்கள். இதனால் விவசாயிகளுக்கு கூடுதல் வருமானம் ஈட்ட ஏதுவாகிறது.

832) யாருக்குத் தேன் தேவைப்பட்டாலும் எங்கே சுத்தமான தேன் கிடைக்கும் என்று முதலில் கேட்பார்கள். அந்த அளவுக்கு தேனில் கலப்படம் நடக்கின்றது. இன்றைக்கு சுத்தமான தேன் கிடைப்பது அவ்வளவு கஷ்டம்.

833) ஒரு கிண்ணத்தில் ஒரு சொட்டு தேனை ஊற்றி நீர் நிரப்பியவுடன் அது தானாக கரைந்தால் அது கலப்பட தேன். பாத்திரத்தின் கீழே போய் தங்கினால் அது சுத்தமான தேன். ஏனெனில் தேனின் அடர்த்தி அதிகம். காட்டன் துணியில் தேனை நனைத்து அதை பற்றிய தீக்குச்சியில் காண்பித்து சுடர் விட்டு எரிந்தால் அது நல்ல தேன். சிறிதளவு தேனை எடுத்து, வானலியில் இட்டு சூடாக்கினால் அதன் அடர்த்தி குறைந்து உருகிவிடும். அடுப்பை அணைத்து ஆற விட்டால் சுத்தமான தேன் பழைய நிலைக்குத் திரும்பி விடும். தேனை மெதுவாக ஊற்றும்-போது நூலிழைபோல் மெதுவாக இறங்கினால் அது சுத்தமான தேன்.

834) 'சோப் (Soap)' என்பது ஹைட்ரோகார்பன் சங்கிலி மற்றும் கொழுப்பு அமிலங்களின் கலவையாகும்.இவை எளிதில் நீரில் கரையாத பொருட்ளாகும். நீரில் நேரடியாக கரையும் கொழுப்பு அமிலங்கள் ஹைட்ரோகார்பன் துணையுடன் துணியிலுள்ள அழுக்கை நீக்குகின்றன. மூலக்கூறுகள் தங்கள் வேலையைச் செய்-தாலும், நீரில் அலசினால்தான் அது தன் வேலையை சுலபமாக செய்ய முடிகின்-றது.

835) துவைக்கும் நீரில் கடின தன்மையும் உப்பும் இருந்தால் சோப்பு சரியாக வேலை செய்வதில்லை. ஏனெனில், கடின நீரிலுள்ள மாங்கனீஸ், மக்னீசியம், இரும்பு போன்ற தாது பொருட்கள் சோப்பின் மூலக்கூறுடன் வேதிவினை புரிந்து பிரிசிபிடேட் எனும் தயிர் போன்ற பொருளை உருவாக்கி கழுவதலை கடினமாக்-குகிறது.

836) சோப்பு உபயோகம் வரலாற்றில் மிகப்பழமையானது. கி.மு 2800 ஆண்டுகளுக்கு முன்னரே பாபிலோனியர்களும், கி.பி. இரண்டாம் நூற்றாண்டில்

ரோமானியர்களும் சோப்பை பயன்படுத்தியதாக தொல்பொருள் ஆராய்ச்சியாளர்-கள் சொல்கின்றார்கள். 15 ஆம் நூற்றாண்டுக்கு பிறகு ஆலிவ் எண்ணெயை மூலப்பொருளாகக் கொண்டு சோப்புகள் தயாரித்து விற்பனைக்கு வந்த பிறகு, மக்-கள் மத்தியில் பலவகை சோப்புகள் பிரபல்யம் ஆயின.

837) குளியல் சோப்புகள் அதிகம் நுரைத்தால், அந்த சோப்பில் அதிகமான கெமிக்கல்கள் உள்ளது என அறியலாம். அது தோலுக்குக் கெடுதலை விளைவிக்-கும். தற்போது நிறைய ஆர்கானிக் சோப்புகள் கிடைக்கின்றது, அவற்றில் கெடு-தல்கள் மிகக் குறைவு.

838) 'சயனைடு (Cyanide)' என்பது, கார்பன் மற்றும் நைட்ரஜன் சேர்ந்த காம்ப்பவுண்டாகும். இது ஒரு வர்ணமற்ற கிறிஸ்டல் வகையைச் சேர்ந்தது. இது ஒரு கொடிய விஷமாகும். இதை நுகர்ந்தாலே தலைவலி, குமட்டல் வரும். இதய துடிப்பு குறைந்து மூச்சுத்திணறல் ஏற்பட்டு உடலிலுள்ள ஆக்ஸிஜனை குறைக்கச் செய்து மரணத்தை உண்டாக்கும்.

839) 19 ஆம் நூற்றாண்டு வாக்கில் போர் ஆயுதங்களில் பயன்படுத்தப்பட்ட விஷங்களில் ஒன்றுதான் 'ஆர்செனிக்' எனும் நச்சுப்பொருள். இது உடலில் ஊடு-ருவிய உடன் காலரா போல் வாந்தி, பேதி ஏற்பட்டு, விரைவாக மரணம் சம்ப-விக்கும்.

840) வாசமற்ற, சுவையற்ற, நிறமற்ற, கொஞ்சம் அடர்த்தி குறைவான வாயு-தான் கார்பன் மோனாக்ஸைடு. இதன் விஷத்தன்மை உயிரைக் கொல்லும் வீரியம் கொண்டது. எரிகலன்களில் பொருட்கள் எரியும்போது ஆக்ஸிஜன் பற்றாக்குறை ஏற்பட்டால், இந்த கார்பன் மோனாக்ஸைடு வாயு உண்டாகின்றது.

841) மைக்கேல் ஃபாரடே என்கிற அறிவியலாளர், கோட்டிங் செய்யப்பட்ட காப்பர் கம்பிச் சுருளின் இடையே காந்தத்தை முன்னும் பின்னும் நகர்த்தினால் மின்சக்தி உற்பத்தியாகின்றது என்பதைக் கண்டுபிடித்தார். இதன் அடிப்படையி-லேயே மின்சார ஜெனரேட்டர்கள் மற்றும் டைனமோக்கள் இயங்குகின்றன.

842) 'மின்சாரம் (Electricity)' என்பது மின்னூட்டம் பெற்ற துகளின் (Charged particles) ஓட்டமேயாகும். காப்பர் போன்ற தனிமத்தின் அணுக்-களின் கடைசி சுற்று வட்ட பாதையில் 'உபரியான எலெக்ட்ரான்கள் (Free electrons)' சுற்றி வருகின்றன. அதாவது காப்பர் கம்பியின் ஒரு முனையில் மின்னழுத்தம் (Voltage) கொடுத்தால் அவற்றிலுள்ள ஃப்ரீ எலெக்ட்ரான்கள் ஒவ்வொரு அணுக்களாகத் தாவி ஓடுகின்றன. அத்தகைய எலெக்ட்ரான்களின் ஓட்டமே மின்சாரமாகும். அதிக அழுத்தம் கொடுத்தால் இன்னும் வேகமாகப் போயும்.

843) நாம் வீடுகளில் உபயோகப்படுத்தும் மின்சாரம், 'மாறுதிசை மின்சாரம் (Alternate current)' வகையைச் சேர்ந்தது. இதில் எலெக்ட்ரான்கள் இரு

திசையிலும் செல்கின்றது. இவ்வாறு ஒரு வினாடிக்கு எத்தனை முறை திசை மாறுகின்றதோ, அதற்கு 'சைக்கிள்ஸ் (Cycles)' என்று பெயர். இதன் அளவு 230 V- 50 Cycles என்பார்கள், அதாவது ஒரு வினாடிக்கு 50 முறை திசை மாறும், 230 வோல்ட் மின் அழுத்தம் கொண்ட மின்சாரம் என்று பொருள். வீடு-களில் பயன்படுத்தப்படும் பல்பு, ஃபேன், மிக்ஸி, ஃப்ரிட்ஜ் போன்ற நிறைய அத்-தியாவசிய சாதனங்கள் இயங்குவது இவ்வகை மின்சாரத்தில்தான்.

844) 'நேர் மின்சாரம் (Direct current - DC)', DC ஜெனரேட்டர் மற்-றும் பேட்டரியிலிருந்து கிடைக்கின்றது. டி சி மின்சாரத்தை பேட்டரிகளில் சேமிக்க முடியும். பேட்டரிகளை சார்ஜ் செய்யும்போது, ஏசி மின்சாரத்தை டி சி யாக மாற்றித்தான் உபயோகிக்க வேண்டும். டி சி மின்சாரத்தில், மின்சாரம் அதாவது எலெக்ட்ரான்கள் ஒரே திசையில் மாறாமல் தொடர்ச்சியாகச் செல்கின்றது.

845) 'ஒரு வோல்ட் (1 Volt)' மின்னழுத்தம் என்பது, 1 ஓம் (Ohm) மின் தடையுள்ள ஒன்றில் 1 ஆம்பியர் (1 Ampere) மின்னோட்டம் பாயத் தேவையான மின்னழுத்தமாகும். ஒரு ஆம்பியர் (1 Ampere) என்பது, 1 வினாடியில் ஒரு மின் கடத்தியின் வழியாக மின்னூட்டம் பெற்ற துகள்கள் எத்தனை பாய்கின்றது என்பதை குறிக்கும். ஒரு கடத்தியின் மின் தடை (Resistance) என்பது அதன் இரு முனைகளுக்கிடையே உள்ள மின் அழுத்தம் மற்றும் மின்னோட்டத்திற்கு-முள்ள விகிதமாகும். 'ஓமின் விதி (Ohm's law)'படி, மின்தடை (Resistance) = மின்னழுத்தம் / மின்னோட்டம், R = V / I , வாட் என்பது மின்திறனைக் குறிக்கின்றது. 1 வாட் = 1 வோல்ட் X 1 ஆம்பியர்.

846) இருபதாம் நூற்றாண்டின் தலையெழுத்தை மாற்றி எழுதிய மிகப்பெரும் அறிவியல் விஞ்ஞானி, தாமஸ் ஆல்வா எடிசன் என்பவர் அவ்வளவாகக் கணிதம் மற்றும் அறிவியலைக் கற்றவரல்ல. இருந்தும் அவர் தன் வாழ்நாளில் சுமார் 1300 அறிவியல் கண்டுபிடிப்புகளை நிகழ்த்தியுள்ளார். அதில் 1093 கண்டுபிடிப்-புகளுக்கு காப்புரிமையும் பெற்றுள்ளார். ஒரு கண்டுபிடிப்புக்கான பாராட்டுகளைப் பெரும்போது அவர் அங்கு இருக்க மாட்டாராம். அடுத்த புதிய கண்டுபிடிப்பிற்கு ரெடியாகி விடுவாராம். "நேற்றைய கண்டுபிடிப்பைப் பற்றி இன்றைய நேரத்தை வீணாக்க விரும்பவில்லை" என்பாராம்.

847) எடிசன், 'குண்டு பல்பை (Filament Bulb)' கண்டுபிடித்து அதை எரிய விட்டபோது சுவிட்சை போட்டவுடன் பளிச்சென்று எரிந்து உடனே மின்-னிழை கருகி சாம்பலாகி விடுகின்றது. நீண்ட நேரம் தொடர்ச்சியாக எரியும் பல்-பிற்காக அவர், சுமார் 5000 வகையான 'மின்னிழைகளை (Filament)' பரி-சோதனைக்கு உட்படுத்தினார். அதைப் பார்த்த மக்கள் எள்ளி நகையாடினர். அப்போது அவர், "நான் 5000 முறை தோற்கவில்லை, ஆனால் இந்த 5000 பொருட்களும் பல்பை எரிய வைக்க உதவாது என கண்டறிந்தேன்" என்றாராம்.

கடைசியில், டங்க்ஸ்டன் மின்னிழையைப் (Tungsten Filament) பயன்படுத்தி-யபோது வெற்றியும் கண்டார்.

848) சிங்கிள் ஃபேஸ் சர்க்யூட்டில், 230 வோல்டும், 3 ஃபேஸ் சர்க்யூட்டில் 415 வோல்டும் கிடைக்கும். சிங்கிள் ஃபேஸில் ஒரு ஃபேஸ் வயரும், ஒரு நியூட்ரல் வயருமாக இரண்டு வயர்கள் இருக்கும். 3 ஃபேஸ் சர்க்யூட்டில் 3 ஃபேஸ் வயர்-களும் ஒரு ஒர் எர்த் வயருமாக நான்கு வயர்களும் இருக்கும்.

849) பொதுவாக குறைந்த பவர்களில் இயங்கும் விளக்குகள், ஃபேன், டி.வி, மிக்ஸி, சிறிய மோட்டார்கள் போன்ற சாதனங்கள் இயங்குவதற்கு சிங்கிள் ஃபேஸ் கனெக்க்ஷனும், ஏ.சி, ஃப்ரிட்ஜ், ஹீட்டர், பெரிய வாட்டர் பம்புகள் போன்ற சாதனங்கள் இயங்குவதற்கு 3 ஃபேஸ் மின்சாரமும் பயன்படுகின்றது. ஒரு வீட்-டிற்கு 3 ஃபேஸ் சப்ளை எடுத்துக்கொண்டால் அதிலிருந்தே சிங்கிள் மற்றும் 3 ஃபேஸ் கனெக்சனைக் பிரித்து எடுக்கலாம்.

850) நம் வீட்டில் ஒயர்கள் மற்றும் மின் சாதனங்களில் மின்சாரம் பாயும்போது ஃபேஸ் லைன், நியூட்ரல் லைன் மற்றும் எர்த் லைன் ஆகியவை ஒன்றோடு ஒன்று ஷாட் ஆகும்போது, 'எர்த் லீக்கேஜ் சர்க்யூட் பிரேக்கர் (ELCB)' எனும் சாதனம் பொருத்தப்பட்டிருந்தால் அது உடனே ட்ரிப் ஆகி மின்சாரம் பாய்வதை தடுத்து நிறுத்தி, பெரிய டேமேஜ்கள் ஏற்படுவதைத் தடுக்கின்றது. பிறகு பழுதை சரி செய்த பின் இந்த பிரேக்கரை ஆன் செய்யலாம். இதில் 3 ஃபேஸ் மற்றும் சிங்கிள் ஃபேஸ் இணைப்பு கொடுக்கும் வகையில் 3 ஃபேஸ் என்றால், 4 துவா-ரங்களும், சிங்கிள் ஃபேஸ் என்றால் இரண்டு துவாரங்களும் இருக்கும். இதன் விலை அதிகமென்றாலும் இதைப் பயன்படுத்துவது ரொம்ப சேஃப்டி.

851) பொதுவாக வீடுகளில் பல ரூம்கள், கிட்சன், ஹால் போர்டிகோ என தனித்தனியான இடங்கள் இருக்கும். ஒவ்வொன்றுக்கும் ஒயர்களை தனித்தனியா-கப் பிரித்து அமைக்கப்பட்டிருக்கும். ஒவ்வொன்றையும் சர்க்யூட் என்போம். இதில் ஒவ்வொன்றிலும் 'மினியேச்சர் சர்க்யூட் பிரேக்கர் (MCB)' எனும் சாதனத்தை இணைத்திருக்கும்போது, இதில் ஒரு இடத்தில் பழுது ஏற்பட்டால், அந்த இடத்தில் இருக்கும் சர்க்யூட் மட்டும் பிரேக்காகி விடும். மற்ற லைன்களில் கரண்ட் இருக்-கும். இதனால் மற்ற லைன்களுக்கு பாதகம் இல்லாமல் குறிப்பிட்ட இடத்தை மட்-டும் ரிப்பேர் செய்து கொள்ளலாம். இவைகளை வீடு மற்றும் ஆஃபீஸ்களுக்கு பொருத்துவது ரொம்ப நல்லது.

852) வீடுகளில் நாம் பயன்படுத்தும் மின்சாரத்தை அளப்பதற்கு, மெயின் ஸ்விட்சின் அருகில் பொருத்தப்பட்டிருக்கும் சாதனம், 'எனர்ஜி மீட்டர் (Energy meter)' எனப்படும். நாம் பயன்படுத்தும் மொத்த மின்சாரத்தின் அளவை இதில் பார்த்து தெரிந்து கொள்ளலாம். இதன் அளவுகள் 'கிலோவாட் שעה (Kilowatt hour - Kwh)' என்று குறிக்கப்பட்டிருக்கும். 1 கிலோவாட் שעה என்பது 'ஒரு

யூனிட்' மின்சாரமாகும். ஒரு மணி நேரத்தில் 1000 வாட்ஸ் மின்சாரம் பயன்ப-டுத்துவதை ஒரு யூனிட் மின்சாரம் என்கிறோம். இப்போது டிஜிட்டல் மீட்டர்கள் பரவலாகப் பயன்படுகிறது.

853) மின்சாரம் மூலம் மின்காந்த ஆற்றலை (Electromagnetic energy) ஆற்றலை உருவாக்கி அதை இயந்திர ஆற்றலாக (Mechanical energy) மாற்றும் மெஷினுக்கு மின்சார மோட்டார் (Electric motor) என்று பெயர். அன்றாட வாழ்க்கையில் மின் மோட்டார்களின் பயன்கள் ஏராளம். இவை மனித வாழ்வினை அவ்வளவு எளிதாக்கியுள்ளது. மோட்டார்கள், ஏ.சி. மற்றும் டி.சி. மின்சாரத்தில் இயங்கும் விதத்தில் உருவாக்கப் படுகின்றன.

854) மின்காந்தப் புலம் (Magnetic field), மின்னோட்டம் (Current) மற்றும் இயந்திர அசைவு (Mechanical movement) போன்ற சமாச்சரங்கள் ஒன்றுக்கொன்று செங்கோணத்தில் அமைகின்றன என்பது இயற்பியல் விதி. அதா-வது மேற்கிலிருந்து கிழக்கே செல்லும் ஒரு மின்காந்தப் புலத்தினூடே ஒரு மின் கடத்தியை மேலிருந்து கீழே அசைத்தால் அக்கடத்தியின் ஊடாக தெற்கிலிருந்து வடக்கு நோக்கி ஒரு மின்னோட்டம் இருக்கும். அதேபோல் மின் கடத்தியை கீழி-லிருந்து மேல் நோக்கி அசைத்தால், எதிர் திசையில் மின்னோட்டம் இருக்கும். இந்த அடிப்படை விதியே, மின் மோட்டார்கள் இயங்குவதற்குக் காரணமாகின்றன.

855) காந்தப் புலத்தில் வைக்கப்பட்டுள்ள மின்கடத்தி (Coil) வழியாக, மின்னோட்டம் பாயும்போது, காந்தப்புலத்திற்கும் மின்னோட்டத்திற்கும் இடையே உள்ள தொடர்பினால் ஒருவகையான 'முறுக்கு சக்தி (Torque)' உண்டாகிறது. இது தொடர்ச்சியாக செயல்படும்போது, ரோட்டாரானது (Rotor) சுழற்றப்படுகிறது. ஸ்டேட்டார் (Stator), ரோட்டார் மற்றும் திசைமாற்றி (Commutator) போன்-றவை ஒரு மோட்டாரின் முக்கிய பாகங்களாகும்.

856) நீர் இறைக்கும் இயந்திரம் (Water pump), ஒரு மின்சார மோட்-டாருடன் இணைக்கப்பட்டு சுழற்றப்படும்போது அதன் உள்ளே இருக்கும் காற்றாடி போன்ற ஒரு சாதனமும் (Impeller) சுழல்கிறது. இந்த வேகமான சுழற்சியினால், காற்றானது வெளித் தள்ளப்பட்டு அங்கே அழுத்தக்குறைவு (Partial vacuum) ஏற்படுகிறது. இதைச் சமப்படுவதற்காக (To balance), அதனுடன் இணைக்-கப்பட்டுள்ள குழாய் வழியாக நீரானது மேலேறி அழுத்தத்துடன் வெளியே தள்-ளப்படுகிறது. இது தொடர்ச்சியாக நடைபெறும்போது, ஆழத்தில் உள்ள நீரானது உறிஞ்சப்பட்டு வெளியே இறைக்கப்படுகிறது. இப்படித்தான் நீர் இறைக்கும் பம்ப் வேலை செய்கிறது.

857) 'அனல் மின் நிலையம் (Thermal power station)' என்பது, வெப்ப ஆற்றலை மின் ஆற்றலாக மாற்றித்தரும் நிலையமாகும். எரிபொருட்களை (Fuels) எரித்து, பாய்லர்களில் (Boiler) நீரைச் சூடாக்கி, அதிக வெப்பம் மற்றும்

அழுத்தத்துடன் நீராவியை (Superheated steam) உண்டாக்கி, அதிலிருந்து நீராவி டர்பைன் (Steam turbine) இயக்கப்பட்டு அதனுடன் இணைக்கப்பட்-டுள்ள ஜெனரேட்டர்களிலிருந்து (Electric generator) மின்சாரம் தயாரிக்கப்ப-டுகிறது.

858) நிலக்கரி, பெட்ரோலியம், இயற்கை எரிவாயு, அணு சக்தி, போன்றவை தெர்மல் பவர் பிளாண்ட்டுகளுக்கு எரிபொருளாகப் பயன்படுகின்றன.

859) பாய்லர்களில் அதிவெப்ப அழுத்தத்தில் நீரைச் சூடாக்கி, சூப்பர் ஹீட்-டட் ஸ்டீம் தயாரிக்கப்படுகிறது. இந்த அதிவேக ஸ்டீமானது, நாசில்கள் வழி-யாக வினாடிக்கு 50 மீட்டர் என்கிற வேகத்தில் வெளியேறி, டர்பைன் பிளே-டுகளில் மோதி அதை அதிவேகமாக (வினாடிக்கு 50 முதல் 60 சுற்றுக்கள் வரை) சுற்ற வைக்கிறது. டர்பைனிலிருந்து வெளியாகும் ஸ்டீமானது கண்டன்சர்-களில் அழுத்தம் மற்றும் வெப்பம் குறைக்கப்பட்டு மீண்டும் நீராக மாற்றப்படுகிறது. இந்த ப்ராஸஸை 'ரேன்க்கைன் சைக்கிள் (Rankine cycle)' என்பார்கள். பின்-னர், கண்டன்சரில் உள்ள நீரானது மீண்டும் பம்புகள் மூலம் அதிக அழுத்தத்து-டன் பாய்லர்களுக்கு அனுப்பப்படுகிறது. இந்நிகழ்வு தொடர்ச்சியாக நடைபெறுகி-றது.

860) 'கேஸ் டர்பைன் (Gas turbine)' என்பது, வெளிக்காற்றானது, கம்ப்ரஸ்ஸர்கள் (Compressor) மூலம் உறிஞ்சி, அதை வெப்ப மாற்றமில்லா (Constant temperature) முறையில் அழுத்திய, காற்றை (Compressed air), எரிக்கும் அறைக்குள் (Combustion chamber) செலுத்தப்படுகிறது. அதே சமயம் நாசில்கள் (Nozzles) மூலம் எரிவாயுவானது எரிக்கும் அறைக்குள் சிறிது சிறிதாக செலுத்தப்படுகிறது. எரிக்கும் அறைக்குள் எரிவாயுவும், காற்றும் கலந்து அதிக வெப்ப வாயுவாக மாற்றப்படுகிறது. இந்த வெப்ப வாயு, டர்பைன்க-ளின் பிளேடுகள் (Blades) வழியாக செலுத்தப்படும்போது டர்பைன் சுழலுகிறது. அதனுடன் இணைக்கப்பட்டுள்ள ஜெனரேட்டரும் (Generator) சுழன்று மின்சா-ரத்தை உற்பத்தி செய்கிறது. கேஸ் டர்பைன்கள், 'பிரைட்டான் சைக்கில் (Bryton cycle)' என்ற வெப்ப இயக்கவியல் சுழற்சி மூலம் இயக்கப்படுகிறது.

861) ஆரம்ப காலங்களில் IC எஞ்சின்கள்தான் பவர் பிளாண்ட்டுகளில் பயன்படுத்தப்பட்டது. டர்பைன்கள் அதிக வேகம், மற்றும் எஃபிஸியன்சி கொண்ட-தாகவும், கம்பாக்ட் டிசைனாகவும் இருப்பதாலும், வேகத்தை எளிதில் ஸ்டடியாக வைக்க முடியும் என்பதாலும், 1892 களிலிலிருந்து ஐ.சி எஞ்சின்களுக்கு மாற்றாக ஸ்டீம் டர்பைன்களை பயன்படுத்த ஆரம்பித்தார்கள்.

862) 'நீர் மின் நிலையங்களில் (Hydel power stations)', உயரத்தி-லிருந்து விழும் தண்ணீரின் இயக்க ஆற்றலைப் பயன்படுத்தி, வாட்டர் டர்-பைன்களை சுழற்றி, அதனுடன் இணைக்கப்பட்டுள்ள ஜெனரேட்டர்களை இயக்கி

மின்சாரம் தயாரிக்கப்படுகிறது. உலகின் மொத்த மின்சார உற்பத்தியில் 20% இவ்வகையில் தயாரிக்கப்படும் மின்சாரமே.

863) 'காற்றாலைகளில் (Wind mill)', காற்று வீச்சினால் உண்டாகும் ஆற்றலைப் பயன்படுத்தி, டவர்களில் பொருத்தப்பட்டுள்ள ஃபேன்களை சுழற்றி, அதனுடன் இணைக்கப்பட்டுள்ள ஜெனரேட்டர்களை இயக்கி அதன் மூலம் மின்சாரம் தயாரிக்கப்படுகிறது.

864) 'அணு மின் நிலையங்களில் (Atomic power plants)', ஒன்று அல்லது பல அணுக்கரு உலைகளிலிருந்து வரும் வெப்ப ஆற்றலைப் பயன்படுத்தி, அதன் மூலம் மின்சாரம் தயாரிக்கப்படுகிறது. இங்கு யுரேனியம், தோரியம் போன்ற தனிமங்களின் அணுக்கருக்களை எரிபொருளாகப் பயன்படுத்துகிறார்கள்.

865) 'சூரிய ஒளி மின்சாரம் (Solar power)' என்பது, சூரிய ஒளியிலிருந்து மின்சாரத்தை தயாரிக்கக் கூடிய முறையாகும். ஃபோட்டோ வோல்ட்டாயிக் செல் (Photovoltaic cell) எனப்படும் சிறிய பேட்டரிகளை தேவையான அளவிற்கு பல வகைகளில் இணைத்து பிளேட் வடிவத்தில் அமைக்கப்படுவதுதான் சோலார் பேனல் ஆகும். இதிலிருந்து கிடைக்கும் மின்சாரத்தை பேட்டரிகளில் சேமித்து, அதை ஏசி மின்சாரமாக மாற்றி பயன்படுத்தும் முறையாகும். பேட்டரிகளில் சேமிக்காமல், டி.சி. யை ஏ.சி. யாக மாற்றியும் பயன்படுத்துகிறார்கள்.

866) கடல் அலைகளின் இயங்கு ஆற்றலைக் கொண்டு மின்சாரம் தயாரிக்கும் முறையை 'கடலலை மின்சாரம் (Tidal power)' என்கிறார்கள். கடலின் நடுவே படகு போன்ற ஒரு சிறிய நிலைய அமைப்பில் 10 மீட்டர் சுற்றளவு கொண்ட 20 பிளாஸ்டிக் மிதவைகள் இணைக்கப்பட்டு, கடல் அலையின் உந்து சக்தியால், இந்த மிதவைகள் மேலும் கீழுமாய் அசையும்போது ஏற்படும் ஆற்றலை சுழலும் ஆற்றலாக மாற்றி, மின்சாரம் தயாரிக்கப் படுகிறது.

867) 'ஹோலோகிராம் (Hologram)' என்பது இல்லாத ஒரு பிம்பத்தை திரையின் மூலமாக உருவாக்குவது. அதாவது ஒருவரை உங்கள் முன்னால் இருப்பது போன்ற மாயத் தோற்றத்தை இதன் மூலமாக உருவாக்கி, அது பொய்யான தோற்றம் என்றாலும், புதிய டெக்னிக்குகளைப் பயன்படுத்தி அதை உண்மையென்று நம்ப வைக்கும் உத்தியாகும்.

868) ஹோலோகிராம் தொழில் நுட்பத்தைப் பயன்படுத்தி 3D முறையில் காட்சிகளை உண்டாக்குவதன் மூலம், மாணவர்கள் பாடங்களை எளிதில் புரிந்து கொள்வார்கள். இது அறிவியல் பாடங்களை ஈசியாக புரிவதற்கு பெரிதும் உதவுகிறது.

869) சர்கஸில் விலங்குகளை வைத்து சாகசங்கள் நடத்துவதற்கு பல நாடுகளில் எதிர்ப்புகள் இருப்பதால், இந்த ஹோலோகிராம் டெக்னிக்கைப் பயன்படுத்தி ரியலாக விலங்குகள் சாகசம் செய்வதுபோல், ஜெர்மனியிலுள்ள 'ரங்கேள்ளி' என்-

கிற சர்கஸ் கம்பெனி விலங்குகளின் சாகசங்களை காட்டியது மக்களின் அமோக வரவேற்பைப் பெற்றதாம்.

870) நிஜத்தில் பார்ப்பதுபோல் 3D காட்சிகளை உங்கள் ஸ்மார்ட் ஃபோன்-களில் நீங்களே பார்த்துக் கொள்ளும் வசதி விரைவில் வரப்போகிறதாம். இதில் நானோ ஹோலாகிராம் தொழில் நுட்பம் பயன்படும்.

871) மனிதக் கற்பனையை கம்ப்யூட்டரில் புகுத்தி, தலையில் அணிந்து கொண்டு கண்முன் காணும் அத்தனையையும் முப்பரிமாண முறையில் விஷு-வலை கண்டு ரசிக்க 'மியூச்சுவல் ரியாலிட்டி (Virtual reality)' ஹெட்செட்கள் தற்போது வந்துள்ளன.

872) கொள்ளையர்கள் நம் வீட்டில் நுழைந்தால் நமக்கு மரண பயம் வந்து என்ன செய்வதென்று தெரியாமல் திகைத்துப் போவோம். டோன்ட் வொர்ரி, இப்-போது 'விர்ச்சுவல் ரியாலிட்டி' டெக்னிக்கைப் பயன்படுத்தி, வீட்டில் நுழையும் திரு-டர்களைக் கண்டுபிடிக்கவும், ஆள் உள்ளே இருப்பதுபோல் மிமிக்ரி குரல் கொடுப்-பதும், நம்மைப்போல் உருவத்தைக் காட்டி திருடர்களை விரட்டியடிக்கலாம். நீங்கள் வீட்டில் இல்லாவிட்டாலும், அங்கே இருப்பதுபோல் மாயத் தோற்றத்தை உருவாக்-கலாம். உங்கள் மாயத் தோற்றத்தை திருடன் தாக்கினாலும் உடனே, கத்திக் கூப்-பாடு போடச் செய்யலாம். ஜன்னல் கதவை யார் திறந்தாலும், 'யாரப்பா அது' என்று கேட்கச் செய்யலாம்.

873) ஒரு வேலையை தொடர்ச்சியாக நாம் செய்து கொண்டே இருந்தால் நிச்சயமாக சலிப்புத்தட்டி விடும். உதாரணமாக, ஒரு பாக்ஸின் மூடியைப் பொருத்தி ஸ்க்ரூ போட்டு டைட் செய்யவேண்டும். இதை தொடர்ச்சியாகவும், வேகமாகவும் செய்வதற்கு 'ரோபோட்டுகளை (Robot)' பயன்படுத்தினால் அந்த வேலையை மிக வேகமாகவும், நேர்த்தியாகவும், செலவு குறைவாகவும் செய்து முடிக்கும். இவை தொழிற்சாலைகளில் ரொம்பவும் பயன்படுகின்றன.

874) பொதுவாக ரோபாட்டுகளில் முக்கிய மூன்று பாகங்கள் இருக்கும். 1) மூளையாக செயல்படும் 'கன்ட்ரோலர்'. இது புரோகிராம் செய்யப்பட்ட கம்ப்யூட்ட-ரின் உதவியுடன் செயல்படுகிறது. ரோபாட்டின் அசையும் பாகங்களுக்கு தேவை-யான ஆணைகளை இடுவதே இதன் வேலை. 2) மோட்டார், பிஸ்டன், க்ரிப்பர்-கள், வீல்ஸ், கியர்கள் போன்ற பல இயந்திர பாகங்கள். 3) சுற்றுச் சூழ்நிலையை தெரிவிக்கும் சென்ஸார்கள். அதாவது ரோபாட்டானது தூக்க வேண்டிய பொரு-ளின் பருமன், உருவ அமைப்பு, நகர்த்த வேண்டிய தூரம், திசை மற்றும் அதன் வெப்பநிலை, அழுத்தம் போன்ற எண்ணற்ற தகவல்களை சென்ஸார்கள் சேகரித்து, கண்ட்ரோல் சிஸ்டத்திற்கு அனுப்புகிறது.

875) நேனோ ரோபாட்டுகள், மைக்ரோஸ்கோப்பிக் லெவலுக்கு சிறிதாகச் செய்யப்பட்டு, மிகச்சிறிய இடங்களுக்குள்ளேயும் சென்று செயல்படும் வல்லமை

கொண்டது. உடலின் உள்ளே ஈசியாக சர்ஜரி செய்யமுடியாத இடங்களுக்குக் கூட அனுப்பி ஆப்பரேஷன் செய்ய முடியுமாம். உடம்பில் தீங்கு தரும் பாக்டீரியாக்களை இனம் கண்டு, அவைகளை சரி செய்வதற்குக்கூட பயன்படுமாம். கேன்சர் செல்களை இனம் கண்டு மற்ற நல்ல செல்களை அழித்திடாமல் ட்ரீட்மெண்ட் கொடுக்க இவ்வகை ரோபாட்டுகள் எதிர்காலத்தில் உதவியாய் இருக்குமாம்.

876) 'ஹ்யூமனாய்டு (Humanoid)' என்பது மனித வடிவில் இருக்கும் ரோபாவாகும். ஹாங்காங்கில் தயாரிக்கப்பட்ட 'ரோபோ சோபியா' என்கிற ரோபாட்டுக்கு சஹூதி அரசாங்கம் குடியுரிமை வழங்கி இருக்கிறது. அந்த நாட்டின் அரசப் பிரதிநிதியாக, நேபாளத்தின் தலைநகர் காத்மாண்டில் நடந்த அறிவியலின் மாநாட்டில் கலந்து கொண்டு, 'பொதுச்சேவைகளில் தொழில்நுட்பத்தின் தேவை' என்கிற தலைப்பில் உரையாற்றியதாம். பேசும்போது இடையிடையே ஜோக்குகள் கூட சொல்லி அசத்தியதாம்.

877) 'ஆர்ட்டிஃபிசியல் இண்டெலிஜென்ஸ் (Artificial Intelligence-AI)' என்பது கம்ப்யூட்டர்களுக்கும் ரோபோட்டுகளுக்கும் மனித நடவடிக்ககளை கற்றுக் கொடுப்பதாகும். உங்கள் முகத்தை உற்றுக் கவனித்துவிட்டு மீண்டும் உங்களை சந்தித்தால், 'ஹாய், எப்படி இருக்கே, பார்த்து நாளாச்சே' என்றுகூட விசாரிக்கும் அளவுக்கு அவைகளை பழக்க முடியும். சில நேரங்களில் உங்கள்மீது கோபமோ எரிச்சலோ கூட படலாம். அல்லது ஆசையில் உங்களுக்கு முத்தம் கூட தரலாம். தயாராய் இருங்கள்.

878) சில ரோபோட்டுகளை, அதனைச் சுற்றி நடக்கும் தற்போதைய நிலவரத்தை ஆராய்ந்து, ஃப்யூச்சரில் எப்படி நடக்க வேண்டும் என ஆணையிடவும் அதை பயிற்றுவிக்கலாம். இதுவெல்லாம் ஆர்ட்டிஃபிசியல் இண்டெல்லிஜென்ஸின் பயன்பாடுகளே. என்னதான் டெக்னாலஜியில் உயர்ந்த ரோபோட்டுகள் வந்தாலும், மனித மூளையின் சிந்திக்கும் திறனுக்கு அவை ஈடுகொடுக்க முடியாது. மனிதன் இதுவரை அதிகபட்சமாக 5% அளவுக்குக்கூட தன் மூளையை சரிவர யூஸ் செய்யவில்லையாம். (ரொம்ப ஃப்ரெஸ்ஸா வச்சிருக்கோம்) மனித மூளை அவ்வளவு மகத்தானது!.

879) உலகில் உயிரானது, பிழைத்திருக்க கடின போட்டி நிலவிக்கொண்டே இருக்கும். அதில் தக்க தகவமைப்புகளைப் பெற்றவை மட்டுமே பிழைத்திருக்கும் (Fittest will survive). இயற்கையானது தன் போக்குகளுக்குத் தக்கவாறு தகவமைத்துக் கொண்ட உயிர்களை மட்டுமே வாழ வைக்கிறது என்கிறார் டார்வின். அப்படியானால் உலகில் எல்லா உயிரின வகைகளும் வாழ்ந்து கொண்டுதானே இருக்கிறது?. அதற்கு என்ன பதில் சொல்லப் போகிறார்கள் டார்வினிஸ்டுகள்?.

880) கடவுள் மறுப்பிற்கு 'டார்வினின் தத்துவம்' உதவுவதால், அவரின் கொள்கையை சிலர் ஏற்றிப் போற்றுகிறார்களே தவிர, விஞ்சான ரீதியாக நிருபிக்கப்பட்ட உண்மையல்ல. சில உயிரினங்கள் காலப்போக்கில் வேறு உயிரினமாக வளர்ச்சி பெற்றன. பலகோடி ஆண்டுகளுக்குப் பிறகு குரங்கு என்ற இனமாக ஆனது. பின்னர் பல கோடி ஆண்டுளுக்குப் பிறகு குரங்கிலிருந்து பரிணாம வளர்ச்சி பெற்று மனிதன் வந்தான் என்பதெல்லாம் சுத்த பொய். மரபணு அறிவியல் வளர்ச்சி பெற்ற இக்காலத்திலும் அவரின் கொள்கைகளை உண்மையென நம்புவது மகா அபத்தம்.

881) குரங்குக்கும் மனிதனுக்கும் உருவ அமைப்பில் மிகுந்த ஒற்றுமை இருப்பதுதான், டார்வினின் இந்த அனுமானத்திற்குக் காரணம். ஆனால் உள்ளுறுப்புகளில் (Internal organs) இவைகளுக்கிடையே ஒற்றுமை ஏதுமில்லை. குரங்கின் இரத்தைக் கூட மனிதனுக்கு ஏற்ற முடியாது. தினம் சில குரங்குகள் எங்காவது மனிதக் குழந்தையை பெற்றுள்ளதாகவோ, மனிதன் குரங்கு குட்டியை பெற்றாள் என்பதையோ எங்கேயும் பார்க்க முடியவில்லை.

882) தற்காலத்தில் 'ஜீனோம்' கண்டுபிடிப்புக்குப் பின்னர், முழு மனித குலமும் ஒரு ஆப்பிரிக்கத் தாயிலிருந்து வந்தவர்கள் என்பதைக் கண்டுபிடித்து, டார்வினின் கொள்கையை சவக்குழியில் புதைத்து விட்டனர்.

883) 'கேயாஸ் தியரி (Kayas theory)' அல்லது 'வண்ணத்துப்பூச்சி விளைவு Butterfly effect)' என்பது ஒரு ஒழுங்கற்ற நிலையில் இருக்கும் ஒரு ஒழுங்கான நிகழ்வைக் குறிக்கிறது. என்ன குழப்புகிறதா? உதாரணமாக ஒரு மழைக்காலத்தில் ஒரு குறிப்பிட்ட தேதியில் மழை பெய்திருக்கலாம். அடுத்த ஆண்டும் இதே மாதம் மற்றும் தேதியில் மழை பெய்யுமா என்று உறுதியாக சொல்ல முடியாது. ஆனால், ஒரு வருடம் முழுவதும் கவனிக்கும்போது ஒரு குறிப்பிட்ட பருவத்தில் மழைக்காலம் என்று வருகிறது. அதில் மழையும் பெய்கிறது. இதுதான் 'கேயாஸ்' என்கிற சமாச்சாரம்.

884) 1970களில் 'லாரன்ஸ்' என்பவர் இப்படிச் சொன்னார், "பிரேசிலில் ஒரு வண்ணத்துபூச்சி சிறகடித்தால், அதன் விளைவானது, அமெரிக்காவின் டெக்ஸாஸில் புழுதிப் புயலை ஏற்படுத்துமா?" இப்படியான விதத்தில் சிந்தித்தார். நீங்கள் என்ன சொல்கிறீர்கள்? அப்படி நடக்குமா? நடக்காதா?. அப்படி நடக்க வாய்ப்பிருக்கிறது என்றுதான் நினைக்கத் தோண்றுகிறது. உலகில் ஒவ்வொரு நிகழ்வும் ஏதாவது ஒன்றுடன், ஏதோ ஒரு விதத்தில் தொடர்புடையவையாகத்தான் இருக்கிறது. உதாரணமாக ஒரு உணவகத்தில் சமைக்கும் உணவுகளின் மணமானது, பக்கத்தில் குடியிருப்புகளில் வசிப்பவர்களின் அனிச்சை செயலால் அவர்களின் செரிமான மண்டலம் தூண்டப்பட்டு, உணவு உண்ணாமல் இருக்கும்போது, இரைப்பையில் அமிலம் சுரந்து அல்சர் போன்ற பிரச்சினைகள் உருவாகலாம்.

885) '1 குதிரை சக்தி (Horse power)' ஒரு ஹார்ஸ் பவர்' என்பது, ஒரு கிலோ நிறை கொண்ட ஒரு பொருளை 75 மீட்டர் தொலைவுக்கு ஒரு நொடியில் கடத்தும் சக்தியின் அளவாகும். அல்லது 75 கிலோ நிறையுள்ள ஒரு பொருளை ஒரு நொடியில் 1 மீட்டர் தூரம் கடத்தும் சக்தியாகும். 1 H.P என்பது 0.746 கிலோவாட் சக்தியாகும்.

886) 1000 வாட் மின்சக்தியை ஒரு மணிநேரம் பயன்படுத்தினால் அது ஒரு கிலோவாட் மணி (1 kilowatts hour- 1 Kwh) இதனை 'ஒரு யூனிட்' மின்-சாரம் என்பார்கள். 40 வாட்ஸ்களுடைய 25 டியூப் லைட்டுகள் ஒரு மணி நேரம் தொடர்ச்சியாக வேலை செய்தால், ஒரு யூனிட் மின்சாரத்தை உபயோகித்து இருக்-கிறோம் எனலாம்.

887) அதிவேக ஓட்டக்காரர் ஹூசைன் போல்ட் 100 மீட்டர் ரேஸ் ஓடும்-போது அவர் வெளிப்படுத்தும் பவர் எவ்வளவு தெரியுமா?. 100 மீட்டர் ஓட்டம் ரெக்கார்ட் டைம் 9.58 வினாடி. அவரின் நிறை 95 கிலோ. ஃப்ரிக்ஷனல் கோ-எஃப்சியண்ட் = 0.15 எனில், அவர் வெளிப்படுத்திய சக்தி = (0.15 x 95 x 100)/(9.58 x 75) = 1.98 ஹார்ஸ் பவர். சுமாராக, 2 குதிரைகள் வெளிப்படுத்தும் சக்தியை 10 வினாடிகளுக்கு வெளிப்படுத்தி இருக்கிறார். சச் எ பவர்ஃபுல் பெர்சன்!.

888) 100 மீட்டர் ஓட்டப் பந்தையத்தின் சில சுவாரசிய தகவல்கள்: முதல் ஒலிம்பிக் கேமில் 100 மீட்டர் ரேசின் ரெக்கார்ட் டைம் 12 வினாடிகளாகும். அதிவேக ஓட்டக்காரர், உசைன் போல்ட்டின் ரிக்கார்ட் டைம் 9.58 வினாடி. அதாவது 37.578 km/hr. ஓடும்போது, தன் உடல் எடையைவிட சுமார் ஐந்து மடங்கு எடையை, 0.085 வினாடியிலிருந்து 0.09 வினாடிக்குள் பூமிக்குள் செலுத்துகிறார். எதிர் காலத்தில் எல்லாவித நவீன டெக்னிக்குகளைப் பயன்படுத்-தினாலும், 9 வினாடிக்குக் குறைவான நேரத்தில் 100 மீட்டர் தூரத்தை கடக்கவே முடியாது என்று, வல்லுனர்கள் கணக்கிட்டு சொகிறார்கள்.

889) வேலை செய்யும் திறமையை 'ஆற்றல்' அல்லது 'திறன் (Power)' என்று சொல்லலாம். இவ்வுலகிற்கு ஆற்றலை வழங்கும் மிகப்பெரிய முக்கியமான பொக்கிஷம் நமது சூரியன்தான். திறன் (Power) என்பது, ஒரு வேலையை எவ்வளவு வேகத்தில் செய்கிறோம் என்பதாகும். திறன் = ஆற்றல்/நேரம். ஒரே வேலைகளை இருவர் தனித்தனியாய் செய்யும்போது, முதலாமவர் 1/2 மணி நேரத்திலும், இரண்டாமவர் 1 மணி நேரத்திலும் செய்து முடிக்கிறார் என்றால், முதலாமவரின் வேலை செய்யும் திறன், இரண்டாமவரைவிட இரு மடங்கு அதி-கம்.

890) ஒரு ஜூல் = 0.239 கலோரி (1 கலோரி = 4.18 ஜூல்), ஒரு நாளைக்கு சராசரியாக ஒரு ஆணுக்கு 2500 முதல் 3200 கிலோ கலோரிக-

ளும், ஒரு பெண்ணுக்கு 2000 முதல் 3000 கிலோ கலோரிகள் வரை சக்தி தேவைப்படுகிறது. இந்த சக்தியானது அவர்கள் உண்ணும் உணவிலிருந்தும், சூரிய ஒளியிலிருந்தும் பெறப்படுகிறது.

891) ஆற்றலானது, நிலையாற்றல், இயக்க ஆற்றல், வெப்ப ஆற்றல், இரசாயன ஆற்றல், மின்னாற்றல், ஒளியாற்றல், ஒலியாற்றல், அணு ஆற்றல் என பல வகைப்படும்.

892) நவீன விஞ்சானத்தின் முன்னோடியான, ஜன்ஸ்டீனின் உலகப்புகழ் பெற்ற சமன்பாடு, $E = m.c\ 2$ ஆகும். இது ஒரு பொருளின் ஆற்றலுக்கும் அதன் நிறைக்கும் உள்ள தொடர்பை சொல்கிறது. ஒரு பொருளின் நிறையைக்-கூட மிகப்பெரும் ஆற்றலாக மாற்றமுடியும். உதாரணமாக ஒரு சிறிய நாணயத்தின் மொத்த நிறையையும் மிச்சம் மீதியின்றி ஆற்றலாக மாற்ற முடிந்தால், தமிழ்நாட்-டின் ஒரு நாளைக்கான மின்தேவையை தாராளமாக நிறைவேற்றலாம்.

893) ஒரு சிறு நாணயத்தின் நிறை 10 கிராம் (0.01 கிலோ கிராம்), ஒளியின் வேகம் வினாடிக்கு 3,00,000 கிலோமீட்டர் (30,00,00,000 மீட்டர்). $E = m$ $c\ 2$ என்கிற சமன்பாட்டின்படி, அந்த சிறு நாணயத்தை முழுவதுமாக ஆற்றலாக மாற்றினால் கிடைக்கும் ஆற்றலின் மொத்த அளவு = $0.01 \times (30,00,00,000)$ $2 = 90,00,00,00,00,00,000$ (தொன்னூறு லட்சம் கோடி) ஜூல்கள். அதாவது சுமார் 30 கோடி மக்களின் ஒரு நாளைக்குத் தேவையான கலோரி சக்தியை பெற முடியும்!.

894) ஆற்றலை ஆக்கவோ அழிக்கவோ முடியாது. அது ஒரு நிலையி-லிருந்து வேறு நிலைக்கு மாறுகிறது. உதாரணமாக காற்று வீசும்போது அதன் ஆற்றலானது காற்றாலையின் இறக்கைகளை சுழற்றி இயந்திர ஆற்றலாக மாற்றி, அது ஜெனெரேட்டர் மூலம் மின்னாற்றலாக மாறுகிறது. அந்த மின் ஆற்றலைக் கொண்டு ஒளியாற்றல், வெப்ப ஆற்றல் மற்றும் இன்ன பிற ஆற்றலாக மாற்றப்படு-கிறது. எனவே ஒரு ஆற்றல் கடைசி வரை அழிவதேயில்லை. ஒன்று வேறொன்-றாகத்தான் மாறும். இதை 'ஆற்றல் அழிவின்மை விதி (Law of conservation of energy)' என்கிறோம்.

895) ஆற்றல் மாறாக் கோட்பாடு எனும் விதி, நம் பூமியில் எல்லா ஆற்றல்க-ளுக்கும் பொருந்துவது போல், முழுப் பிரபஞ்சத்திற்கும் பொருந்துமா என்று கேட்-டால் அதற்கு விடை சொல்ல முடியாது. ஆனால் பூமிக்குக் கிடைக்கும் ஆற்-றலின் பெரும்பங்கு நமது சூரியனிடமிருந்துதான் பெற்றுக்கொள்கிறோமே தவிர, மாறாக நாமாக உண்டாக்கிக் கொள்ள முடியாது என்பதுதான் உண்மை.

896) உலக அளவில் 'I C எஞ்சின்களின் (Internal combustion engines)' பயன்பாடு ரொம்பவும் அதிகம். எல்லா ஆட்டோமொபைல் வாகனங்-களும் இந்த எஞ்சின்களைத்தான் பயன்படுத்துகின்றன. இது தரும் ஆற்றலைக்

கொண்டுதான் இயங்குகிறது. இஞ்சினின் உட்புறத்தில் ஃபியூல்கள் எரிவதனால் இதற்கு 'உட்புற எரிதல்' எஞ்சின்கள் என்று பெயர்.

897) பிஸ்டன், சிலிண்டர், சிலிண்டர் ஹெட், கனெக்ட்டிங் ராடு, க்ராங்க் ஷாஃப்ட், கேம் ஷாஃப்ட், ஸ்பார்க் ப்ளக், இன்லெட் மற்றும் அவுட்லெட் வால்வ்ஸ், கார்புரேட்டர், ஃபியூல் இஞ்செக்டார், ஸ்பார்க் ப்ளெக், கூலிங் வாட்டர் ஜாக்கெட் போன்றவை I C இஞ்சினின் முக்கிய பாகங்களாகும்.

898) I C எஞ்சினின் கிராங்க் ஷாஃப்ட்டானது, சிலிண்டரின் உள்ளே ஏற்படும் ஒரு பவர் ஸ்ட்ரோக்கில் இரண்டு முறை சுழன்றால் அதை 4 ஸ்ட்ரோக் எஞ்சின் என்றும், அதே சமயம், ஒரு முறை சுழன்றால், அது 2 ஸ்ட்ரோக் எஞ்சின் என்றும் அழைக்கப்படும். கார் மற்றும் இதர வாகனங்களில் 4 ஸ்ட்ரோக் இஞ்சின்களும், மோட்டார் பைக் மற்றும் ஸ்கூட்டர்களில் 2 ஸ்ட்ரோக் எஞ்சின்களும் பொதுவாக பயன்படுகின்றன.

899) I C — 4-ஸ்ட்ரோக் எஞ்சினில், இண்டேக் அல்லது சக்ஸன் ஸ்ட்ரோக்கில், இண்டேக் வால்வ் திறந்து சிலிண்டருக்குள் ஃபியூல் அனுப்பப்படுகிறது. இப்போது எக்ஸ்ஹாஸ்ட் வால்வ் மூடியிருக்கும். கம்ப்ரஸ்ஸிங் ஸ்ட்ரோக்கில், இண்டேக் மற்றும் எக்ஸ்ஹாஸ்ட் வால்வுகள் மூடியிருக்கும் நிலையில் ஃபியூல் மற்றும் காற்றுக் கலவையானது அழுத்தப்படுகிறது. அப்போது இக்னிஷன் ஸ்டார்ட் ஆகிறது. பவர் அல்லது வொர்க்கிங் ஸ்ட்ரோக்கில், அழுத்தப்பட்ட எரிபொருள் கலவை வெடித்து எரிக்கப்படுவதால் ஏற்படும் அழுத்தத்தினால் பிஸ்டன் மிக வேகமாக கீழே தள்ளப்படுவதால் பவர் உண்டாகிறது. எக்ஸ்ஹாஸ்ட் ஸ்ட்ரோக்கில், இன்லெட் வால்வ் மூடியும், எக்ஸ்ஹாஸ்ட் வால்வ் திறந்தும் இருக்கும் நிலையில் ஃபியூல்-காற்றுக் கலவை எரிந்தபின் ஏற்பட்ட புகை மற்றும் காற்று வெளித்தள்ளப்படுகிறது.

900) I C -2 ஸ்ட்ரோக் எஞ்சினின் பவர் ஸ்ட்ரோக்கில், ஃபியூல் மற்றும் காற்றுக்கலவை வெடிப்பதால் பிஸ்ட்டன் கீழ் நோக்கி அழுத்தப்படுகிறது. பின்னர் இண்டேக் வால்வ் அல்லது ட்ரான்ஸ்ஃபர் போர்ட் திறக்கிறது. இங்கு உள்ளே வந்த எரிபொருள் கலவையானது, ஏற்கனவே எரிக்கப்பட்டதால் மீதமுள்ள புகையும் காற்றும் எக்ஸ்ஹாஸ்ட் போர்ட் வழியாக வெளித்தள்ளப்படுகிறது. இந்த நிகழ்விற்கு 'ஸ்கேவஞ்சிங் (Scavenging)' என்று பெயர். இந்நிலையில், பிஸ்ட்டன், சிலிண்டரின் கீழ் பொஷிசனில் இருக்கும். அடுத்தது காம்ப்ரஸ்ஸன் ஸ்ட்ரோக்கின்போது, பிஸ்ட்டன் மேல் நோக்கி வந்து, ஃபியூல்-காற்றுக் கலவையை அழுத்துகிறது. 2 ஸ்ட்ரோக் இஞ்சினில் வால்வுகள் இல்லை.

901) பெட்ரோல் அல்லது இயற்கை எரிவாயுவானது இஞ்சினின் வெளியே காற்றுடன் 'கார்புரேட்டர்' எனும் சாதனம் கொண்டு குறிப்பிட்ட விகிதத்தில் கலக்கப்பட்டு, எஞ்சினின் உள்ளே சிலிண்டர்களுக்கு அனுப்பப்பட்டு, அங்கே பிஸ்டன்

கொண்டு அழுத்தப்படுவதால் அதிக வெப்ப நிலையும் அழுத்தமும் ஏற்படுகிறது. அதனால் அங்கு ஃபியூல் மற்றும் காற்றுக் கலவையானது, ஸ்பார்க் பிளக்கில் ஏற்படும் தீப்பொறியினால் வெடித்து எரிக்கப்படுவதால் பிஸ்டனானது, மிக அழுத்தம் மற்றும் வேகத்துடன் கீழ் நோக்கி அழுத்தப்படுகிறது. பிஸ்டன் மற்றும் கனெக்டிங் ராடின் மேல் மற்றும் கீழ் நோக்கிய இயக்கமானது (Reciprocating motion), அதனுடன் இணைக்கப்பட்டுள்ள கிராங்க் ஷாஃப்ட்டில் சுழலும் இயக்கமாக (Rotary motion) மாறி, அது சுழல ஆரம்பிக்கிறது. இவ்வாறு தொடர்ந்து நடைபெறுவதால் எஞ்சின் இயங்குகிறது. தேவைக்குத்தக்கவாறு வால்வுகள் திறந்தும் மூடியும் வேலை செய்கிறது.

902) இஞ்சினில் உள்ள இன்லெட் மற்றும் அவுட்லெட் வால்வுகளை கரெக்ட் டைமில் திறந்து மூடுவதற்கு 'காம் ஷாப்ட்' உதவுகிறது. கிராங்க் ஷாஃப்ட்டுடன், காம் ஷாஃப்ட்டானது, டைமிங் கியர், டைமிங் பெல்ட், செயின் ஆகியவற்றில் ஒன்றினால் இணைக்கப்பட்டிருக்கிறது. இதில் இருக்கும் 'ப்ரோஃபைல்' என்ற பகுதியுடன் வால்வ் ஸ்டெம்கள் உரசும்போது, வால்வுகள் மேலும் கீழும் அசைவதற்கு உதவுகிறது.

903) டீசல் இஞ்சின்களில் கார்புரேட்டர் இருக்காது. ஆனால், ஃபியூல் பம்ப் என்கிற சாதனம், டீசலை அதிக அழுத்தத்துடன் சிலிண்டருக்குள் பீய்ச்சுகிறது. அங்கே, ஏற்கனவே அழுத்தப்பட்ட காற்றானது மிகவும் சூடான நிலையில் இருக்கும். அதனால் அங்கே பீய்ச்சப்படும் டீசலுடன் கலந்து வெடித்து எரிக்கப்படுகிறது. பின்னர் மேற்கூறப்பட்ட முறையில் இஞ்சின் இயங்குகிறது.

904) 4 ஸ்ட்ரோக் எஞ்சின்களில் வாட்டர் கூலிங் முறையிலும், 2 ஸ்ட்ரோக் எஞ்சின்களில் ஏர் கூலிங் முறையிலும், சூடாகும் எஞ்சின்களின் சூடானது குறைக்கப்படுகிறது. கூலிங் சிஸ்டம் சரிவர இயங்காவிட்டால், இஞ்சின் ஓட ஆரம்பித்த கொஞ்ச நேரத்திலேயே அதிக சூடாகி, எஞ்சின் ஜாமாகி, பழுதுபட்டு நின்று விடும்.

905) 2 ஸ்ட்ரோக் எஞ்சின்கள், 4 ஸ்ட்ரோக் எஞ்சின்களை விட சிம்ப்பில் டிசைனாகவும், பவர்/எஞ்சின் வெய்ட் (அதாவது குறைந்த இஞ்சின் வெய்ட்டில் அதிக பவர்) அதிகமாக இருக்கும். ஆனால் புகை மற்றும் சவுண்ட் பொல்யூஷன் அதிகமாக இருக்கும். மொத்தத்தில் 4 ஸ்ட்ரோக் எஞ்சின்தான் 2 ஸ்ட்ரோக் எஞ்சினைவிட பவர்ஃபுல் மற்றும் எஃபிசியண்ட். ஆகவே கார் மற்றும் லாரி போன்ற ஹெவி வாகனங்களில் 4 ஸ்ட்ரோக் எஞ்சின்களும், பைக் மற்றும் ஸ்கூட்டர் போன்றவைகளில் 2 ஸ்ட்ரோக் எஞ்சின்களும் பயன்படுத்துகிறார்கள்.

906) I C எஞ்சின்களில் அதிகமான மூவிங் பார்ட்ஸ்கள் இருப்பதால், அவற்றிற்கிடையே ஏற்படும் உராய்வைத் தடுக்க, லியூப்ரிகேசன் ஆயில்கள் பயன்படுத்தப்படுகின்றன. 4 ஸ்ட்ரோக் எஞ்சின்களில், லியூப்ரிகேசன் ஆயில் தனியாக-

வும், 2 ஸ்ட்ரோக் எஞ்சின்களில், அதில் பயன்படுத்தப்படும் ஃபியூல்களுடன் கலந்தும் பயன்படுத்தப்படுகிறது.

907) உங்கள் காரின் ஹார்ஸ் பவரை இப்படி கணக்கிடலாம்: உதாரணமாக உங்கள் BMW கார் எஞ்சினின் முறுக்கு சக்தி (Torque) = 450 பவுண்ட்-ஃபூட் (lb-ft). இஞ்சின் ஸ்பீட் = 2,500 RPM. எனில், கார் எஞ்சினின் ஹார்ஸ் பவர் = Torque X Engine speed / 5252 = 450 X 2,500 / 5252 =214.2 HP.

908) ஒரு இஞ்சினின் cc என்றால் என்ன? cc என்பது கியூபிக் செண்டிமீட்டர் கன அளவு. இஞ்சினின் பிஸ்ட்டன் மேலிருந்து மேல்நோக்கி நகரும்போது ஒரு சிலிண்டரில் ஏற்படும் டிஸ்ப்லேஸ்மெண்ட் வால்யூம் X சிலிண்டர்களின் எண்ணிக்கை. உதாரணத்திற்கு, 6 சிலிண்டர்களைக் கொண்ட ஒரு இஞ்சினின் டிஸ்ப்லேஸ்மெண்ட் வால்யூம் 300 cm3 எனில், அந்த இஞ்சினை 1800 cc = 1.8 லிட்டர் (6 X 300 = 1800) எஞ்சின் என்கிறோம்.

909) ஒரு எஞ்சினின் எஃபிசியென்சி என்பது, அதனால் ஒரு குறிப்பிட்ட நேரத்தில் வெளிப்படுத்தப்படும் வேலையின் அளவிற்கும், அது இயங்க எடுத்துக்கொள்ளும் உஷ்ண சக்தியின் அளவிற்கும் உள்ள விகிதமாகும். அதாவது, எஃபிசியன்ஸ் = (வெளிப்படுத்தும் வேலை / கொடுக்கப்படும் உஷ்ண சக்தி) X 100. இதனை, சதவிகிதத்தில் சொல்கிறார்கள். ஃப்ரிக்ஸன் மற்றும் ஹீட் லாஸ்களினால், 100 சதவிகித எஃபிசியன்ஸியில் எஞ்சின்களை இயக்கவே முடியாது.

910) E C எஞ்சின்கள் என்பது 'வெளி எரி எஞ்சின்களாகும் (External combustion engine-E C)'. அதாவது ஃபியூல்கள் எஞ்சினின் வெளிப்புறமாக எரிக்கப்பட்டு, அதன் ஆற்றலைக்கொண்டு எஞ்சின்களை இயக்க வைக்கும் முறையாகும். நீராவி எஞ்சின்கள் இந்த முறையில்தான் இயங்குகிறது. இவ்வகை இஞ்சின்களின் எஃபிசியன்ஸி ரொம்பவும் குறைவாக இருப்பதால், தற்போது இவ்வகை எஞ்சின்கள் பொதுவாக பயன்பாட்டில் இல்லை.

911) இயங்கும் எல்லா மெக்கனிக்கள் மிஷின்களுக்கும் 'பிரேக்குகள் (Brakes)' ரொம்பவும் அவசியம். இயந்திரம் ஓடிக் கொண்டிருக்கும்போது அதில் திடிரென்று கோளாறுகள் ஏற்பட்டாலோ, வண்டியில் பயணிக்கும்போது ரோட்டில் ஏதும் திடிரென குறுக்கீடுகள் வந்தாலோ, இயந்திரத்தை உடனே நிறுத்துவதற்கு பிரேக்குகள் பயபடுகின்றன.

912) இயங்கிக் கொண்டிருக்கும் ஒரு இயந்திரத்தின் வேகத்தைக் குறைப்பதற்கோ அல்லது நிறுத்துவதற்காக பிரேக் பிடிக்கும்போது அதன் இயக்க ஆற்றலானது (Kinetic energy), உராய்வினால் (Friction) வெப்ப ஆற்றலாகவும் ஒலி ஆற்றலாகவும் மாறுகிறது. பிரேக் பிடிக்கும்போது, பிரேக் ட்ரம் (Brake drum) மற்றும் பிரேக் ஷூக்கள் (Brake shoe) சூடாவதையும், சப்தம் ஏற்படுவதையும்

காணலாம்.

913) ஒரு காரில் பிரேக்குகள் எவ்வாறு செயல்படுகிறது? ஹைட்ராலிக் சிஸ்ட்டம் முறையில் பிரேக்குகள் செயல்படுகின்றன. பிரேக் பெடலை அழுத்தும்போது மாஸ்டர் சிலிண்டரில் (Master cylinder) உள்ள ஆயிலானது பிஸ்டனை அழுத்தி, பிரேக் பேடுகள், பிரேக் டிஸ்கை (Brake disc) அழுத்துகிறது. கார் வீல்கள் பிரேக் டிஸ்குடன் இணைக்கப்பட்டுள்ளதால், சுற்றும் வீல்களின் வேகம் குறைக்கப்படவோ அல்லது முற்றிலுமாக நிறுத்தவோ செய்கிறது.

914) எலெக்ட்ரோ மேக்னட்டிக் இண்டக்ஷன் (Electromagnetic induction) மூலம் இயங்கும் பிரேக்குகளும் உள்ளன. பிரேக் பெடலானது அழுத்தப்படும்போது, பிரேக் ஷூ மற்றும் டிரம்களுக்கிடையே காந்த சக்தி ஏற்பட்டு இரண்டும் கவர்ந்து கொள்வதால், இரண்டிற்கும் இடையே ஏற்படும் உராய்வின் காரணமாக, வண்டியின் வேகம் குறைக்கப்பட்டு நிறுத்தப்படுகிறது.

915) ரயிவேயில் பயன்படும் ஏர் பிரேக்குகளானது (Air break) அழுத்தப்பட்ட காற்றின் உதவியுடன் இயங்கும் முறையாகும். 'ஜார்ஜ் வெஸ்டிங்ஹவுஸ் (George Westinghouse) எனும் நிறுவனம் இதை தயாரித்து வழங்குகிறது. ஒவ்வொரு பெட்டியிலும் ஏர்டேங்க்குகள் (Air tanks) பொருத்தப்பட்டுள்ளன. ரயில் ஓடும்போது ஏர்கம்ப்ரஸ்ஸர் (Air compressor) மூலம் அழுத்தப்பட்ட காற்றானது, ஏர்டேங்குகளில் நிரப்பபடுகின்றது. டிரைவர் மூலம் பிரேக்கிங் சிக்னல் (Breaking signal) கொடுக்கப்படும்போது, ஒவ்வொரு பெட்டியிலும் பொருத்தப்பட்டுள்ள ஏர்டேங்குகளின் ஏர், ரிலீசாகி, ஒவ்வொரு வீலிலும் பிஸ்டனை அழுத்துவதால், பிரேக் ஷூக்கள் பிரேக் ட்ரம்மை அழுத்தி வண்டியின் வேகம் குறைக்கப்பட்டு நிருத்தப்படுகிறது. எல்லா பிரேக்குகளும் ஒரே நேரத்தில் இயங்குவதால் ரயிலானது உடனே நிறுத்தப்படுகிறது.

916) ரயில்களில் ஆட்டோமேட்டிக் வேக்யூம் பிரேக்குகள் (Automatic vacuum brakes) பயன்படுகின்றன. தொடர்ச்சியான ஹோஸ் பைப்புகள் ரயில் முழுவதும் இணைக்கப்பட்டுள்ளன. அதில் எப்போதும் பகுதி வெற்றிடம் (Partial vacuum) இருக்குமாறு செய்யப்படுகிறது. டிரைவர், பிரேக் சிக்னலை ஆப்பரேட் செய்யும்போது, காற்றானது பைப்புக்ளில் நிரம்புகிறது. அப்போது பிஸ்டன்கள் ப்ரேக் ட்ரம்களை அழுத்தும்போது ஏற்படும் உராய்வினால் ரயிலின் வேகம் குறைந்து நிறுத்தப்படுகிறது. இந்த சிஸ்டம் பெரும்பாலும் இந்திய ரயில்வேயில் பயன்படுகிறது.

917) 'கியர் (Gear)' அல்லது பற்சக்கரம் என்பது இயங்கும் இயந்திரத்தின் ஒரு பகுதியாகும். சுற்றும் ஒரு ஷாஃப்டிலிருந்து மற்றொரு ஷாஃப்டிற்கு வேகத்தையும், முறுக்கு விசையையும் (Torque) கூட்டியோ, குறைத்தோ, திசையை மாற்றியோ செயல்பட வைக்கும் ஒரு இயங்கு சாதனமாகும். கியர்களின் சுற்றுப்புற

ஓரத்தில் ஒரு குறிப்பிட்ட எண்ணிக்கையில் சம அளவுள்ள கடினமான பற்கள் (Gear teeth) அமைந்துள்ளன. இரண்டு கியர்களின் பற்கள் இணைந்து முறுக்கு விசையை கடத்துகின்றன.

918) இணைந்திருக்கும் இரண்டு கியர் வீல்களின் பற்களின் எண்ணிக்கை விகிதத்தை கியர் ரேஷியோ என்பார்கள். கியர் ரேஷியோ = முதன்மை சக்கரதின் பற்களின் எண்ணிக்கை / இரண்டாம் சக்கரத்தின் பற்களின் எண்ணிக்கை. (Gear ratio = No of teeth in primary wheel / No of teeth in secondary wheel = N_1 / N_2)

919) வாகனம் ஓட்டும்போது கியர் மாற்றுவதை (Gear changing) ரொம்ப கவனமாகச் செய்ய வேண்டும். முதலில் ஆக்ஸிலேட்டரிலிருந்து காலை எடுத்து- விட்டு, கிளட்ச் பெடலை (Clutch pedal) அழுத்தி, இடதுகை பக்கமுள்ள (சில வண்டிகளில் வலது பக்கமுள்ள) கியர் ஹேண்டிலை லாவகமாக மாற்ற வேண்- டும். பிறகு கிளட்ச் பெடலை மெதுவாக விடும்போதே ஆக்சிலேடரை மெதுவாக அழுத்த, வாகனம் வெண்ணெயாய் வழுக்கி விரைந்து செல்லத் தொடங்கும். நீங்- கள் தவறாக கியர் மாற்றும்போது காரின் ஏடாகூடமான சப்தமே, நீங்கள் தவறு செய்கிறீர்கள் என்பதை அறிவுருத்தும். கியர் மாற்றுவதில் உள்ள கவனம் உங்கள் இஞ்சினுக்கு பாதுகாப்பாகும்.

920) தற்போது வரும் பெரும்பாலான ஆட்டோமேட்டிக் கியர் கார்களில் மேனுவல் கியர் வசதிகளும் இருக்கின்றன. ஆட்டோ கியர் கார்களில் கிளட்ச் பிளேட் இருக்காது (ஆனால் 'டார்க் கன்வர்ட்டர் (Torque converter) என்கிற சாதனம் இவ்வேலைகளைச் செய்கிறது). காரில் மலை ஏறும்போது, நிறைய கொண்டை ஊசி வளைவுகளை சந்திக்க நேரிடும். ஆதலால் மேனுவல் கியரில் மாற்றி ஓட்டுவது சிக்கல் இல்லாத பயணமாக இருக்கும். மேலும் கார் சகதியில் மாட்டிக் கொண்டாலோ, அதிக பாரமுடைய மற்ற காரை ட்டோ (Toe) செய்து இழுக்கும்போதோ மேனுவல் கியரில் மாற்றிக் கொள்வது நல்லது. மேலும் ஆட்டோ கியரில் கார் ஓடிக்கொண்டிருக்கும்போது எந்த நேரத்திலும் மேனுவலுக்கு ஈசியாக மாற்றிக் கொள்ளலாம்.

921) கியர்களில் ஸ்பர் கியர், ஹெலிக்கல் கியர், ரேக் அண்ட் பினியன், பிவல் கியர், மிட்டர் கியர், வார்ம் அண்ட் வார்ம் கியர், ஸ்க்ரூ கியர், இண்டெர்னல் கியர், பிளேனட் கியர், சன் அண்ட் பிளேனட் கியர் என பல வகைகள் உள்ளன. ஒவ்வொரு வகை கியர்களும் ஒரு குறிப்பிட்ட சிறப்பு அம்சங்களை பெற்றுள்ளன.

922) வாகனங்களில் 'கிளட்ச் (Clutch)' என்பது இஞ்சினையும் கியரையும் இணைக்கும் ஒரு உபகர்ணமாகும். கிளட்ச் வழியாகத்தான் இஞ்சினின் பவர், கியர் பாக்ஸுக்கு செல்கிறது. கியர் மாற்றும்போது, இஞ்சினிலிருந்து கிடைக்கும் ரொட்- டேஷனல் பவரை தற்காலிகமாக நிறுத்தி, பின்னர் கிளட்ச் பிளேட்டுடன் என்கேஜ்

செய்து பவர் சப்ளை செய்யப்படுகிறது. இதனால் கியர் மாற்றும்போது இஞ்சினை ஆஃப் செய்ய வேண்டிய அவசியம் இல்லை. மேலும் ஸ்மூத்தான ஓட்டத்திற்கும் கிளட்ச் உதவுகிறது.

923) கிளட்ச்சில் நான்கு முக்கிய பாகங்கள் உள்ளன: 1) கவர் பிளேட், இதில்தான் டயஃப்ராம் ஸ்ப்ரிங் எனும் பாகங்கள் உள்ளன. இது அதிர்வுகளைத் தாங்கி, சுலபமாக வண்டி ஓடுவதற்கு உதவுகிறது. 2) ப்ரஷர் பிளேட், 3) ட்ரிவன் ப்ளேட், இந்த இரு பிளேட்களும் என்கேஜ் செய்யப்படும்போது அதற்கிடையே உள்ள ஃப்ரிக்ஸ்னல் சர்ஃபேஸ்களின் காரணமாக அழுத்தமாக இணைந்து இஞ்சின் ஷாஃப்டும், கியர் ஷாஃப்டும் இணைந்து சுற்றுகிறது. 4) ரிலீஸ் பியரிங், கிளட்ச் பெடலை அழுத்தும்போது இந்த ஸ்ப்ரிங்குகளும் அழுத்தப்பட்ட, பிளேட்டுகள், டிஸ் என்கேஜ் ஆவதற்கு உதவுகிறது. எஞ்சினின் பவருக்குத் தக்கவாறு தற்போது மல்டி பிளேட் கிளட்சுகள் பயன்படுகின்றன.

924) கார் மற்றும் பஸ் போன்ற வாகனங்களில் கொஞ்ச தூரம் பயணம் செய்தாலே, நம் உடலில் ஒரு வித அசதியும், மூட்டுக்களுக்கிடையே வலியும் ஏற்பட்டு விடுகிறது. அதுவும் நம்ம ஊர் ரோட் கண்டிஷன்களில் இந்த அசவுக ரியங்கள் விரைவிலேயே ஏற்படுகிறது. வாகனங்களின் அதிர்வுகள் நம் உடலின் பாகங்களுக்கு அதிகம் கடத்தப்படுவதே இதற்குக் காரணம். ஸ்மூத் மற்றும் சுகமான பயணங்களுக்கு, 'சஸ்பென்சன் (Suspension)' எனும் மிதவை அமைப்பு, வாகனங்களுக்கு மிகவும் அவசியம்.

925) கார் டயர் தொடங்கி, உட்காரும் சீட் வரை, வாகனத்தின் 'சஸ்பென்சன்' சிஸ்டமானது ஒரு தொடர் அமைப்பில் வேலை செய்கிறது. இதில் டயர், டயர் ஏர் ப்ரஷர், ஷாக் அப்சார்பர், வீல்களுக்கிடையே உள்ள லின்கேஜ் ஆகியவை முக்கிய பாகங்களாகும். வண்டியின் அதிர்வுகள், முதலில் டயர்களின் வழியாக குறைக்கப்படுகிறது. முழு வண்டியின் வெயிட்டும் ஸ்ப்ரிங் மற்றும் ஷாக் அப்சார்பர்கள் மூலம் ஸ்மூத்தாகத் தாங்கப்படுவதால், அதிகமான வைப்ரேஷன்கள் குறைக்கப்பட்டு, நம் உடலைத் தாக்காமல் பாதுகாக்கிறது. மேலும் நாம் உட்காரும் சீட்களின் மிருதுத் தன்மையாலும், சுகமான பயணமாய் தொடர முடிகிறது. கார்களின் சஸ்பென்சன் அமிப்பானது, ரியர் வீல் சஸ்பென்சன், ஃப்ரெண்ட் வீல் சஸ்பென்சன், இண்டிவிஜூவல் சஸ்பென்சன் என பல வகைகளில் வாகனங்களின் அமைப்பு மற்றும் ரோடு கண்டிஷன்களுக்குத் தக்கவாறு அமைக்கப்படுகின்றன.

927) அதிக பாரம் கொண்ட பெட்டிகளை இழுக்கும்போதும், மேடான ட்ராக்குகளில் செல்லும்போதும், காய்ந்த மரத்தழைகள் மற்றும் இலைகள் தண்டவாளங்களில் உதிர்வதாலும், தண்டவாளங்களில் தண்ணீர் தேங்குவதாலும், ரயில் எஞ்சின் சக்கரங்களுக்கும், தண்டவாளங்களுக்கும் இடையே பிடிப்புத்தன்மை இழந்து சக்கரங்கள் வழுக்கத் தொடங்கும். இதனால் ரயிலின் வேகம் குறைந்து பாரங்களை

சரிவர இழுக்க முடியாத நிலை ஏற்படும், ரயில் சக்கரங்களுக்கு அளிக்கப்படும் முறுக்கு விசையை (Torque) கூட்டுவதற்காக ரயில் எஞ்சின்களில் மணல் நிரப்பப்பட்ட தொட்டிகள் (Sander) பொருத்தப்பட்டு, சிறு குழாய்கள் வழியாக சக்கரங்களுக்கிடையே மணல் சிறிது சிறிதாக தூவப்படுகிறது. அதனால் போதிய பிடிப்பு ஏற்பட்டு வழுக்காமல் சக்கரங்கள் சுற்றுகின்றன.

928) ரயில் நிலையங்கள் மற்றும் யார்டுகளில் நீண்ட நேரம் ரயில் நிறுத்தப்பட்டிருக்கும் போது, எஞ்சின்கள் அணைக்கப்படாமல், 'ஐட்லிங்' நிலையில் தொடர்ந்து ஓடிக்கொண்டிருப்பதை பார்த்திருப்பீர்கள். டீசல் வேஸ்ட்டாகுதே, சுற்றுச் சூழல் கெடுகிறதே என்றுகூட நினைக்கலாம். பெரிய டீசல் இஞ்சின்களை அணைத்துவிட்டு உடனே ஸ்டார்ட் செய்வது கடினம். அதற்காக பல்வேறு நடைமுறைகளை டிரைவர்கள் பின்பற்ற வேண்டும். ராட்சச ரயில் எஞ்சின்களை ஸ்டார்ட் செய்யும்போது அதிகப்படியான வெப்ப நிலையை பெருவதற்கு திணறும். மேலும் ரயிலின் ஹைட்ராலிக் பிரேக் சிஸ்டத்திற்கு தேவைப்படும் ஏர் கம்ப்ரசர்களுக்கான ஆற்றல் எஞ்சினிலிருந்துதான் பெறப்படுகிறது. மேலும் எஞ்சினை ஆன் செய்வதற்கு சுமார் 20 நிமிடங்களாவது ஆகும். ஏற்கனவே நம்ம வண்டி லேட். இப்படியே ஆனா, எப்ப போய் சேருவது? ஆகவே ரயில் ஓடாவிட்டாலும் இஞ்சின் மட்டும் குறைந்த பவரில் ஓடிக்கொண்டிருக்கும்.

929) ரயில் நிறுத்தப்பட்டும், ரன்னிங்கில் இருக்கும் இஞ்சின்களால் ஏற்படும் மாஸ் பொல்யூஷன் மற்றும் எரிபொருள் இழப்பை தவிர்ப்பதற்காக, டீசல் எஞ்சின்களில் APU என்கிற துணை மின்சாரம் வழங்கும் ஜெனெரேட்டர்கள் பொருத்தப்பட்டு, கிடைக்கும் தேவையான ஆற்றல் மூலம், அணைத்து வைக்கப்பட்ட ரயில் என்ஜின்களை உடனே ஸ்டார்ட் செய்கிறார்கள். இதன்மூலமாக இந்திய ரயில்வே நிறுவனத்துக்கு வருடத்திற்கு சுமார் 60 கோடி வரை மிச்சமாகுமாம்.

930) WAP-7 HS என்கிற இந்திய ரயில் என்ஜின் ஒரே நேரத்தில் 24 ரயில் பெட்டிகளை பயணிகளுடன் மணிக்கு 160 கிலோமீட்டர் வேகத்தில் இழுத்துச் செல்லும் திறன் கொண்டது. உலகின் மிகப்பெரிய நீராவி ரயில் இன்ஜின், பிக் பாய் 4024 என்பதே. அதிக பட்சமாக 6,000 ஹார்ஸ் பவர் சக்தியை வெளிப்படுத்தும் திறனும், 345 டன் எடையும் கொண்டது. உலகின் மிக சக்தி வாய்ந்த எலெக்ட்ரிக் ரயில் என்ஜின் ரஷ்யாவிடம் இருக்கிறது. அதிகபட்சமாக 18,000 ஹார்ஸ் பவர் திறனை வெளிப்படுத்தும் சக்தி வாய்ந்தது.

931) இந்தியாவின் அதிக சக்தி வாய்ந்த எலக்ட்ரிக் ரயில் என்ஜின் WAG-12 ஆனது, 12,000 ஹார்ஸ் பவர் சக்தி வாய்ந்தது. அதிக பட்சமாக மணிக்கு 120 கிலோமீட்டர் வேகத்தில் சரக்குப் பெட்டிகளை இழுத்துச்செல்லும் சக்தி வாய்ந்தது.

932) 'ட்ரான்ஸ் சைபீரியன் ரயில் பாதை' தான் உலகிலேயே மிக நீளமான ரயில் பாதையாகும். இதன் மொத்த நீளம் சுமார் 9,289 கிலோ மீட்டர்களாகும்.

ரஷ்யத் தலைநகர் மாஸ்கோவிலிருந்து ரஷ்யாவின் கிழக்கு எல்லையை இணைத்து, அதன் பின் ஜப்பான் கடல்வரை நீண்டுள்ளது. இப்பாதையின் இடையே மங்கோலியா, சீனா மற்றும் வட கொரிய நாட்டின் சில இடங்களும் இணைந்துள்ளன. இப்பாதைகளின் சில இடங்களில் பாதையோரம் பூத்துக் குலுங்கும் மலர்கள், பயணத்தை வசீகரமாக்குகிறது. இதற்காகவே சுற்றுலாப் பயணிகள் இங்கு பயணம் செய்கிறார்கள்.

933) உலகிலேயே மிக நீளமான ரயிலானது, ஆஸ்திரேலியாவில் உள்ள 'நியூ-மேன்' என்ற இடத்திலிருந்து 'போர்ட் ஹெட்லேண்ட்' என்ற இடத்திற்கும் இடையே சுமார் 275 கிலோமீட்டர் தூரம் இயக்கப்பட்ட ரயில்தான். இதன் நீளம் சுமார் 7·353 கிலோமீட்டர்களாகும். இதில் 682 சரக்கு வேன்களில் 82,862 டன் இரும்-புத்தாது எடுத்துச் செல்லப்பட்டது. சரக்குடன் சேர்த்து ரயிலின் மொத்த எடையா-னது 99,734 டன்னாகும். இந்த ரயிலை இழுக்க 8 எஞ்சின்கள் பயன்படுத்தப்-பட்டன. இதை ஓட்டியவர் ஒரேயொரு டிரைவர்தானாம்.

934) உலகிலேயே மிகவும் பணக்கார விளையாட்டாக ஃபார்முலா-1 கார் பந்-தயம் இருக்கிறது. இது கோடிகளை கொட்டிக் கொடுக்கும் விளையாட்டு. வீரர்கள் உடல் தகுதியிலும், புத்திக் கூர்மையிலும், மன வலிமையிலும் மிக சிறந்தவர்களாக இருக்க வேண்டும். காரின் அதீத வேகத்தால் ஏற்படும் ஜீ-ஃபோர்ஸ் மற்றும் அதீத வெப்பத்தால் சுமார் இரண்டரை மணி நேரம் தாக்குப் பிடிக்கும் உடல் வலிமை வேண்டும். வீரர் அமர்ந்து ஓட்டும் காக்பிட் பகுதியில் சுமார் 50 முதல் 60 டிகிரி செல்சியஸ் வரை வெப்பம் தாக்கும். இதனால் வியர்வை கொப்பளித்து அதிகம் வெளியேறி உடலின் நீர்சத்து குறைந்து 3 முதல் 4 கிலோ வரை எடை இழப்பு ஏற்படலாம். அதனால், தாது உப்புக்கள் கலந்த தண்ணீர் அதிகம் பருக வேண்-டும்.

935) 'பேட்டரி (Battery)' எனும் மின்கல அடுக்குகள் இரண்டு அல்லது அதற்கு மேற்பட்ட 'செல்களை (Cells)' ஒன்றாகச் சேர்த்து மின்சாரம் வழங்கும் சாதனமாகும். பேட்டரிகளை ச்சார்ஜ் செய்யும்போது, மின் ஆற்றலை (DC-Electrical energy), வேதி ஆற்றாலாக (Chemical energy) மாற்றி சேமித்து வைக்கிறது. பேட்டரியை டிஸ்ச்சார்ஜ் (Discharge) செய்யும்போது சேமிக்கப்பட்ட வேதி ஆற்றலானது மீண்டும் மின்னாற்றலாக (D.C) மாற்றி மின்சாரம் வழங்குகி-றது. இன்றைக்கு நம் கைகளில் தவழும் செல்ஃபோன் முதல் டெஸ்லா கார் வரை எண்ணிலடங்கா சாதனங்களுக்கு பேட்டரிகள்தான் உயிர் மூச்சு.

936) பேட்டரிகளில், 'ஆக்ஸிஜனேற்ற (Oxidation)' மற்றும் 'ஆக்ஸிஜன் ஒடுக்க வினைகள் (Oxygen reduction)' மூலம் மின்சாரம் உருவாக்கப்படுகி-றது. ஒரு பேட்டரியில் இரண்டு டெர்மினல் எலெக்ட்ரோடுகள் இருக்கும். அவற்-றில் ஒன்றில் (பாசிடிவ் டெர்மினல்,) ஒடுக்க வினையும், மற்றதில் (நெகட்டிவ்

டெர்மினல்), ஏற்ற வினையும் நடைபெறுகிறாது.

937) பாசிட்டிவ் மற்றும் நெகடிவ் என இரு டெர்மினல்களின் வழியாக ஒரு செப்புக் கம்பியின் உதவியுடன் ஒரு பல்பை இணைத்தால், எலெக்ட்ரான்கள் நெக-டிவ் டெர்மினல் வழியாக, பாசிட்டிவ் டெர்மினலுக்குப் பாய்ந்து பல்பை ஒளிர வைக்கிறது. அப்போது பேட்டரியானது டிஸ்ச்சார்ஜ் செய்யப்படுகிறது.

938) பேட்டரிகள் இரு வகைப்படும். 1) ஒருமுறை ச்சார்ஜ் செய்யப்பட்டு அதை பயன்படுத்திவிட்டால் மீண்டும் ச்சார்ஜ் செய்து பயன்படுத்த முடியாது. இவ்-வகையானதை முதன்மை பேட்டரிகள் (Primary batteries) என்றும், 2) மீண்-டும் மீண்டும் ச்சார்ஜ் மற்றும் டிஸ்ச்சார்ஜ் செய்து பயன்படுத்தக்கூடிய வகையை துணை பேட்டரிகள் (Secondary batteries) என்றும் அழைக்கின்றனர். நிக்கல்-காட்மியம், லித்தியம்-அயன் பேட்டரிகள் துணை மின்கலத்திற்கு (Rechargeable batteries) சில உதாரணங்களாகும்.

939) சோலார் பேட்டரி கார்கள், சூரிய சக்தியைப் பயன்படுத்தி இயங்கு-கின்றன. அதில் வரிசையாக அடுக்கி வைக்கப்பட்டுள்ள ஃபோட்டா வோல்ட்-டாயிக் செல்களை சூரிய ஒளியின் சக்தியால் ச்சார்ஜ் செய்து, தயாரிக்கப்படும் மின்சாரத்தை பயன்படுத்தி மோட்டார்களை இயக்கி கார்கள் இயங்குகின்றன. எக்ஸ்ட்ரா மின்சாரத்தை பேட்டரிகளில் ச்சார்ஜும் செய்து கொள்ளலாம். சூரிய ஒளி இல்லாதபோதும், இந்த கார்கள் சுமார் 400 கிலோமீட்டர் வரை மணிக்கு 97 கிலோமீட்டர் வேகத்தில் பயணம் செய்யலாம். எரிபொருள் செலவு ரொம்பவும் மிச்சம்.

940) கார்களின் எடை எவ்வளவு குறைகிறதோ அதற்கேற்றார் போல் அதன் எரிபொருள் தேவையும் குறைகிறது. அதாவது காரின் எடையில் 10% குறைந்தால் அதன் எரிபொருள் தேவை 8% அளவுக்குக் குறையுமாம். கார்களின் எடையைக் குறைக்க, ஸ்டீலுக்கு பதிலாக தற்போது பல மாற்றுப் பொருட்களை பயன்படுத்-தும் ஆராய்ச்சிகள் நடந்து கொண்டேதான் இருக்கிறது. இன்னும் சில வருடங்க-ளில் ஸ்டீலுக்கு பதிலாக கார் பாகங்களை மரக்கூஃமுடன் செல்லுலோஸ், நானோ ஃபைபர்ஸ் மற்றும் சி.என்.எஃப். பிளாஸ்டிக்குகளைக் கொண்டு வலுவான முறை-யில் தயாரித்து விடுவோம் என்று ஜப்பானிய விஞ்ஞானிகள் சொல்கிறார்கள். இது பேட்டரி கார்களுக்கு ரொம்பவும் ஏதுவாக இருக்கும்.

941) எலக்ட்ரிக் கார் தயாரிப்பில் முத்திரை பதிக்கும், 'டெஸ்லா கார்கள் (Tesla cars)' தற்போது பல மாடல்களில் வரத் துவங்கியுள்ளன. ஒருமுறை ச்சார்ஜ் செய்தால் சுமார் 300 கிலோமீட்டர் வரை பயணிக்கலாம். ஸ்டார்டிங் செய்து 6 வினாடிகளில் மணிக்கு சுமார் 100 கிலோமீட்டர் வேகத்தை எட்டிவிடும் திறன் கொண்டது. 1 மணி நேரத்திற்குள் தேவையான அளவிற்கு ச்சார்ஜ் செய்து கொள்ளலாம். அங்கங்கே ச்சார்ஜ் ஸ்டேஷன்களும் வந்துவிட்டன. இனி குறைந்த

செலவில் அழகான பயணம் சாத்தியமாகும்.

942) சூப்பர் பேட்டரி (Super battery) என்கிற ஒரு வகை பேட்டரி, சமீப காலங்களில் மார்க்கெட்டிற்கு வந்திருக்கிறது. இந்த பேட்டரியானது மிக அதிக அழுத்தம் கொடுத்து (Very high pressure) தயாரிக்கப்பட்டுள்ளது. இயந்திர சக்தியை வேதியல் சக்தியாக மாற்றி சேமித்து வைக்கும் முறையில் இவ்வகை பேட்டரிகள் தயாரிக்கப் படுகின்றன.

943) வைரத்தாலான ஒரு கருவி உள்ளது. அதற்கு, டயமண்ட் ஆன்வில் செல் (Diamond anvil cell) என்று பெயர். அதாவது ஒரு சிறிய பகுதிக்குள் ஒரு பொருளை மிகப்பெரும் அழுத்தத்திற்கு உட்படுத்தினால், அந்த பெரும் சக்-தியினால் அவற்றினுள் இருக்கும் வேதியல் இணைப்புகள் ஒன்றாகச் சேர்ந்து ஒரு முப்பரிமாண வடிவத்திற்கு மாறி விடுகிறது. இதன் மூலம் அதிக அளவு சக்தியை சேமித்து வைக்கலாம். இதில் செனான் ஃப்ளூரைடு (Xenon difluoride) எனும் வேதியல் சேர்மங்கள் பயன்படுகின்றன. இந்த தத்துவத்தில்தான் சூப்பர் பேட்டரிகள் வடிவமைக்கப்படுகின்றன.

944) இவ்வகையான வேதியல் பொருட்களைப் பயன்படுத்தி, மிக அதிக எரி-சக்திகளை சேமித்து வைக்கும் கலங்கள் (Energy storage device) தயாரித்தல், ஆபத்தான உயிரியல் மற்றும் வேதியல் பொருட்களை அழிக்க வல்ல மருந்துகளை (Super oxidizing materials) தயாரித்தல் மற்றும் சூப்பர் வெப்ப கடத்திகள் (High temperature superconductors) போன்றவைகள் தயாரிப்பதன் மூலம் மனித குலத்திற்கு உதவலாம் என்கிறார்கள்.

945) அதை அசைத்தாலே, ரீச்சார்ஜ் ஆகும் பேட்டரிகள் தற்போது புழக்-கத்திர்கு வந்துள்ளன. இவ்வகை பேட்டரிகள் AA மற்றும் AAA சைஸ்களில் கிடைக்கின்றன. ஒரு சிறிய பெட்டிக்குள், சிறிய ஜெனெரேட்டர் மற்றும் கெப்-பாசிட்டர்கள் போன்ற எலெக்ட்ரிக்கல் சமாச்சாரங்கள் இணைக்கப்பட்டு இவ்வகை பேட்டரிகள் தயாரிக்கப்படுகின்றன.

946) உலோகங்களை அறவே பயன்படுத்தாத ஒரு வகை பேட்டரி உண்டு, அதுதான் 'பேப்பர் பேட்டரி'. இது பாலிமர் வகை பேட்டரியை சார்ந்தது. இதை விரைவில் ச்சார்ஜ் செய்து கொள்ளலாம். மிகவும் மெல்லியதாக இருப்பதால், இவைகளைப் பயன்படுத்துவது ரொம்பவும் எளிது. 'க்ளாடோஃபோரா' என்கிற ஒரு வகை கடல் பாசிகளைப் பயன்படுத்தி இவ்வகை பேட்டரிகளை தயாரித்திருக்கி-றார்கள். இது இயற்கையில் கடலில் மலிவாகக் கிடைக்கிறது. ஆதலால் இவ்வகை பேட்டரிகளை மிக மலிவான முறையில் தயாரித்துக் கொள்ளலாம். மேலும் சுற்றுச் சூழலுக்கு ரொம்பவும் ஏற்றது.

947) 'ட்ரான்ஸ்ஃபார்மர் (Transformer)' அல்லது 'மின்மாற்றி' என்பது, ஏ.சி. மின்சார ஓல்ட்டேஜ (Voltage) கூட்டவோ அல்லது குறைக்கவோ

செய்ய உதவும் ஒரு மின்சார சாதனமாகும். எலக்ட்ரோ மேக்னட்டிக் இண்டக்ஷன் (Electromagnetic induction) என்கிற கான்செப்டில் இயங்குகிறது.

948) ஒரு ட்ரான்ஸ்ஃபார்மரில் மென்மையான இரும்பு தகடுகள் (Soft iron core) ஒன்றன் மேல் ஒன்றாக அடுக்கப்பட்டு, அதனைச் சுற்றி பக்கத்திற்கு ஒன்றாக இரண்டு காயில்கள் (Copper or Aluminium coil) பல எண்ணிக்கையில் சுற்றப்பட்டிருக்கும். மின்சாரம் கொடுக்கப்படும் முனை, பிரைமரி காயில் (Primary coil) என்ப்படும், மின்சாரம் வெளியில் எடுக்கப்படும் முனை, செகண்டரி காயில் (Secondary coil) எனப்படும். ஒரு பக்க காயிலின் இருமுனைகளில் ஏ.சி. மின்சாரமானது (A.C supply) கொடுக்கப்பட்டால், எலெக்ட்ரோ மேக்னட்டிக் இண்டக்ஷன் மூலம் மறு முனையில் ஏ.சி. மின்சாரமானது தூண்டப்பட்டு வெளியேறும்.

949) பிரைமரி காயிலைவிட, செகெண்டரி காயிலில் அதிக சுற்றுக்கள் இருந்தால் அதை 'ஸ்டெப் அப் ட்ரான்ஸ்ஃபார்மர் (Step up transformer)' என்றும், செகண்டரி காயிலில், பிரைமரி காயிலை விட, குறைவான சுற்றுக்கள் இருந்தால் அதை, 'ஸ்டெப் டவுன் ட்ரான்ஸ்ஃபார்மர் (Step down transformer)' என்றும் அழைக்கப்படும். ஓல்ட்டேஜை அதிகரிக்க ஸ்டெப் அப் ட்ரான்ஸ்ஃபார்மரும், ஓல்ட்டேஜைக் குறைக்க ஸ்டெப் டவுன் ட்ரான்ஸ்ஃபார்மரும் பயன்படுகிறது. ஒரு ட்ரான்ஸ்ஃபார்மரில் பிரைமரியில் 1000 சுற்றுக்களும், செகண்டரியில் 200 சுற்றுக்களும் சுற்றப்பட்டுள்ளன. பிரைமரியில் 440 ஓல்ட்டேஜ் இருந்தால் செகண்டரியில் எத்தனை ஓல்ட்டேஜ் கிடைக்கும்? செகண்டரி ஓல்ட்டேஜ் = (Ns X Vp) / Np = 200 X 440 / 1000 = 88 வோல்ட்ஸ்.

950) ட்ரான்ஸ்ஃபார்மர் ஃபார்முலா: 1) (Voltage in secondary coil / Voltage in primary coil) = (Number of turns in secondary coil / Number of turns in primary coil) = (Ns / Np) = (Vs / Vp). 2) Power in primary coil (Voltage in primary coil X Current in primary coil) = Power in secondary coil (Voltage in secondary coil X Current in secondary coil) = Vp X Ip = Vs X Is. ஒரு பக்க காயிலின் இரு முனைகளில் ஏ.சி. மின்சாரமானது கொடுக்கப்பட்டால், எலெக்ட்ரோ மேக்னட்டிக் இண்டக்ஷன் மூலம் மறு முனையில் ஏ.சி. மின்சாரமானது தூண்டப்பட்டு வெளியேறும். ஒரு ட்ரான்ஸ்ஃபார்மரில் இரு முனைகளிலும் ஓல்ட்டேஜ் மற்றும் கரண்ட் வேறுபாடுகள் ஏற்பட்டாலும், இரு முனைகளிலும் பவரில் மிக மிகச்சிறிய மாற்றங்களே ஏற்படும்.

951) ட்ரான்ஸ்ஃபார்மர் இயங்கும்போது சூடாவதாலும், பல மேக்னெட்டிக் லாஸ்கள் ஏற்படுவதாலும் அதன் எஃபிசியன்சி 100 சதவிகிதமாக இருக்காது. பெரும்பாலும், ட்ரான்ஸ்ஃபார்கள், ஃபுல் லோடில் இயங்கும்போது அதன் எஃபி-

சியன்ஸியானது 95% முதல் 98.5% வரை இருக்கலாம். பவர் பிளாண்ட்க-ளிலிருந்து மின்சாரமானது நீண்ட தூரங்களுக்கு டிஸ்ட்ரிபியூட் செய்யப்படுவதால், வோல்ட்டேஜ் லாஸ் ஏற்படுவதைத் தவிர்க்க, அங்கே தயாரிக்கப்பட்ட மின்சார-மானது, ஸ்டெப் அப் ட்ரான்ஸ்ஃபார்மர்கள் மூலம் வோல்டேஜ் உயர்த்தப்பட்டு, தேவையான இடத்திற்கு அருகில் மீண்டும் ஸ்டெப் டவுன் ட்ரான்ஸ்ஃபார்கள் மூலம் வோல்ட்டேஜானது தேவைக்கேற்ப குறைக்கப்பட்டு பயனாளிகளுக்கு வழங்-கப்படுகிறது.

952) 'ஏர்கண்டிஷ்னர் (Air Conditioner)' மற்றும் 'ரெஃப்ரிஜிரேட்டர் (Refrigerator)' எப்படி வேலை செய்கிறது? ஒரு திரவம் (Refrigerant) வாயு-வாக மாறும்போது, அதைச் சுற்றியுள்ள வெப்பத்தை உறிஞ்சிக் கொள்கிறது என்-கிறது அறிவியல் விதி. இது நிலை மாற்றம் (Phase change) எனப்படும். 'ஏ.சி வேலை செய்யும்போது, வெளிக்காற்றை குளிர்வித்து உள்ளே அனுப்பாது. ரூமில் உள்ள காற்றைத்தான் மீண்டும் மீண்டும் குளிர்விக்கிறது. இதை HVAC (Heating Ventilation and Air conditioning) என்பார்கள்.

953) நெருக்கமான கம்பிச் சுருள்களின் (Evaporator) உள்ளேயுள்ள வேதிப் பொருட்களை (Refrigerant) ஆவியாக்குவதன் மூலம் சுற்றுப்புறத்தில் உள்ள வெப்பத்தை உறிஞ்சி அவ்விடத்தில் குளிர்ச்சியை உண்டாக்குகிறது. அப்படி உரு-வான வாயுவை 'கம்ப்ரஸ்ஸர் (Compressor)' மூலம் உயர் அழுத்தத்திற்கு அழுத்துகிறது. பின் கண்டன்சர்களின் (Condenser) உள்ளே செலுத்தப்படும்-போது அதன் வெப்ப நிலை வெகுவாகக் குறைக்கப்படுகிறது. மேலும் சுழலும் மின்விசிறி மூலமும் வெப்பம் வெளியேற்றப்படுகிறது. அதனால் வாயுவானது திர-வமாகி, மீண்டும் மறு சுற்றுக்கு தயாராகிறது. இதை ஒரு 'ரெஃப்ரிஜிரேசன் சைக்-கிள் (Refrigeration cycle)' என்பார்கள். 'ஏ.சி (Air conditioning)' என்பது வெளிக்காற்றை குளிர்வித்து உள்ளே அனுப்பாது. ரூமில் உள்ள காற்றைத்தான் மீண்டும் மீண்டும் குளிர்விக்கிறது. இதை HVAC (Heating Ventilation and Air conditioning) என்பார்கள்.

954) விண்டோ ஏ.சி (Window A.C), என்பது சுவர்களிலும் ஜன்னல்க-ளிலும் பொருத்தப்படுவது. எல்லா பார்ட்ஸ்களும் கம்பேக்டாக ஒரே யூனிட்டில் இருக்கும். இதைப் பொருத்துவது சுலபம். விலையும் கொஞ்சம் குறைவு. ஸ்ப்லிட் ஏ.சி (Split A C)யில் இரண்டு யூனிட்டுகள் உள்ளன. ஒன்றை அறைக்குள்ளும் மற்றொன்றை வெளியிலும் பொருத்த வேண்டும். உள்ளே யூனிட்டானது, அறை-யின் வெப்பக் காற்றை இழுத்து குளிர் காற்றை உள்ளே அனுப்புகிறது. வெளியில் உள்ள யூனிட்டானது வெப்பமான காற்றை வெளியே அனுப்புகிறது.

955) 'ஜான் செம்ப்பர்ட் போரோன்' என்கிற ஸ்விட்சர்லாந்து ஆசாமி ஒரு நாள் தன் மனைவியின் பிறந்த நாளுக்கு ஏதாவது பரிசு வாங்கி கொடுக்கலா-

மென்று பேங்கிற்கு போய் பணம் எடுக்கலாம் என்று பார்த்தால், கூட்டமாக இருந்ததாலும், பணம் எடுக்கும் நேரம் முடிந்து விட்டது என்று கேஷியர் சொல்லியதாலும், திரும்பி வந்து கையில் இருக்கும் கொஞ்சம் பணத்தை வைத்து அருகிலுள்ள சாக்லேட் வெண்டிங் மெஷினில் சில்லரையைப் போட்டு தன் அன்பு மனைவிக்கு சாக்லேட்டை பிறந்த நாள் பரிசாகக் கொடுத்தாராம். அப்போது, நாம் ஏன் பணம் கொடுக்கும் மெஷினை உண்டாக்கக் கூடாது என்று மனதில் ஒரு பொறி தட்டையது. பின்னர் அவர்தான் ஏ.டி.எம் மெஷினை (Automated Teller Machine — ATM) என்ற சாதனத்தை கண்டுபிடித்தாராம்.

956) ஏ.டி.எம் மெஷின் என்பது கம்ப்யூட்டரின் துணை கொண்டு இயங்கும் ஒரு மின்னணு செய்தித் தொடர்பு சாதனமாகும். இதைக்கொண்டு, நம் கணக்கில் இருக்கும் பணத்தை எடுக்கவோ, போடவோ, நம் அக்கவுண்டின் விபரம் அறிந்து கொள்ளவோ நம் பணத்தை மற்றவரின் அக்கவுண்டுக்கு ட்ரான்ஸ்ஃபர் செய்யவோ, நம் அக்கவுண்டின் பின் நம்பர்களை நம் இஷ்டத்திற்கு மாற்றிக் கொள்ளவோ நாம் பேங்கிற்கு நேரடியாகச் செல்லாமல், இதுபோன்ற காரியங்களை சுலபமாக செய்துகொள்ள முடியும்.

957) ஏ.டி.எம். மெஷினில் சி.பி.யு. என்கிற கம்ப்யூட்டர் கருவி, மேனட்டிக் ச்சிப் கார்ட் ரீடர், பின்ப்பேட் எனும் சாதனம், கார்டு ஸ்கிம்மர் ஸ்லாட், க்ரிப்டோ ப்ராஸசர், டிஸ்ப்ளே ஸ்க்ரீன், ஃபங்க்ஷன் கீ, ரெக்கார்ட் ப்ரின்ட்டர், பெட்டகம் இன்னும் இதுபோன்ற சாதனங்களைக் கொண்டுள்ளது.

958) 'எல்.சி.டி (Liquid Crystal Diode - LCD)' டிவியில் உள்ள பேனல்கள் போலராய்ட் செய்யப்பட்டு ஓட்டப்பட்ட ட்ரான்ஸ்பரண்ட் மெட்டீரியலால் உருவான இரண்டு லேயர்களைக் கொண்டுள்ளது. இதில் ஒரு லேயரானது லிக்யுட் கிரிஸ்டல் கொண்ட ஸ்பெஷல் பாலிமர் கோட்டிங்கால் செய்யப்படுகிறது. பின்னர் ஒவ்வொரு கிரிஸ்டலிலும் கரண்ட் செலுத்தப்பட்டு அதன் மூலம் டி.வி. யில் இமேஜ் பெறப்படுகிறது.

959) பிளாஸ்மா டி.வி.யில் (Plasma T.V), ஃப்ளோரஸன்ட் டெக்னாலஜியைப் பயன்படுத்தி அதன் டிஸ்ப்ளே ஸ்க்ரீன்கள் தயாரிக்கப்படுகின்றன. டிஸ்ப்ளேயில் உள்ள ஒவ்வொரு செல்களுக்கும் இடையில் இரண்டு பேனல்கள் உள்ளன. அவற்றுக்கிடையே நியான்- ஜெனான் கேஸ்கள் (Neon-Xenon gases) நிரப்பப்பட்டு அவைகள் பிரிக்கப்படுகின்றன. பின்னர் அது பிளாஸ்மா வடிவத்தில் சீல் செய்யப்பட்டு உற்பத்தி நடக்கிறது. குறிப்பிட்ட இடைவெளியில் பிளாஸ்மாவின் செட்டில் கேஸ் செலுத்தப்படுகிறது. இது ரெட், கிரீன் மற்றும் புளூ பாஸ்ஃபரசுடன் இணைந்து டி.வி.யின் இமேஜை உருவாக்குகிறது.

960) ஹெட்ஃபோன்களில், 'எலெக்ட்ரோஅக்கோஸ்டிக் ட்ரான்ஸ்டியூசர் (Electroacoustic transducer) என்ற சாதனம், அதற்கு வரும் எலெக்ட்ரிக்

சிக்னல்களை சவுண்ட் சிக்னல்களாக மாற்றி நம் காதுகளுக்குக் கேட்கும்படி செய்கிறது. ஹெட்செட் என்பது ஹெட்ஃபோன்களுடன் மைக்ரோஃபோன்களும் இணைக்கப்பட்டிருக்கும் சாதனமாகும். ஹெட் செட்டுகளில் வயர் கனெக்க்ஷன் இல்லாதிருந்தால் அதை 'ப்ளூடூத் ஹெட்செட் (Bluetooth headset) என்பார்கள். தற்போதைய ஹெட்செட்டுகள், டிஜிட்டல் வாய்ஸ் கேட்கும் அளவுக்கு முன்னேறிவிட்டது.

961) 'சிமெண்ட் (Cement)' என்பது ஒரு ஒரு தூள் வடிவிலான கட்டிட பொருள். இது மற்ற கட்டிட பொருட்களுடன் வேதி விணையில் இணைந்து இறுகிக் கடினமாவதுடன் மற்ற பொருட்களையும் வலுவாக இணைக்கும் தன்மை கொண்டது. சிமெண்ட்டானது சுன்னாம்புக்கல், களிமன், ஜிப்சம் மற்றும் சில மூலப்பொருட்களைக் கொண்டு தொழிற்சாலைகளில் உற்பத்தி செய்யப்படுகிறது.

962) ஆர்டினரி போர்ட்லேண்ட் சிமெண்ட் (Ordinary Portland cement-OPC) என்பது சாதாரணமாக சுன்னாம்பு, ஜிப்சம் மற்றும் தேவையான மூலப் பொருட்களை அரைத்து தயாரிக்கப்படுகிறது. இது, OPC-33, OPC-43, OPC - 53 என மூன்று கிரேடுகளில் கிடைக்கிறது. இது சிறந்த ஒட்டும் தன்மையும், இசைவுத் தன்மையும் உள்ளதால், இவ்வகை சிமிண்ட்டே உலக அளவில் அதிகமாக பயன்படுத்தப்படும் சிமெண்ட்டாகும். இது செட்டாவதற்கு அதிக 'நீரோட்டம் (Curing)' தேவை.

963) ஆர்டினரி போர்ட்லேண்ட் சிமெண்ட்டுடன் 'போஸ்ஸலானா' பொருட்களான, நிலக்கரி, சாம்பல் போன்ற பொருட்கள் 15 முதல் 30 சதவிகிதம் வரை கலந்திருக்கும் சிமெண்ட் வகையை 'போர்ட்லேண்ட் போஸ்சலானா சிமெண்ட் (Portland Pozzolana Cement)' என்கிறோம். இவ்வகை சிமெண்ட்டானது 33 கிரேடு மட்டுமே வருகிறது. இவ்வகை சிமெண்ட், கெமிக்கல் பொருட்களுக்கு சிறந்த தடுப்பாக உள்ளது. இது கடல் அரிப்பை தாங்க வல்லது. விலையும் மலிவு. இதன் கியூரிங் டைம் குறைவே.

964) சிமெண்ட்டின் தரத்தை எப்படி நிர்ணயிப்பது? மூட்டையில் கைவிட்டு சிமெண்டை தொடும்போது குளிர்ச்சியாக இருக்க வேண்டும். கொஞ்சம் சிமெண்டை அள்ளி ஒரு வாளி தண்ணீரில் போட்டால், சிமெண்ட் சில நிமிடங்கள் மிதந்த பின்பே நீரில் கரைய வேண்டும். போட்டவுடன் கரைந்தால் அது நல்ல சிமெண்டல்ல. கொஞ்சம் சிமெண்டை அள்ளி பேஸ்ட் போல் குழைத்து, ஒரு அட்டையில் வைத்து சிறிய சதுர வடிவில் செய்து அதை அப்படியே எடுத்து மெல்ல நீரில் அமிழ்த்தும்போது, சதுர வடிவமானது அவ்வளவு எளிதில் கரையக் கூடாது. ஒரு நாள் கழித்தே அது இறுகி கடினமானதாக மாற வேண்டும். சிமெண்டை விரலில் வைத்து தேய்க்கும்போது, கல் துகள்கள் விரலில் நெருடக் கூடாது. சிமெண்டை காற்றோட்டம் அதிகமுள்ள பகுதியில் ஸ்டோர் செய்யக்கூ-

டாது.

965) தரமான கட்டிடங்கள் அமைவதற்கு நல்ல தரமான சிமெண்ட் ரொம்ப அவசியம். சிமிண்ட்டில் பொதுவாக, 33 கிரேடு (பூச்சு வேலைகளுக்கு), 43 கிரேடு (செங்கல் கட்டுமான வேலைக்கு), 53 கிரேடு (கான்க்ரீட்டுக்கும்) பயன்படும் சிமெண்ட்டுகள் என பல கிரேடுகள் உள்ளன.

966) காண்க்ரீட்டின் வலிமை என்பது, அதில் நாம் எவ்வளவு விகிதத்தில் சிமெண்ட், மணல் மற்றும் ஜல்லி போன்றவைகளை பயன்படுத்துகிறோம் என்பதைப் பொறுத்து அமைகிறது. உதாரணமாக M20 என்ற காண்க்ரீட்டில் 1: 1.5: 3 என்ற விகிதத்தில் முறையே சிமெண்ட், மணல் மற்றும் ஜல்லி ஆகியவற்றின் கன அளவுகளாகும். இதில் M என்பது மிக்ஸ் என்ற வார்த்தையையும், 20 என்பது இந்த கலவையை பயன்படுத்தி உருவாகும் காண்க்ரீட்டின் வலிமை (Compressive strength in N/mm2) யானது முறையாக க்யூரிங் செய்யப்பட்டு 28 நாட்களுக்குப் பிறகு காங்க்ரீட்டானது எட்டக்கூடிய வலிமையைக் குறிக்கும்.

967) பெரிய அளவில் காண்க்ரீட் போடும்போது அளவீடுகளுக்கான ஒரு மரப்பெட்டியை தயார் செய்து கொள்ளலாம். அதன் கன அளவு 1.25 கன அடியாக இருக்க வேண்டும். ஏனெனில், ஓர் சிமெண்ட் மூட்டையில் உள்ள சிமெண்டின் அளவு 1.25 கன அடியாகும். இதன்படி, 1: 1.5: 3 ரேஷியோ காங்க்ரீட்டில், ஒரு மூட்டை சிமெண்ட்டுக்கு ஒன்றரைப் பெட்டி மணலும், 3 பெட்டி ஜல்லியும் கலக்க வேண்டும். தேவையான அளவு தண்ணீர் சேர்த்துக் கொள்ளலாம். இப்போது பெரும்பாலும் M20 காண்க்ரீட்டுகளே பயன்படுகிறது.

968) பொதுவாக காண்க்ரீட்டில் சேர்க்கப்படும் தண்ணீரின் அளவானது, அதில் சேர்க்கப்படும் சிமிண்ட்டின் பாதி அளவாக இருப்பது நல்லது. காண்க்ரீட்டில் சேர்க்கப்படும் தண்ணீரின் அளவு அதிகமானாலும், குறைந்தாலும் அதன் தரம் குறைந்துவிடும். தண்ணீரின் அளவு அதிகமானால், சிமெண்ட்டில் உள்ள நுண்ணிய துகள்கள் சுருங்கி, அதில் காற்று புகுந்து காண்க்ரீட்டின் தரம் குறைந்து சரியான பிணைப்பு இல்லாமல் போய்விடும். தண்ணீரில் உப்புத்தன்மை அதிகமாக இருக்கக் கூடாது.

969) காண்க்ரீட் 'க்யூரிங்' என்ற நீராட்டுதல் முறையில், காண்க்ரீட் போட்டு முடிந்ததும், அதிலிருந்து வெப்பம் வெளிப்படும். அதனால் காண்க்ரீட் தளத்தின் மேல் பாத்திகள் கட்டி நீரைத்தேக்கி வைக்க வேண்டும். ஈரச் சாக்குகளையும் போட்டு வைக்கலாம். அதனால் நீர் எளிதில் ஆவியாகி விடாது. பில்லர் போன்ற காண்க்ரீட்டுகளில் வைக்கோல் கயிறுகளை சுற்றி அதன்மேல் அடிக்கடி தண்ணீர் ஊற்றலாம். நீராற்றுதலை ஒழுங்காக செய்யாவிட்டால் காண்க்ரீட்டுக்கு ஆயுள் குறைவுதான்.

970) காண்க்ரீட்டானது இழுவை சக்தியில் குறைந்தும் (Tensile strength), அழுக்கும் சக்தியில் (Compressive strength) அதிகமாகவும் இருக்கும். 'ரீஇன்ஃபோர்ஸ்ட் சிமெண்ட் காண்க்ரீட் (Reinforced Cement Concrete-RCC)' என்பது சிமெண்ட் காண்க்ரீட்டுடன் ஸ்டீல் போன்ற கம்பிகளை அவற்றுடன் இணைத்து உண்டாக்கும் கலவையாகும். இதனால் அதற்கு நல்ல இழுவை சக்தியும், அழுக்கும் சக்தியும் அதிகரிக்கிறது. மேலும் எளிதில் தெறிக்காது. அதிக வெய்ட்டைத் தாங்கும்.

971) RCC- காண்க்ரீட்டின் கம்ப்ரெஸ்ஸிவ் ஸ்ட்ரெங்த்: 4,000 psi = 27.5 MPa அளவுக்கு, வசிக்கும் வீடுகளுக்கும், கவர்ஷியல் கட்டிடங்களுக்கு 6,000 psi = 41 MPa அளவுக்கும், 10000 psi = 69 MPa அளவுக்கும் அதிகமாக பாலங்கள் போன்ற குறிப்பிட்ட ஹெவி ஸ்டரக்ச்சுரல்களுக்கும் கொடுக்கப்படுகிறது. (இங்கு psi என்பது பவுண்டு/ஸ்கொயர் இன்ச், Mpa என்பது மெகா பாஸ்க்கல்)

972) சுமார் 7,500 ஆண்டுகளுக்கு முன்பிருந்தே, சுட்ட செங்கற்கல் பயன்பாட்டில் இருந்து வருகிறது. ஒரு இந்திய செங்கல்லின் ஸ்டேண்டர்ட் அளவானது 9 inch X 4 1/4 inch X 2 1/2 inch ஆகும். சிமெண்ட் கலவைகள் வைத்து கட்டிய பிறகு, இடுக்குகளில் இணைந்திருக்கும் கலவையையும் சேர்த்து செங்கல்லின் நீள, அகல, உயரத்தின் அளவில் சுமார் 5% அளவு கூட்டிக்கொள்ள வேண்டும்.

973) ஒரு வீடு கட்ட தேவைப்படும் செங்கற்களின் எண்ணிக்கையை கணக்கிட வேண்டுமென்றால், சுவரின் மொத்த கன அளவை மீட்டர் கியூபில் கணக்கிட்டு அதை 475 ஆல் பெருக்கினால், தேவையான செங்கற்களின் எண்ணிக்கை கிடைக்கும். ஒரு செங்கல்லின் நிறையானது 2.6 முதல் 3 கிலோகிராம் வரை இருக்கலாம்.

974) உடைந்த பாறைத் துகள்களையும், கனிமத் துகள்களையும் கொண்ட இயற்கையில் கிடைக்கும் மணிகள் போன்ற உருவத்தில் இருப்பது 'மணல் (Sand)' ஆகும். சிலிக்கா எனும் பொருளே இதன் முக்கிய பாகமாகும். மணல் துகளானது ஒரு மில்லி மீட்டரில் 16 இல் ஒரு பகுதியிலிருந்து 2 மில்லிமீட்டர் வரை இருக்கும். அதற்கடுத்த சைசான 2 மில்லி மீட்டரிலிருந்து 64 மில்லிமீட்டர் வரையுள்ளது, சரளைக் கற்கள் எனப்படும். மணலின் இயற்கைத் தன்மை அது அமைந்துள்ள இடத்தைப் பொருத்து மாறுபடும்.

975) கட்டுமானங்களுக்குத் தேவையான மணலின் பற்றாக்குறையை சரி செய்ய, செயற்கை மணலை பயன்படுத்துகிறார்கள். கல் குவாரிகளில் கல்லுடைக்கும்போது ஏற்படும் சிறு துகள்கள் மற்றும் பாறைகளை மெஷின்களின் மூலம் தூள் தூளாக அரைத்து தயாரிக்கப்படும் செயற்கை மணலுக்கு, 'எம் சாண்ட் (M sand)' என்று பெயர். ஆற்று மணலை விட அதிக வலிமையுடனும், குறைந்த

குறைபாடுகள் மற்றும் விலையுடனும் கிடைக்கிறது.

976) கோடிக்கணக்கான ஆண்டுகளுக்கு முன் வாழ்ந்து அழிந்த கடல் வாழ் உயிரினங்கள் அழிந்து, மடிந்து மண்ணோடு மண்ணாய் மக்கிப்போன பின், கடலின் அடியில் மண்ணுக்குள் புதைந்து அங்கு ஏற்பட்ட தொடர் அழுத்தம் மற்றும் வெப்பத்தினால் மக்கியும் அழுகியும் போனது. மேலும் பாக்டீரியாக்களால் ஏற்படும் மாற்றங்களினாலும், சுற்றியிருந்த மண்ணோடும், உப்புக்களோடும் சில வேதிவினைகள் புரிந்து, பெட்ரோலியமாக மாறியது. 'பெட்ரோலியம் (Petroleum)' அல்லது பாறை எண்ணெய் என்பது, நீர்ம நிலையிலுள்ள பல ஹைட்ரோ கார்பன் எனும் 'ஆல்கேன்களின் (Alkanes)' கலவையாகும்.

977) நெருப்பு, அக்கினி, தீ என்பது வெப்பத்தை வெளியேற்றும் வேதியல் செயலாகும். ஆக்ஸிஜனின் துணைகொண்டு பொருட்களிலுள்ள ஹைட்ரோ கார்பன்களின் மீது வினைபுரிந்து நெருப்பு உண்டாகிறது. நெருப்பானது நிறைய பொருட்களை கரியாக்கிவிடும். அதனால் சுற்றுச் சூழல் மாசுபடுகிறது. ஓர் எரிபொருள் எரிக்கப்படும்போது, உதாரணமாக சமயல் செய்யும்போது ஏற்படுவது கட்டுப்பாடான நெருப்பு என்றும், விபத்தினால் தற்செயலாகத் தோன்றும், உதாரணமாக எண்ணெய்க் கிணறு எரிதல், காட்டுத்தீ போன்றவை கட்டுப்பாடற்ற நெருப்பு எனவும் வகைப்படுத்தப்படுகிறது.

978) காடுகளில் மரங்கள், புற்கள் மற்றும் காய்ந்த சருகுகள் போன்றவைகள் ஒன்றோடு ஒன்று உரசிக் கொள்ளும்போது உண்டாகும் உராய்வினால் நெருப்பு பற்றிக்கொள்ளும் அபாயம் ஏற்படுகிறது. இதை காட்டுத்தீ என்பார்கள். சுற்றுப்புறத்திலுள்ள காற்றின் வேகம் மற்றும் வெப்ப நிலை காரணமாக, நெருப்புப் பந்தாக உருவெடுத்து ஒரு சுழலாக மாறி சுழன்று பரவுகிறது. இது சுமார் 30 அடி முதல் 200 அடி உயரம் வரை மேலெழும்பும். இதற்கு நெருப்புச் சூறாவளி எனப்பெயர். இதனால் காடுகளில் உள்ள மரங்கள், பறவைகள், பூச்சியினங்கள் போன்ற உயிர்களை சர்வ நாசம் செய்து விடும்.

979) நெருப்பை தன்னருகில் நெருங்க விடாத 'ரொடோடென்றன்' என்ற காட்டுப் பூவரசு மரங்கள் இந்தியாவின் இமயமலைத் தொடர்களிலும், மேற்குத் தொடர்ச்சி மலைகளிலும் காணப்படுகின்றன. இத்தகைய மரங்களின் அருகே நெருப்பானது பரவி வரும்போது, பல அடுக்குகளாகத் தகவமைப்புப் பெற்றுள்ள இதன் மரப்பட்டைகளிலிருந்து நீர் போன்ற ஒரு வகை திரவம் வடியத் தொடங்கி விடுமாம். இதனால் நெருப்பு அருகில் அண்டாது. இவ்வித சேஃப்டிகள் இயற்கையில் இவற்றிற்கு இருப்பதால், பரந்த புல்வெளியில் செந்நிறப் பூக்களுடன் அழகாய்க் காட்சி தரும் இம்மரங்களை நோக்கி பல பறவைகள் அதில் வந்து சுலபமாக கூடு கட்டி வாழ்கின்றன.

980) தீயணைப்பான்கள் என்பது வீடுகள், கட்டிடங்கள், தொழிற்சாலைகள் போன்ற இடங்களில் ஏற்படும் கட்டுப்படுத்த முடிந்த அளவில் ஏற்படும் தீப்பற்றல் மற்றும் பரவலைக் கட்டுப்படுத்த உதவும் கருவியாகும். 50 கிராம் முதல் 14 கிலோ எடை வரை உள்ள தீயணைப்பான்கள் கிடைக்கின்றன. அவை 1) அழுத்தம் கொடுக்கப்பட்ட தீயணைப்பான்களில் நீர் மற்றும் வாயு போன்ற அடிப்படைத் தீயணைப்புக் காரணிகள் அதிக அழுத்தத்தில் அடைக்கப்பட்டுள்ளன. 2) அழுத்தம் உண்டாக்கவல்ல தீயணைப்பான்களில், அடிப்படைத் தீயணைப்புக் காரணிகளைக் கொண்ட வேதிப் பொருட்கள் ஓர் உருளையில் இருவேறு கண்ணாடிக் குடுவைக்-குள் வைக்கப்பட்டுள்ளன. இக்குடுவைகளின் ஹெட் தாக்கப்படும்போது, அவை உடைந்து, வேதிப்பொருட்கள் ஒன்று சேர்ந்து வேதிவினை ஏற்பட்டு, அதனால் வாயுக்கள் அதிக அழுத்தத்தில் வெளியேறி நெருப்பை அணைக்க உதவுகிறது.

981) தீயணைப்பான்கள் நெருப்பு முக்கோண அடிப்படையில் இயங்குகிறது. அதாவது, ஒரு இடத்தில் நெருப்பு பரவ, வெப்பம், எரிபொருள் மற்றும் ஆக்ஸிஜன் என மூன்று முக்கிய காரணிகள் தேவை. இம்மூன்றில் ஏதாவது ஒன்றை நீக்கும்-போது, குளிர்வித்தல் மற்றும் போர்த்துதல் காரணமாக நெருப்பு அணைக்கப்படுகி-றது.

982) தீவிபத்துக்கள்: 1) A பிரிவு தீவிபத்து (காய்தல், மரம், பிளாஸ்டிக், மற்-றும் ரப்பர் எரிதல்), 2) B பிரிவு தீ விபத்து (எண்ணெய், கரைப்பான்கள் பெற்-றோல் போன்றவை எரிதல்) 3) C பிரிவு தீவிபத்து (மின்சாதனப் பொருட்களால் உண்டாகும் எரிதல்), 4) D பிரிவு தீ விபத்து (சோடியம், மக்னீசியம், பொட்டா-சியம், சோடியம், பாஸ்பரஸ் போன்ற எளிதில் தீப்பற்றக் கூடிய உலோகங்களால் உண்டாகும் தீ விபத்து).

983) மனிதனின் சில அதீத பொருளாதார நடவடிக்கைகளின் காரணமாக, சுமார் 10 லட்சத்திற்கும் அதிகமான பழங்குடி மக்களின் வாழ்வாதாரமாக விளங்-கும் அமேசான் காடுகளில் ஏற்படும் தீ விபத்துகளால் உண்டாகும் இழப்புகள் ஏராளம். பல இயற்கைப் பேரழிவுகளால் உயிர்களுக்கு ஏற்படும் சேதாரங்களில் தீ விபத்திற்கு முக்கிய பங்கு உள்ளது.

984) வீடுகளில் பெரும்பாலும் ஏற்படும் தீ விபத்தின் முதலாவது இடம் சமை-யலறையாகும். அடுப்பில் சிந்தும் ஒரு துளி எண்ணெய் கூட தீ விபத்திற்குக் கார-ணமாகலாம். அந்த தீயில் உடனே தண்ணீர் ஊற்றக் கூடாது. அது மேலும் தீயை பெரிதாக்கி விடும். சமையலறையில் ஃபயர் பிளாங்கட் மற்றும் ஃபயர் எஷ்டிங்க்-யூசர் போன்றவைகளை அவசியம் கைக்கெட்டிய தூரத்தில் வைத்திருக்க வேண்-டும். தீ பரவும் இடத்தை முதலில் பிளாங்கெட்டால் போர்த்த வேண்டும். சமையல் அறையில் ஸ்மோக் அலாரம் பொருத்தியிருப்பது நல்லது. அதை ரெகுலராக பரா-மரித்தும் வர வேண்டும். வீடுகளில் ஏற்படும் மின்சாரக் கசிவுகளை உடனே சரி

செய்ய வேண்டும்.

985) உலகில் குடிநீர் என்றாலே, அதை சில மருந்துகள் போட்டு எப்போதும் பாதுகாப்பாய் வைத்திருக்க வேண்டும். இல்லையெனில் அவற்றில் கேடு விளை-விக்கும் நுண்ணுயிர்கள் தோன்றிக்கொண்டே இருக்கும். மேலும் பாசிகள் படர்ந்து நாற்றமெடுத்துவிடும். அருகில் ஏரிகளோ குளங்களோ வேறு எந்த நீர் ஆதாரங்-களோ இல்லாத நிலையில், பல்லாயிரம் ஆண்டுகளாய் வற்றாமல், லட்சக்கணக்-கான மக்களுக்கு நாள்தோறும் குடிநீர் வழங்கிக் கொண்டிருக்கிறது, சவூதி அரே-பியாவிலுள்ள மக்கா எனும் நகரில் அமைந்த 'ஜம்ஜம்' எனும் அற்புத நீரூற்று. 18 அடி அகலமும், 14 அடி நீளமும் சில அடிகளே ஆழம் கொண்ட இந்தக் கிணற்றில் சுமார் ஐந்து அடிக்கு குறையாமல் தண்ணீர் இருந்து கொண்டே இருக்-கிறது. இந்தக் கிணற்றிலிருந்து ஒவ்வொரு வினாடியும் தண்ணீர் இறைக்கப்பட்டுக் கொண்டே இருக்கிறது.

986) உலகெங்கிலும் பல பகுதிகளில் ஏற்படும் நீர் வரட்சியால், விவசா-யத்திற்கு பெருந்த பாதிப்புகள் வருகின்றன. அதனால், புதிய முறையான விவ-சாய முறைகள் அறிமுகமாகின்றன. அதிலொன்றுதான், 'ஹைட்ரோபோனிக்ஸ் (Hydroponics)' என்கிற, மண்ணில்லா விவசாய முறையில், பசுமைக் குடில் அமைத்து, மண்ணில் விதைகளைத் தூவாமல் தண்ணீரில் இதர சத்துக்களைச் சேர்த்து பல உணவுப் பொருட்களை பயிர் செய்து உற்பத்தி செய்கிறார்கள்.

987) இந்த விவசாய முறையில், மண்ணிலிருந்து கிடைக்கும் சத்துக்களை, அதிலிருந்து பெறாமல், செயற்கையான முறையில் மீனின் உடல் பாகங்கள், கோழி, வாத்து போன்ற பறவைகளின் கழிவுகள் மற்றும் ரசாயன உரங்களை நீரில் சேர்த்து சத்துக்களை பெற முடியும். இம்முறை விவசாயத்திற்குத் தேவைப்படும் நீரின் அளவு குறைவு. உதாரணத்திற்கு ஒரு கிலோ தக்காளி சாதாரண முறையில் விளைவிக்க சுமார் 400 லிட்டர் தண்ணீர் தேவைப்படுகிறது. ஆனால் இம்முறை-யில் 20 லிட்டர் தண்ணீர் போதும்.

988) இந்த மாதிரி மண்ணில்லா விவசாயம் அமைக்கத் தேவைப்படும் சில பொருட்கள்: பி.விசி. பைப்புகள், தட்டுகள், மின் மோட்டார், நீர்த்தெளிப்பான், கோணிச்சாக்குகள் மற்றும் தெர்மாமீட்டர் போன்றவைகளைக் கொண்டு, பல அடுக்குகளில் இவ்விசாயம் செய்யப்படுகின்றன. கட்டுப்படுத்தப்பட்ட வெப்ப நிலை-யும், காற்றின் ஈரப்பதமும் தேவை. இந்த முறையில் வளர்க்கப்படும் பசுந்தீவனத்-தில் அதிக சத்துக்கள் கிடைப்பதாக நிபுணர்கள் சொல்கிறார்கள்.

989) உலக மக்கள் தொகை பற்றிய சிறு கண்ணோட்டம்: கி.பி. முதல் வரு-டத்தில் உலக மக்கள் தொகையானது சுமார் 20 கோடி. ஆயிரம் ஆண்டுகளில் இது 31 கோடியாக அதிகரித்தது. இது 100 கோடியை 1820 ல் எட்டியது. இந்த 100 கோடி மக்கள் தொகையை எட்ட இந்த பூமிக்கு சுமார் ஒன்னரை கோடி

ஆண்டுகள் தேவைப்பட்டன. 100 கோடி மக்கள் தொகையானது கி.பி. 2011 ல், 700 கோடியாக மாற வெறும் 191 ஆண்டுகளே தேவைப்பட்டது. 2024 ல் உலக மக்கள் தொகை 800 கோடியை கடந்து விடும்.

990) மக்கள் தொகையின் அபார வளர்ச்சிக்குக் காரணம் மருத்துவத் துறை-யின் வளர்ச்சியினால் காலரா, பிளேக், மலேரியா போன்ற கொள்ளை நோய்கள் ஒழிக்கப்பட்டு மக்கள் கொத்துக் கொத்தாய் மடிவதை தடுத்ததுதான் என்கிறார்கள். குழந்தை மரணங்கள் வெகுவாகக் குறைந்து விட்டன.

991) குடும்பக் கட்டுப்பாடு திட்டத்தை சரியாக அமல் படுத்தினால் உலக மக்-கள் தொகையைக் குறைக்கலாம் என்கிறார்கள். அப்படியெல்லாம் முழுமையாக செயல்படுத்த முடியாது. மக்கள் தொகை பெருக்கத்தை ஏன் குறைக்க வேண்டும்? மக்கள் தொகை பெருகினால் உணவுத் தட்டுப்பாடு வந்து விடும், பட்டினிச்சாவு அதிகரிக்கும் என்றெல்லாம் சொல்வது சுத்தப் பிரமை. ஒழுங்கான உணவுப் பங்கீடு மற்றும் ஊழல் இல்லா ஆட்சி முறையை சரியாகப் பின்பற்றினால், உலகில் இருக்-கும் எல்லா சோர்ஸ்களையும் எல்லோருக்கும் தேவையான அளவு கிடைக்கும்படி செய்தால் எதையும் தாங்கும் இந்த உலகம்.

992) நவம்பர் 2019 ல் உலகின் மக்கள் தொகை 7.7 பில்லியன் (770 கோடி). உலகில் இப்போது வாழ்ந்து கொண்டிருக்கும் மக்கள் அதிகமா? இதுவரை இறந்து போனவர்கள் அதிகமா? உலகில் மொத்தம் இதுவரை இறந்துபோன மக்-கள்தான் அதிகம். இதுவரை இறந்து போன மொத்த மக்கள் சுமார் 108 பில்லியன் (1,08,000 கோடி). உலகில் வாழும் ஒருவருக்கு சுமார் 14 பேர் இறந்திருக்கிறார்-கள் என்று சொல்கிறது உலக மக்கள் தொகை எடுக்கும் நிறுவனம்.

993) நோய் (Disease) என்பது, உயிரினங்களின் உடல் மற்றும் மனதினில் ஏற்படும் ஓர் அசாதாரண நிலையைக் குறிக்கும் ஒரு சீரற்ற நிலையாகும். நோய் இருக்கும் காலமெல்லாம், அது மனித வாழ்வின் ஒரு நிலையான துன்பமாகும். நோய்களானது நம் உடலின் எதிர்ப்பு சக்தியின் (Body immunity) குறைபாட்-டாலும், தொற்று நோய்கள் (Contagious disease) போன்ற வெளிக்காரணி-களாலும் ஏற்படலாம். நோய்வாய்ப்பட்டு இறப்பது, இயற்கையான மரணம் என்று அழைக்கப்படுகிறது.

994) 'இன்ஃப்புளுவென்சா (Influenza)' போன்ற ஒரு சில நோய்கள் தொடு-தல் மூலம் பரவும் நோய்களாகும். இவை வைரஸ், பாக்டீரியா மற்றும் பூஞ்சை போன்ற பல நுண்ணுயிரிகளால் பரவுகின்றன. இவ்வகை நோய்களை 'ஒட்டுவா-ரொட்டி' என்றும் சொல்வார்கள். மேலும் புற்று நோய், இதய நோய் மற்றும் மனந-லக் குறைபாடுகள் போன்றவை தொற்றா நோய்கள் என்பர். இவை பெரும்பாலும் மரபணுக் கோளாறுகளால் ஏற்படுகின்றன.

995) மனித உடலானது பல வகைப்பட்ட உயிரணுக்களால் உருவாக்கப்பட்-டுள்ளது. உடலில் செல்கள் பிரிந்து வளர்ந்து வருவதால் உடலானது ஆரோக்-கிய நிலையில் இருக்கிறது. வயதான செல்கள் அதன் தேவை முடிந்ததும் இறந்தும் வெளியேறி விடுகின்றன. சில செல்கள் இறக்காமல் உடலின் சில குறிப்-பிட்ட இடங்களில் தங்கியும் விடுகின்றன. அவைகள் உடலில் 'கழலைக்கட்டி (Tumors)'களை ஏற்படுத்துகின்றன. பெரும்பாலான கட்டிகள் தீங்கில்லாமல் நீக்-கப்படுகின்றன. அவை மீண்டும் வளர்வதில்லை. மீண்டும் வளரும் சில கட்டிகளில் 'புற்றுநோயை (Cancer)' உண்டாக்கும் செல்கள் வளர்கின்றன. இவ்வகை செல்-கள் பெருகி, புற்று நோயின் தாக்கத்தை அதிகரிக்கின்றன.

996) சில முதிர்ச்சியடைந்த புற்றுநோய் செல்களானது இரத்த ஓட்டத்தில் கலந்து அவை உடலின் ஏனைய பல பாகங்களுக்கும் பரவக்கூடும். புற்று நோயி-னால் பாதிக்கப்பட்ட செல்கள் இரத்த ஓட்டத்திலும் இருப்பதால் இதை, 'இரத்தப் புற்றுநோய் (Blood cancer)' என்று அழைப்பார்கள். புகையிலை, மது போன்ற பழக்கங்கள் போன்றவையால் புற்று நோய் விரைவாக உடலில் பரவுகிறது.

997) புற்று நோயானது எந்த வயதினரையும் தாக்கும். வயதானவர்களைத் தாக்க அதிக வாய்ப்புள்ளது. இந்த நோய்க்கான சிகிச்சைகளில் கதிர்வீச்சு சிகிச்சை (Radiation therapy), வேதிச் சிகிச்சை (Chemotherapy), அறுவை சிகிச்சை (Surgery) மற்றும் இலக்கு சிகிச்சை (Targeted therapy) என பல வகைகள் உள்ளன. புற்று நோய் முற்றிய நிலையில் 'மரணவலி' அதிக-மாக இருக்குமாம். அதனால் அதைக் குறைப்பதற்கான 'வலி குறைப்பு' சிகிச்சை முறையையும் பயன் படுத்துகிறார்கள்.

998) மனித உடலின் முக்கிய உறுப்புக்களான இதயம், சுவாச உறுப்புக்கள், மூளை போன்ற பகுதிகளின் செயல்பாடுகள் குறைந்து பின்னர் செயலற்றுப் போய்-விடுவதுதான் 'மரணம் (Death)' என்கிறார்கள். மூளைக்கு இரத்தத்தின் மூலம் செல்லும் ஆக்ஸிஜன் செல்லாது நின்றவுடன், புலன் உணர்வுகள் தடைப்பட்டு மரணம் சம்பவிக்கிறது.

999) ஒரு நாளைக்கு சுமார் 1,50,000 மனித மரணங்கள் நடக்கின்றன. இதில் மூன்றில் இரண்டு பாகம் மனிதன் 'மூப்படைதல் (Aged)' மூலமாக நடக்-கிறது. சுவாசம் மற்றும் நாடித்துடிப்பு நின்றுவிடுதல், உடல் தோல் நிறமிழத்தல், உடலின் வெப்ப நிலை குறைந்து சில்லிடுதல், உடல் விரைத்துப்போகுதல், இரத்தம் உறைந்து விடுதல் மற்றும் உடல் சிதைவடைதல் போன்றவைகள், ஒருவர் மரண-மாகி விட்டார் என்பதை உறுதி செய்கிறது.

1000) 'மருத்துவச்சாவு (Clinical death)' என்பது, பல்வேறு காரணங்களால் இதயம் இயங்காது நின்று போவதாகும். எலெக்ட்ரோகார்டியோகிராமில் (Electrocardiogram -ECG) இதயத்தின் சமிக்கை அலைகள் வெளிப்படுவு-

தில்லை. இதயம் நின்றுவிட்டாலும், மூளையானது இதயத்துடன் சேர்ந்து உடனே நின்று விடாதாம். சுமார் அரை மணியிலிருந்து இரண்டு மணி நேரம் வரை தொடர்ந்து மூளை இயங்கிக் கொண்டிருக்குமாம். இந்த இடைக்கால மூளையின் இயக்கத்தை, 'எலெக்ட்ரோஎன்சிபலோகிராம் (Electroencephalogram)' என்ற கருவியின் மூலம் பதிவு செய்து, மூளை மூச்சு விட்டுக் கொண்டிருப்பதை உறுதிப்-படுத்தலாம். அதன்பிறகு மூளையும் செத்து விடுகிறது. இதை மூளைச்சாவு என்-கிறார்கள்.

1001) பூமிக்கடியில் இயற்கையாகக் கிடைக்கும் நிலக்கரி, இயற்கை எரிவாயு, பெட்ரோலியம் போன்ற எரிபொருட்கள் 'ஃபோஸில் ஃபியூல் (Fossil fuel)' எனப்-படும் 'புதைம' எரிபொருட்களாகும். பல லட்சம் வருடங்களுக்கு முன் பூமியில் புதையுண்ட இறந்த விலங்கினங்கள் மற்றும் தாவரங்கள் பல மாற்றங்களுக்குப்பின் ஹைட்ரோ கார்பன் எரிபொருட்களாக மாறியிருக்கின்றன.

1002) பவர் ப்ளாண்ட்டுகளில் ஃபோஸில் ஃபியூல்களை எரித்து மின்சாரம் உண்டாக்குவதாலும் பல தொழிற்சாலைகளில் இவ்வித ஃபியூல்களை அதிகமாக எரிப்பதாலும் அவை வெளியிடும் கார்பன்டை ஆக்சைடு, கார்பன் மோனாக்சைடு மற்றும் இதர நச்சு வாயுக்களால், பூமியின் சுற்றுச்சூழல் பாதிக்கப்படுகிறது. இவற்-றுக்கு மாற்றான எரிபொருட்களை கண்டறிந்து பயன்படுத்துவதில் உலக நாடுகள் அக்கறை காட்டுகின்றன.

1003) கோடிக்கணக்கான ஆண்டுகளுக்கு முன் வாழ்ந்து அழிந்த கடல் வாழ் உயிரினங்கள் அழிந்து, மடிந்து மண்ணோடு மண்ணாய் மக்கிப்போன பின், கடலின் அடியில் மண்ணுக்குள் புதைந்து அங்கு ஏற்பட்ட தொடர் அழுத்தம் மற்றும் வெப்-பத்தினால் மக்கியும் அழுகியும் போனது. மேலும் பாக்டிரியாக்களால் ஏற்படும் மாற்றங்களினாலும், சுற்றியிருந்த மண்ணோடும், உப்புக்களோடும் சில வேதிவி-னைகள் புரிந்து, பெட்ரோலியமாக மாறியது. 'பெட்ரோலியம் (Petroleum)' அல்-லது பாறை எண்ணெய் என்பது, நீர்ம நிலையிலுள்ள பல ஹைட்ரோ கார்பன் எனும் 'ஆல்கேன்களின் (Alkanes)' கலவையாகும்.

1004) சுமார் 300 மில்லியன் ஆண்டுகளுக்கு முன்பு பூமியின் மேற்பகுதியின் குறைந்த ஈரநிலப் பகுதிகளில் அடர்ந்த காடுகள் இருந்தன. இயற்கை முறைகளின் பல மாற்றங்கள் காரணமாக, இந்த காடுகள் மண்ணினுள் புதையுண்டது. மூழ்கிய மண் மேலும் அவைகளை அழுத்த, அதன் வெப்ப நிலையும் அதிகரித்தது. இவ்-வித மாற்றங்களினால் நிலக்கரி உண்டானது.

1005) ஈரானில் உள்ள மஸ்ஜித்-இ-சுலைமான் எனும் இடத்தில் 1,180 அடி ஆழத்தில் கிணறு தோண்டிய பொழுது, குபீரென்று ஒருவகை எண்ணெயானது, மேல் பரப்புக்கு மேலே 75 அடி உயரத்திற்கு பீச்சி அடித்ததாம். இதுவே உலகின் முதல் எண்ணெய்க் கிணறு என்கிறார்கள். அதிலிருந்துதான் 'பிரிட்டிஷ் பெட்ரோ-

லியம் (British petroleum- BP)' கம்பெனி உண்டானது.

1006) பெட்ரோலியத்திலிருந்து பெட்ரோல், டிசல், கெரோசின் போன்ற பொருட்களை வடித்தெடுக்கும்போது கிடைக்கும் அனைத்து பைப்ராடெக்டுகளும் சேர்ந்து மொத்தமாய் 'பெட்ரோ கெமிக்கல்ஸ் (Petro chemicals)' என்று அழைக்கப்படுகிறது. பெட்ரோல் முதல் ரோடு போட உதவும் தார் மற்றும் சட்டை பொத்தான்கள் என ஏகப்பட்ட பொருட்கள் பெட்ரோ கெமிக்கள்களின் பைப்ராடக்-டுகளாகக் கிடைக்கின்றன.

1007) 'ஏர்கண்டிஷ்னர் (Air Conditioner)' மற்றும் 'ரெஃப்ரிஜிரேட்டர் (Refrigerator)' எப்படி வேலை செய்கிறது? ஒரு திரவம் (Refrigerant) வாயு-வாக மாறும்போது, அதைச் சுற்றியுள்ள வெப்பத்தை உறிஞ்சிக் கொள்கிறது என்-கிறது அறிவியல் விதி. இது நிலை மாற்றம் (Phase change) எனப்படும். 'ஏ.சி. வேலை செய்யும்போது, வெளிக்காற்றை குளிர்வித்து உள்ளே அனுப்பாது. ரூமில் உள்ள காற்றைத்தான் மீண்டும் மீண்டும் குளிர்விக்கிறது. இதை HVAC (Heating Ventilation and Air Conditioning) என்பார்கள்.

1008) நெருக்கமான கம்பிச் சுருள்களின் (Evaporator) உள்ளேயுள்ள வேதிப் பொருட்களை (Refrigerant) ஆவியாக்குவதன் மூலம் சுற்றுப்புறத்தில் உள்ள வெப்பத்தை உறிஞ்சி அவ்விடத்தில் குளிர்ச்சியை உண்டாக்குகிறது. அப்படி உருவான வாயுவை 'கம்ப்ரஸ்ஸர் (Compressor)' மூலம் உயர் அழுத்தத்திற்கு அழுத்துகிறது. பின் கண்டன்சர்களின் (Condenser) உள்ளே செலுத்தப்படும்-போது அதன் வெப்ப நிலை வெகுவாகக் குறைக்கப்படுகிறது. மேலும் சுழலும் மின்விசிறி மூலமும் வெப்பம் வெளியேற்றப்படுகிறது. அதனால் வாயுவானது திரவ-மாகி, மீண்டும் மறு சுற்றுக்கு தயாராகிறது. இதை ஒரு 'ரெஃப்ரிஜிரேசன் சைக்கிள் (Refrigeration cycle)' என்பார்கள். 'ஏ.சி. (Air Conditioning)' என்பது வெளிக்காற்றை குளிர்வித்து உள்ளே அனுப்பாது. ரூமில் உள்ள காற்றைத்தான் மீண்டும் மீண்டும் குளிர்விக்கிறது. இதை HVAC (Heating Ventilation and Air Conditioning) என்பார்கள்.

1009) விண்டோ ஏ.சி. (Window A C), என்பது சுவர்களிலும் ஜன்னல்க-ளிலும் பொருத்தப் படுவது. எல்லா பார்ட்ஸ்களும் கம்பேக்டாக ஒரே யூனிட்டில் இருக்கும். இதைப் பொருத்துவது சுலபம். விலையும் கொஞ்சம் குறைவு. ஸ்ப்லிட் ஏ.சி. (Split A C) யில் இரண்டு யூனிட்டுகள் உள்ளன. ஒன்றை அறைக்-குள்ளும் மற்றொன்றை வெளியிலும் பொருத்த வேண்டும். உள்ளே யூனிட்டானது, அறையின் வெப்பக் காற்றை இழுத்து குளிர் காற்றை உள்ளே அனுப்புகிறது. வெளியில் உள்ள யூனிட்டானது வெப்பமான காற்றை வெளியே அனுப்புகிறது.

1010) 'ஜான் செஃப்பர்ட் போரோன்' என்கிற ஸ்விட்சர்லாந்து ஆசாமி ஒரு நாள் தன் மனைவியின் பிறந்த நாளுக்கு ஏதாவது பரிசு வாங்கி கொடுக்கலா-

மென்று பேங்கிற்கு போய் பணம் எடுக்கலாம் என்று பார்த்தால், கூட்டமாக இருந்-
ததாலும், பணம் எடுக்கும் நேரம் முடிந்து விட்டது என்று கேஷியர் சொல்லியதா-
லும், திரும்பி வந்து கையில் இருக்கும் கொஞ்சம் பணத்தை வைத்து அருகிலுள்ள
சாக்லேட் வெண்டிங் மெஷினில் சில்லரையைப் போட்டு தன் அன்பு மனைவிக்கு
சாக்லேட்டை பிறந்த நாள் பரிசாகக் கொடுத்தாராம். அப்போது, நாம் ஏன் பணம்
கொடுக்கும் மெஷினை உண்டாக்கக் கூடாது என்று மனதில் ஒரு பொறி தட்டை-
யது. பின்னர் அவர்தான் ஏ.டி.ஏம் மெஷினை (Automated Teller Machine
— ATM) என்ற சாதனத்தை கண்டுபிடித்தாராம்.

1011) ஏ.டி.எம் மெஷின் என்பது கம்ப்யூட்டரின் துணை கொண்டு இயங்கும்
ஒரு மின்னணு செய்தித் தொடர்பு சாதனமாகும். இதைக்கொண்டு, நம் கணக்கில்
இருக்கும் பணத்தை எடுக்கவோ, போடவோ, நம் அக்கவுண்டின் விபரம் அறிந்து
கொள்ளவோ நம் பணத்தை மற்றவரின் அக்கவுண்டுக்கு ட்ரான்ஸ்ஃபர் செய்-
யவோ, நம் அக்கவுண்டின் பின் நம்பர்களை நம் இஷ்டத்திற்கு மாற்றிக் கொள்-
ளவோ நாம் பேங்கிற்கு நேரடியாகச் செல்லாமல், இதுபோன்ற காரியங்களை சுல-
பமாக செய்துகொள்ள முடியும்.

1012) ஏ.டி.எம். மெஷினில் சி.பி.யு. என்கிற கம்ப்யூட்டர் கருவி, மேனட்டிக்
ச்சிப் கார்ட் ரீடர், பின்பேட் எனும் சாதனம், கார்டு ஸ்கிம்மர் ஸ்லாட், கிரிப்டோ
ப்ராசசர், டிஸ்ப்ளே ஸ்க்ரீன், ஃபங்க்ஷன் கீ, ரெக்கார்ட் ப்ரின்ட்டர், பெட்டகம் இன்-
னும் இதுபோன்ற சாதனங்களைக் கொண்டுள்ளது.

1013) 'எல்.சி.டி. (Liquid Crystal Diode - LCD)' டிவியில் உள்ள
பேனல்கள் போலராய்ட் செய்யப்பட்டு ஒட்டப்பட்ட ட்ரான்ஸ்பரண்ட் மெட்டிரியலால்
உருவான இரண்டு லேயர்களைக் கொண்டுள்ளது. இதில் ஒரு லேயரானது லிக்யுட்
கிரிஸ்டல் கொண்ட ஸ்பெஷல் பாலிமர் கோட்டிங்கால் செய்யப்படுகிறது. பின்-
னர் ஒவ்வொரு கிரிஸ்டலிலும் கரண்ட் செலுத்தப்பட்டு அதன் மூலம் டி.வி. யில்
இமேஜ் பெறப்படுகிறது.

1014) பிளாஸ்மா டி.வி.யில் (Plasma T.V.), ஃப்ளோரஸன்ட் டெக்னாலஜி-
யைப் பயன்படுத்தி அதன் டிஸ்ப்ளே ஸ்க்ரீன்கள் தயாரிக்கப்படுகின்றன. டிஸ்ப்ளே-
யில் உள்ள ஒவ்வொரு செல்களுக்கும் இடையில் இரண்டு பேனல்கள் உள்ளன.
அவற்றுக்கிடையே நியான்-ஜெனான் கேஸ்கள் (Neon-Xenon gases) நிரப்-
பப்பட்டு அவைகள் பிரிக்கவும் படுகின்றன. பின்னர் அது பிளாஸ்மா வடிவத்தில்
சீல் செய்ப்பட்டு உற்பத்தி நடக்கிறது. குறிப்பிட்ட இடைவெளியில் பிளாஸ்மாவின்
செட்டில் கேஸ் செலுத்தப்படுகிறது. இது ரெட், கிரீன் மற்றும் புளூ பாஸ்ஃபரசுடன்
இணைந்து டி.வி.யின் இமேஜை உருவாக்குகிறது.

1015) ஹெட்ஃபோன்களில், 'எலெக்ட்ரோஅக்கோஸ்டிக் ட்ரான்ஸ்டியூசர்
(Electroacoustic transducer)' என்ற சாதனம், அதற்கு வரும் எலெக்ட்ரிக்

சிக்னல்களை சவுண்ட் சிக்னல்களாக மாற்றி நம் காதுகளுக்குக் கேட்கும்படி செய்கிறது. ஹெட்செட் என்பது ஹெட்ஃபோன்களுடன் மைக்ரோஃபோன்களும் இணைக்கப்பட்டிருக்கும் சாதனமாகும். ஹெட் செட்டுகளில் வயர் கனெக்க்ஷன் இல்லாதிருந்தால் அதை 'ப்ளூடூத் ஹெட்செட் (Bluetooth headset)' என்பார்கள். தற்போதைய ஹெட்செட்டுகள், டிஜிட்டல் வாய்ஸ் கேட்கும் அளவுக்கு முன்னேறிவிட்டது.

1016) சூப்பர் பேட்டரி (Super battery) என்கிற ஒரு வகை பேட்டரி, சமீப காலங்களில் மார்க்கெட்டிற்கு வந்திருக்கிறது. இந்த பேட்டரியானது மிக அதிக அழுத்தம் கொடுத்து (Very high pressure) தயாரிக்கப்பட்டுள்ளது. இயந்திர சக்தியை வேதியல் சக்தியாக மாற்றி சேமித்து வைக்கும் முறையில் இவ்வகை பேட்டரிகள் தயாரிக்கப்படுகின்றன.

1017) வைரத்தாலான ஒரு கருவி உள்ளது. அதற்கு, டயமண்ட் ஆன்வில் செல் (Diamond anvil cell) என்று பெயர். அதாவது ஒரு சிறிய பகுதிக்குள் ஒரு பொருளை மிகப்பெரும் அழுத்தத்திற்கு உட்படுத்தினால், அந்த பெரும் சக்தியினால் அவற்றினுள் இருக்கும் வேதியல் இணைப்புகள் ஒன்றாகச் சேர்ந்து ஒரு முப்பரிமான வடிவத்திற்கு மாறி விடுகிறது. இதன் மூலம் அதிக அளவு சத்தியை சேமித்து வைக்கலாம். இதில் செனான் ஃப்ளூரைடு (Xenon difluoride) எனும் வேதியல் சேர்மங்கள் பயன்படுகின்றன. இந்த தத்துவத்தில்தான் சூப்பர் பேட்டரிகள் வடிவமைக்கப்படுகின்றன.

1018) இவ்வகையான வேதியல் பொருட்களைப் பயன்படுத்தி, மிக அதிக எரிசக்திகளை சேமித்து வைக்கும் கலங்கள் (Energy storage device) தயாரித்தல், ஆபத்தான உயிரியல் மற்றும் வேதியல் பொருட்களை அழிக்க வல்ல மருந்துகளை (Super oxidizing materials) தயாரித்தல் மற்றும் சூப்பர் வெப்ப கடத்திகள் (High temperature superconductors) போன்றவைகள் தயாரிப்பதன் மூலம் மனித குலத்திற்கு உதவலாம் என்கிறார்கள்.

1019) அதை அசைத்தாலே, ரீச்சார்ஜ் ஆகும் பேட்டரிகள் தற்போது புழுக்கத்திற்கு வந்துள்ளன. இவ்வகை பேட்டரிகள் AA மற்றும் AAA சைஸ்களில் கிடைக்கின்றன. ஒரு சிறிய பெட்டிக்குள், சிறிய ஜெனரேட்டர் மற்றும் கெப்பாசிட்டர்கள் போன்ற எலெக்ட்ரிக்கல் சமாச்சாரங்கள் இணைக்கப்பட்டு இவ்வகை பேட்டரிகள் தயாரிக்கப்படுகின்றன.

1020) உலோகங்களை அறவே பயன்படுத்தாத ஒரு வகை பேட்டரி உண்டு, அதுதான் 'பேப்பர் பேட்டரி'. இது பாலிமர் வகை பேட்டரியை சார்ந்தது. இதை விரைவில் ச்சார்ஜ் செய்து கொள்ளலாம். மிகவும் மெல்லியதாக இருப்பதால், இவைகளைப் பயன்படுத்துவது ரொம்பவும் எளிது. 'க்ளாடோஃபோரா' என்கிற ஒரு வகை கடல் பாசிகளைப் பயன்படுத்தி இவ்வகை பேட்டரிகளை தயாரித்திருக்கி-

றார்கள். இது இயற்கையில் கடலில் மலிவாகக் கிடைக்கிறது. ஆதலால் இவ்வகை பேட்டரிகளை மிக மலிவான முறையில் தயாரித்துக் கொள்ளலாம். மேலும் சுற்றுச் சூழலுக்கு ரொம்பவும் ஏற்றது.

1021) பலர் குளிர் குடிபானங்களுக்கு அடிமைபோல் 'அடிக்ஷன்' ஆவதற்கு அதில் கலக்கப்படும் 'காஃபினே' முக்கிய காரணம் என்கிறார்கள். மேலும் செயற்-கையாய் இனிப்பு சுவை சேர்ப்பதற்கு அதில் 'ஆஸ்பர்டேம்' எனும் கெமிக்கல் சேர்க்கிறார்கள். இதனால் மூளையில் கட்டி, இதய நோய்கள், ஒற்றைத் தலைவலி, பதற்றம் போன்ற நரம்பியல் தொடர்பான நோய்கள் வருவதாக கூறப்படுகிறது. அதனால் அந்த கெமிக்கலை மாற்றி வேறு ஏதோ ஒன்றை கலக்கத் தொடங்கி இருக்கிறார்களாம். சாஃப்ட் ட்ரின்க்ஸ்களை தொடர்ந்து பயன்படுத்துபவர்கள் விரைவில் குண்டாவது உறுதி.

1022) உலகில் குடிநீர் என்றாலே, அதை சில மருந்துகள் போட்டு எப்போதும் பாதுகாப்பாய் வைத்திருக்க வேண்டும். இல்லையெனில் அவற்றில் கேடு விளை-விக்கும் நுண்ணுயிர்கள் தோன்றிக்கொண்டே இருக்கும். மேலும் பாசிகள் படர்ந்து நாற்றமெடுத்துவிடும். அருகில் ஏரிகளோ குளங்களோ வேறு எந்த நீர் ஆதாரங்-களோ இல்லாத நிலையில், பல்லாயிரம் ஆண்டுகளாய் வற்றாமல், லட்சக்கணக்-கான மக்களுக்கு நாள்தோறும் குடிநீர் வழங்கிக் கொண்டிருக்கிறது, சஊதி அரே-பியாவிலுள்ள மக்கா எனும் நகரில் அமைந்த 'ஜம்ஜம்' எனும் அற்புத நீரூற்று. 18 அடி அகலமும், 14 அடி நீளமும் சில அடிகளே ஆழம் கொண்ட இந்தக் கிணற்றில் சுமார் ஐந்து அடிக்கு குறையாமல் தண்ணீர் இருந்து கொண்டே இருக்-கிறது. இந்தக் கிணற்றிலிருந்து ஒவ்வொரு வினாடியும் தண்ணீர் இறைக்கப்பட்டுக் கொண்டே இருக்கிறது.

1023) உலகெங்கிலும் பல பகுதிகளில் ஏற்படும் நீர் வரட்சியால், விவசா-யத்திற்கு மிகுந்த பாதிப்புகள் வருகின்றன. அதனால், புதிய முறையான விவ-சாய முறைகள் அறிமுகமாகின்றன. அதிலொன்றுதான், 'ஹைட்ரோபோனிக்ஸ் (Hydroponics)' என்கிற, மண்ணில்லா விவசாய முறையில், பசுமைக் குடில் அமைத்து, மண்ணில் விதைகளைத் தூவாமல் தண்ணீரில் இதர சத்துக்களைச் சேர்த்து பல உணவுப் பொருட்களை பயிர் செய்து உற்பத்தி செய்கிறார்கள்.

1024) இந்த விவசாய முறையில், மண்ணிலிருந்து கிடைக்கும் சத்துக்களை, அதிலிருந்து பெறாமல், செயற்கையான முறையில் மீனின் உடல் பாகங்கள், கோழி, வாத்து போன்ற பறவைகளின் கழிவுகள் மற்றும் ரசாயன உரங்களை நீரில் சேர்த்து சத்துக்களை பெற முடியும். இம்முறை விவசாயத்திற்குத் தேவைப்படும் நீரின் அளவு குறைவு. உதாரணத்திற்கு ஒரு கிலோ தக்காளி சாதாரண முறையில் விளைவிக்க சுமார் 400 லிட்டர் தண்ணீர் தேவைப்படுகிறது. ஆனால் இம்முறை-யில் 20 லிட்டர் தண்ணீர் போதும்.

1025) இந்த மாதிரி மண்ணில்லா விவசாயம் அமைக்கத் தேவைப்படும் சில பொருட்கள்: பி.விசி. பைப்புகள், தட்டுகள், மின் மோட்டார், நீர்த்தெளிப்பான், கோணிச்சாக்குகள் மற்றும் தெர்மாமீட்டர் போன்றவைகளைக் கொண்டு, பல அடுக்குகளில் இவ்விசாயம் செய்யப்படுகின்றன. கட்டுப்படுத்தப்பட்ட வெப்ப நிலை-யும், காற்றின் ஈரப்பதமும் தேவை. இந்த முறையில் வளர்க்கப்படும் பசுந்தீவனத்-தில் அதிக சத்துக்கள் கிடைப்பதாக நிபுணர்கள் சொல்கிறார்கள்.

1026) பூமிக்கடியில் சுமார் 100 கிலோமீட்டர் தொலைவில் பாறை அடுக்குக-ளில் ஏற்படும் அழுத்தத்தால், வெப்ப நிலை உயர்ந்து எரிமலைகள் ஏற்படுகின்றன. இதில் பாறைகள் உருகி கூழ்போல் ஆகின்றன. இது தனது அதிவெப்பத்தினால் மேலெழுந்து பூமியின் மேற்பரப்பை அடைகிறது. சில சமயங்களில் பூமியின் மேற்-பரப்பைக் கிழித்துக் கொண்டு, உருகிய பாறைக் குழம்பை எரிமலையாய் வெளியே தள்ளுகிறது. ஜப்பானிலுள்ள ஃபியூஜி எரிமலை ஒரு சான்றாகும்.

1027) பெட்ரோலியம் (Crude oil) திலிருந்து பெட்ரோல், டீசல், கெரோசின் போன்ற பொருட்களை வடித்தெடுக்கும்போது கிடைக்கும் அனைத்து பைப்ராடெக்-டுகளும் சேர்ந்து மொத்தமாய் பெட்ரோ கெமிக்கல்ஸ் என்றழைக்கப்படுகிறது. பெட்-ரோல் முதல் ரோடு போட உதவும் தார் மற்றும் சட்டை பொத்தான்கள் என ஏகப்-பட்ட பொருட்கள் பெட்ரோ கெமிக்கள்களின் பைப்ராடக்டுகளாக கிடைக்கின்றன.